AF548202

Hartwig Hausdorf

RÜCKKEHR DER DRACHEN

Hartwig Hausdorf

Rückkehr der Drachen

„Rückkehr der Drachen"
1. Auflage August 2024

Ancient Mail Verlag Werner Betz
Europaring 57, D-64521 Groß-Gerau
Tel.: 00 49 (0) 61 52/5 43 75, Fax: 00 49 (0) 61 52/94 91 82
www.ancientmail.de
Email: ancientmail@t-online.de

Verantwortlich für die Produktsicherheit:
Ancient Mail Verlag – Werner Betz
Europaring 57, 64521 Groß-Gerau
Email: ancientmail@t-online.de

Bibliografische Information der Deutschen Nationalbibliothek:
Die Deutsche Nationalbibliothek verzeichnet diese Publikation in der Deutschen Nationalbibliografie; detaillierte bibliografische Daten sind im Internet über http://dnb.dnb.de abrufbar.

Covergestaltung: Karl Lesina, Luna Design
Druck: WIRmachenDRUCK GmbH, D-71522 Backnang

ISBN 978-3-95652-344-1

Es handelt sich hier um eine vollständig überarbeitete, ergänzte und aktualisierte Neufassung meines Sachbuches

„Die Rückkehr der Drachen.
Den letzten lebenden Dinosauriern auf der Spur.“

(Herbig-Verlag München 2003)

Hinweis

Der Text des hier vorliegenden Buches ist an keiner Stelle durch ideologische „Gender“-Schreibweise oder Einflüsse sogenannten „woken“ Gedankengutes verunstaltet oder sinnentstellt.

Inhalt

Einleitung:

„Wiederkehrer“ und „Neulinge“

Biologen und Umweltorganisationen schlagen Alarm! So seien, warnte beispielsweise die Naturschutzorganisation „World Wildlife Fund“ (WWF), derzeit mehr als 42.000 Tierarten mehr oder weniger stark vom Aussterben bedroht.[1] Was bedeutet eigentlich dieser so schonungslos-endgültige Begriff genau? Die allgemein gültige Definition versteht darunter das Verschwinden von Gattungen, Arten respektive Stämmen von Lebewesen, die sich biotischen oder auch abiotischen Umweltänderungen nicht anpassen konnten.[2] Die Weltnaturschutzorganisation IUCN hatte bereits im Februar 2002 die hier folgende Definition für die Einordnung einer Art „als ausgestorben“ definiert:

„Ein Taxon ist ausgestorben, wenn es keine vernünftigen Zweifel daran gibt, dass ihr letztes Individuum gestorben ist. Ein Taxon gilt als ausgestorben, wenn intensive Untersuchungen in bekannten und/oder vermuteten Habitaten, während geeigneter Zeiträume (täglich, saisonal oder jährlich) in seinem historischen Verbreitungsgebiet kein Individuum haben nachweisen können. Die Untersuchungen sollten sich zumindest über ein Zeitfenster erstrecken, welches dem Lebenszyklus sowie der Lebensweise des Taxons entspricht.“[3]

Unter einem Taxon (Mehrzahl: Taxa) versteht man in der Biologie Gruppen von Lebewesen - Stamm, Klasse, Ordnung oder auch Familie -, welche als Einheit der systematischen Ordnung dient. Die Grundlage für diese Gliederung bildet das Taxon der Art, da es in der Regel einer natürlichen Gruppierung von Lebewesen entspricht.[2]

Mehr als 42.000 Tierarten in akuter Gefahr: Angesichts solcher Aussagen oder gar der dümmlich-dreisten Aktionen selbsternannter Klimaretter, die sich als die „Letzte Generation“ bezeichnen, wird orakelt, dass wir in Bälde einen verödeten Planeten, bar jeden tierischen und pflanzlichen Lebens, zu gewärtigen hätten. Doch bei allem blinden Aktivismus, der uns am allerliebsten in die tiefe Steinzeit zurück katapultieren möchte: Massensterben von dramatischem Ausmaß fanden unzählige Male im Laufe der gesamten Erdgeschichte statt. Ich muss im Augenblick noch nicht einmal an das weltweite Sauriersterben vor rund 60 Millionen Jahren erinnern, dem – wie ich in der Folge noch dokumentieren werde – wohl einige kleinere Populationen zu entrinnen vermochten.

Im Sommer 2023 wurde gemeldet, dass im oberfränkischen Ludwigsstadt Belege für das erste Massensterben der Erdgeschichte gefunden worden seien. Spuren davon fänden sich in 443 Millionen Jahre altem Schiefer aus der Zeit des Silurs (Im Anhang dieses Buches befindet sich eine Tafel zur Erdgeschichte). Im Rahmen von Baumaßnahmen in der Stadt an der Grenze zu Thüringen stießen Geologen an einer Straßenböschung auf zahllose Fossilien.

Wie ausgetauscht

In jener fernen Zeit lag die ganze Gegend vollständig unter Wasser und war Teil eines riesigen Ozeans. Alles Leben spielte sich im Meer ab. An Land gab es bestenfalls ein paar niedrige Flechten und Moose. Plötzlich löschte eine Katastrophe beinahe alles Leben im Meer aus. Die Forscher vermuten, dass eine ebenso weltweite wie extreme Klimaerwärmung die Ursache dieser ökologischen Katastrophe gewesen sei.

Ich bin mir sicher, dass zu jener Zeit bestimmt nicht so viele Autos mit Verbrennungsmotor zugelassen waren wie in unseren Tagen. Doch Spaß beiseite.

Stattdessen wird davon gesprochen, dass in dieser erdgeschichtlichen Periode Vulkane mit unvorstellbarer Gewalt ausbrachen und dabei Unmengen an „klimawirksamen Treibhausgasen" bis in die obere Atmosphäre schleuderten. Dabei kam es zu einer starken Erwärmung der Ozeane. Der Sauerstoff sei massenhaft entwichen und die Meerestiere im wahrsten Sinne erstickt. Rund 85 Prozent aller Tierarten seien dadurch ausgestorben, hierunter viele Muscheln, Korallen sowie Stachelhäuter.[4]

Wie spektakulär diese Entdeckung des Jahres 2023 auch immer sein mag: Zum einen ist sie viel eher ein Hinweis darauf, dass große Artensterben nichts Ungewöhnliches waren im Verlauf von Jahrmillionen der Erdgeschichte. Und wie steht es mit dem vielzitierten Klimawandel? Auch der ist keinesfalls ein Phänomen unserer Zeit. Zum anderen war das oben beschriebene Massensterben auch nicht der erste Vorgang dieser Art, wie uns weisgemacht werden soll. Etwas Vergleichbares spielte sich nämlich bereits 140 Millionen Jahre vorher ab.

Vor etwa 580 Millionen Jahren geschah der Wechsel vom Zeitalter des Prä-Kambriums zum Kambrium (s. Tafel zur Erdgeschichte im Anhang). Bis dahin hatte es nur ein- oder vielzellige, vor allem jedoch wirbellose Tiere gegeben. Weichtiere, die man am ehesten mit Quallen vergleichen kann. Man gab dieser frühen Tiergemeinschaft den Namen „Ediacara-Fauna“, nach einem Fundort in Australien. Denn Versteinerungen von diesen sonderbaren Organismen konnten – nach offizieller Lehrmeinung - zum ersten Mal in 680 Millionen Jahre alten quarzhaltigen Sandsteinen auf dem Roten Kontinent nachgewiesen werden. Später in etwa gleich alten Gesteinen in England und Sibirien. Diese Lesart muss ich jedoch an dieser Stelle revidieren.

Eine echte Überraschung wartete nämlich auf mich, als ich im Mai 2024 wieder einmal in Namibia, dem ehemaligen Deutsch-Südwestafrika, weilte. Im Ministerium für Bergbau und Energie in der Hauptstadt Windhuk besuchte ich ein der Öffentlichkeit nicht ohne weiteres zugängliches Museum mit zahlreichen im Land gefundenen Fossilien, Mineralien und Diamanten. Ein komplettes Schaufenster in diesem Museum ist Funden der besagten Ediacara-Fauna gewidmet. Und diese wurden, wie eine Informationstafel zu berichten wusste, bereits 30 Jahre vor den Funden in Australien, England und Sibirien gemacht!

Für 100 Millionen Jahre – auch in erdgeschichtlichen Maßstäben eine relativ lange Zeitspanne – erwies sich die Ediacara-Fauna, die uns vor zahlreiche ungelöste Rätsel stellt, als erstaunlich stabil.[5]

Denn auf einen Schlag, mit Beginn des Kambriums, schien die ganze Tierwelt auf unserem Planeten wie ausgetauscht. Die beschriebene Ediacara-Fauna war plötzlich vollständig verschwunden, von unserem Planeten getilgt wie etwa 500 Millionen Jahre später das Geschlecht der Dinosaurier. Ebenso unvermittelt waren gleichzeitig alle wichtigen Tierstämme – natürlich mit Ausnahme der Wirbeltiere, die erst 60 bis 80 Millionen Jahre später auf der Bühne des Lebens auftraten – vorhanden.

Es gibt keinerlei Hinweise, wie es zu dieser derart plötzlichen „Explosion" des Lebens kommen konnte. Eine stetige Evolution lassen die Fossilien nämlich nicht erkennen. Sofort mit Beginn des Kambriums wimmelte es in den Meeren geradezu von Weichtieren, Schwämmen, Korallen, Hohltieren und Gliederfüßlern – den für dieses Zeitalter so typischen Trilobiten. Dies waren Urkrebse, deren Körper von einem dreigelappten Rückenpanzer bedeckt war. Doch woher kamen alle diese Tiere, und warum so plötzlich? Nachgerade wie „aus dem Nichts". Es existiert auch keine Spur, die auf eine Entwicklung aus zuvor existierenden Stämmen hinweisen würde.

Zum „Tag der Biodiversität"

Was geschah damals, vor rund 580 Millionen Jahren, auf unserer Erde? Die erwähnten Ediacara-Organismen mit ihrem grundlegend unterschiedlichen Körperbau können unmöglich die Vorfahren jener massenhaft im Kambrium aufgetauchten Lebewesen sein. Woher kamen sie dann, und wodurch wurden sie wieder von der Bühne des Lebens getilgt? Im Angesicht solch brennender Fragen nannte der Tübinger Paläontologe Professor Adolf Seilacher die so vollständig verschwundene Tierwelt „ein Experiment der Evolution, das schiefgegangen ist".[6]

Oder sollten wir diese Idee eines Experiments wörtlich nehmen, mögliche Eingriffe durch eine fremde Intelligenz in Betracht ziehen? Es ist kein Geheimnis, dass durch die sakrosankte Evolutionstheorie nach Charles Darwin (1809–1882) zahllose Fragen und Rätsel nicht aufzulösen sind.[7] Beginnend bei verschiedensten Spezies der Tierwelt. Jedoch verlief auch die menschliche Entwicklung nicht so, wie uns dies die Anthropologen und die Paläontologen immer allzu gerne weismachen wollen.[8]

Und dann wird es wirklich „außerirdisch". Stellte der genannte Tübinger Paläontologe doch weiterhin fest: „Das Konstruktionsprinzip dieser Ediacara-Wesen ist so wenig vergleichbar mit den normalen Bauprinzipien aller späteren und heutigen Vielzeller, dass sie eigentlich viel eher die Lebensform darstellen, welche wir immer auf irgendwelchen Planeten im All vermuten."[6]

Dass dies geradezu Wasser auf die Mühlen der Forscher auf dem Gebiet der Paläo-SETI – der Suche nach Hinweisen auf Eingriffe durch außerirdische Besucher in früheren Zeiten – darstellt, ist offenkundig! Doch zurück zu jenem „Massensterben", welches uns angeblich in allernächster Zukunft ins Haus stehen soll. An dieser Stelle vorweg: Es sieht viel besser aus, als wir glauben. Zwar glauben nach wie vor viele Mitmenschen, dass im Zeitalter der modernen Satellitenüberwachung auch die letzten verborgenen Winkel unseres Planeten all ihre Geheimnisse preisgegeben hätten und alles bereits komplett erforscht sei. Doch das genaue Gegenteil ist der Fall.

Am 22. Mai 2023 rief die Welt den „Internationalen Tag der Biodiversität" aus. Pünktlich dazu gab es – neben der besagten Ankündigung, dass 42.000 Arten vom Aussterben bedroht seien – auch gute Nachrichten. Allein in der südostasiatischen Mekong-Region hatten Zoologen in den zwei vorangegangenen Jahren sage und schreibe 380 neue Tier- und Pflanzenarten entdeckt, welche zuvor noch nie beschrieben worden waren. Die meisten der neuen Spezies wurden in Vietnam und Thailand dokumentiert, von Laos,

Kambodscha und Myanmar gefolgt.[1] Im nachfolgenden ersten Kapitel werde ich ein paar neuentdeckte Arten vorstellen, und auch eine Liste all jener Regionen auf diesem Planeten präsentieren, die noch immer relativ unerforscht sind und deshalb die besten Voraussetzungen bieten, dort auf noch bislang unbekannte Arten zu stoßen.

Zudem werde ich eine junge, und vom wissenschaftlichen „Mainstream“ zum Teil noch immer als „Pseudowissenschaft“ diskriminierte Forschungsrichtung vorstellen, die trotz aller Anfeindungen in den vergangenen Jahrzehnten ihres Bestehens auf eine unglaublich hohe Anzahl von teilweise spektakulären Neuentdeckungen verweisen kann. Es ist dies die Kryptozoologie, deren Erkenntnisse sich wie ein roter Faden durch sämtliche Kapitel dieses Buches ziehen werden. Zuvor möchte ich eine Reihe bahnbrechender Forschungen nicht unerwähnt lassen, welche bis vor wenigen Jahren noch als reine Phantasieprodukte oder Science Fiction abgetan wurden.

Phoenix aus der Asche

Es geht hierbei um nicht mehr oder weniger als die „Wiederbelebung“ ausgestorbener Tierarten. Und da können die Forscher mittlerweile auf durchaus greifbare Erfolge hinweisen. Im März des Jahres 2013 glückte es einer Gruppe australischer Biologen der University of New South Wales, lebende Embryos des „Südlichen Magenbrüterfrosches“ durch eine Einnistung aufgetauter Genome aus Tiefkühlkonservierung in den Eizellen einer weitläufig verwandten Froschart heranwachsen zu lassen. Der äußerst bizarre Frosch – mit zoologischem Namen „Rheabatrachus silus“ – der seine befruchteten Eier schluckt, um sie im Magen auszubrüten und diese dann durch sein Maul gebiert, war 1983 nach offizieller Lesart ausgestorben.

Zwar haben bis dato die dabei entstandenen Embryos ihr Frühstadium nicht überlebt, doch sollen ihre Zellen dazu dienen, erstmals durch Klonen eine ausgestorbene Tierart – wie der sprichwörtliche „Phoenix aus der Asche" – wieder zu beleben.[9]

Da wären wir nicht mehr weit entfernt von einem alten Traum, der seit Filmen wie „Jurassic Park" nicht nur in den Köpfen von phantasiebegabten Laien herumspukt. Doch Vorsicht: Wer ein Lebewesen kopieren will, kommt an einer maßgeblichen Grundvoraussetzung nicht vorbei. Er benötigt den Bauplan dieses Wesens, niedergelegt in dessen DNS – ausgeschrieben: Desoxyribonukleinsäure. Besagte DNS ist die Trägersubstanz sämtlicher Erbinformationen sowie der Hauptbestandteil der Chromosomen.[2] Bis heute haben die Wissenschaftler noch keine Dinosaurier-DNS gefunden; möglicherweise müssen wir aber diese Feststellung nach einem Fund aus China relativieren. Hierüber an späterer Stelle mehr. Die Erbsubstanz ist sehr empfindlich, sie überdauert keinesfalls Millionen von Jahren. Auch nicht in den Mägen von Stechmücken, die einem Dinosaurier Blut „abgezapft" haben, danach an Baumharz kleben blieben und in Bernstein konserviert wurden. Das funktioniert leider nur in einschlägigen Hollywoodreißern. Durch die Verdauung in der Mücke werden stattdessen die Erbgutstränge restlos zerstört.

Der Sensationsfund

Trotzdem haben Forscher den Traum einer „Wiedergeburt" der Dinosaurier nicht aufgegeben. Die urtümlichen Echsen sind zwar vor rund 60 Millionen Jahren ausgestorben, doch haben sie Verwandte hinterlassen, die ihnen genetisch sehr ähnlich sind: Die Vögel. Diese lassen sich mithilfe der Biotechnologie erstaunlich leicht manipulieren. Forscher haben schon Küken-Embryonen mit breiten, reptilienartigen Schnauzen erzeugt, oder auch mit Zähnen im Schnabel. Es erscheint heute sogar machbar, den Vögeln Echsenschwänze oder Dinosaurierarme wachsen zu lassen.[10]

Vielleicht ist man der Wiederbelebung eines Sauriers inzwischen viel näher, als man dies jemals für möglich gehalten hätte.

Denn am 22. Oktober 2021 berichtete die englische Tageszeitung „The Sun“ von einem Sensationsfund, den Forscher der Chinesischen Akademie der Wissenschaften im Norden der Volksrepublik machten. Kurz zuvor hatten die Wissenschaftler dort ein Knorpelstück eines Caudipteryx gefunden, das in Vulkanasche perfekt erhalten geblieben war. Besagter Caudipteryx besaß in etwa die Größe eines Pfaus, und erinnert vom Aussehen her ein wenig an die heute im Süden Afrikas lebenden Strauße. Die Tiere lebten vor ungefähr 125 Millionen Jahren und besaßen eine große Ähnlichkeit mit Velociraptoren – eine äußerst aggressive Raubsaurierart, die in „Jurassic Park“ ordentlich für Gänsehaut sorgte.

Die Forscher hoffen, in den versteinerten Zellkernen organische Moleküle zu finden, aus denen sie eine DNS-Sequenz rekonstruieren können. Die Erfolgschancen werden dabei mit 50 zu 50 eingeschätzt. Im Erfolgsfall bestünde also die Chance, einen Caudipteryx durch Klonen wieder auferstehen zu lassen.[11]

Vielleicht sind solche Versuche letztlich überflüssig. Denn es sprechen gute Argumente dafür, dass in einigen ökologischen Rückzugsgebieten dieser Erde tatsächlich noch verschiedene Überlebende aus den Tagen der großen Saurier anzutreffen sind.

1. So viele weiße Flecken auf unseren Karten

Betätigungsfeld für eine junge Wissenschaft

Der hochgeschätzte französische Naturforscher George Cuvier (1769–1832), von Geburt an von „blauem Geblüt“, gilt als einer der Wegbereiter der Paläontologie. Diese ist die Wissenschaft vom Leben der Urzeit; sie befasst sich anhand fossiler, sprich: versteinerter Überreste von Lebewesen aus vergangenen Erdzeitaltern mit dem Ablauf der Geschichte allen Lebens auf diesem Planeten.[2] Ohne Cuviers Verdienste schmälern zu wollen, muss man ihm jedoch einen großen Fauxpas ankreiden. Der Baron hatte nämlich bereits zum Beginn des 19. Jahrhunderts selbstherrlich postuliert, dass die gesamte Tierwelt auf Erden jetzt so vollständig bekannt wäre, dass man mit dem Auffinden neuer, bis dato unbekannter Arten nicht mehr rechnen könne.[12]

Selten wurde ein renommierter Wissenschaftler in der Folge so krachend von der Realität widerlegt wie Cuvier. Die folgenden Jahre – dies gilt ohne jede Einschränkung bis auf den heutigen Tag! – zeichneten sich durch eine unvorstellbar große Anzahl an Entdeckungen bis dahin unbekannter Tierarten aus, so dass die „Feststellung“ des französischen Gelehrten heutzutage wie ein Treppenwitz der Geschichte anmutet.

Wie zum Trotz nahm nach Cuviers komplett neben der Realität liegenden Fehleinschätzung ein wahres Zeitalter von neuen Entdeckungen auf dem Gebiet der Zoologie seinen Anfang. Das 20. Jahrhundert, in dem übrigens 40 Prozent aller bis zum heutigen Tag bekannten Säugetierarten entdeckt wurden, brachte zahllose, zum Teil bizarre Geschöpfe ans Tageslicht, welche man bis dahin als pure Ausgeburt der Phantasie ins Reich der Fabel verwiesen hatte. Selbst das 21. Jahrhundert, das schon wieder zu einem Viertel der Vergangenheit angehört, macht hier keine Ausnahme. Es ist faszinierend, dass die Welt nach wie vor voller großer Geheimnisse steckt. Verblüffend ist jedoch die schiere Zahl an bedeutenden Spezies, welche erst vor relativ kurzer Zeit entdeckt wurden. Und dies praktisch in allen Winkeln dieser Welt.

Von Kurzhalsgiraffen und Zwergelefanten

Als der britische Journalist und Forscher Sir Henry Morton Stanley (1841–1904) von 1887 bis 1889 den mächtigen Kongofluss von der Westküste Afrikas aufwärtsfuhr, um den durch die Mahdi-Aufstände bedrängten Emir Pascha in der Äquatorialprovinz des damals ägyptischen Sudan zu Hilfe zu eilen, durchquerte er den Osten der früheren belgischen Kolonie. Durch die dort lebenden Pygmäen erfuhr Stanley, dass im Dschungel ein großes braunes Tier mit schwarzweiß gestreiften Beinen hausen solle. Er bekam auch tatsächlich eines zu Gesicht, hielt es bei der Gelegenheit jedoch für einen Esel.[13]

Im Jahre 1900 hörte dann der britische Afrikareisende Henry Hamilton Johnston von diesem obskuren Geschöpf, das aber von den allermeisten Zoologen abfällig als Ausgeburt von Phantasie und Aberglauben abgetan wurde. Zeitungen, die in diesen Tagen darüber berichteten, stellten es als „verspäteten Aprilscherz" hin. Doch von einem belgischen Kolonialoffizier bekam Johnston ein paar Fellstreifen – und hielt damit erste konkrete Beweise für die Existenz des „Fabelwesens" in Händen.

Voller Widerwillen hielten es die Zoologen zunächst für ein bisher unbekanntes Zebra und gaben dem neu entdeckten Tier den lateinischen Namen Equus johnstoni. Doch bereits im darauffolgenden Jahr 1901 schickte ein Leutnant Erikson an Johnston das Fell und Skelett eines Exemplars, das von den Pygmäen erlegt worden war. Eine genauere Untersuchung ergab schließlich, dass dieses seltsame Tier in Wahrheit ein kleiner Verwandter der in den afrikanischen Steppen weit verbreiteten Giraffe war.

So wurde Anfang des 20. Jahrhunderts das Okapi, das auf den lateinischen Namen Okapia johnstoni hört, entdeckt. Wie schon angemerkt, ist es eine Giraffenart, allerdings mit kurzem Hals, welche in den ausgedehnten, äquatorialen Wäldern nördlich des Kongo, und dort vorwiegend an dessen Nebenflüssen Ituri, Itimbiri und Mongala lebt. Nachdem man die Berichte aus dem „Schwarzen Kontinent" unermüdlich als Märchen und Legenden abgetan hatte, tauchte das ominöse Geschöpf eines Tages wie zu dessen Rechtfertigung aus dem Urwald auf.[12]

Bedeutend länger als das Okapi – nämlich bis heute – spielt ein anderes afrikanisches Tier Verstecken mit den Zoologen und Jägern. In bewundernswerter Hartnäckigkeit behaupten örtliche Stämme, dass es im Urwald des Kongo sozusagen einen Elefanten im „Kleinformat" gibt. Diese ungewöhnliche Spezies soll sich vor allem in den Flüssen und Sümpfen des zentralafrikanischen Kongobeckens aufhalten und sich dort im dichten Urwald verbergen. Doch die Existenz solcher zwergwüchsiger Rüsseltiere ist unter den Fachleuten nach wie vor heftigst umstritten, obgleich sich ernst zu nehmende Beobachtungen und Hinweise nicht mehr länger wegdiskutieren lassen.

Bereits 1905 brachte der Hamburger Karl Hagenbeck, der Zeit seines Lebens noch weitaus phantastischeren Kreaturen in Afrika nachstellte, einen kleingewachsenen, etwa sechs Jahre alten Elefantenbullen in seine Heimat mit. Diesen verkaufte er an den Zoologischen Garten New Yorks, wo er keinen Millimeter mehr wuchs. Die Fachleute bezeichneten ihn jedoch fälschlich als „Missgeburt".

Die vielen, nicht verstummen wollenden Gerüchte über Zwergelefanten ließen auch dem belgischen Oberleutnant Franssen keine Ruhe. Sie kosteten ihn zuletzt sogar das Leben. Mit eingeborenen Helfern brach er in den Urwald auf, aus dem er Monate später schwer fieberkrank und schon vom Tode gezeichnet heimkehrte. Immerhin kam er nicht mit leeren Händen aus der Wildnis: Er brachte die Haut sowie die Stoßzähne eines Elefantenbullen „im Miniaturformat" mit. Obgleich dieses Tier nach Franssens Angaben mit zu den größten seiner Herde gezählt hatte, wies es nur eine Schulterhöhe von 1,50 Metern auf – das ist gerade einmal die Hälfte der Höhe eines normal gewachsenen Elefanten, wie ich sie selbst bereits häufig im Etoscha-Nationalpark in Namibia beobachten konnte. Dafür besaß das angeführte Exemplar recht eindrucksvolle Stoßzähne mit einer Länge von 66 Zentimetern. Bald nach seiner Rückkehr starb der Oberleutnant – immerhin in der Gewissheit, eine neue Art entdeckt zu haben.

Der Schein trügt

Im letzten Viertel des 20. Jahrhunderts, genau gesagt im Jahre 1982, gelangen dem damaligen Botschafter der Bundesrepublik Deutschland in der Republik Kongo, Harald Nestroy, im Laufe einer Foto-Pirsch im Norden des Landes auf einer sumpfigen Urwaldlichtung einige Aufnahmen dieser Zwergelefanten. Damit entriss er das Tier endlich dem ominösen Dunstkreis von Mythen und Legenden. Neben dem Respekt gebietenden Steppenelefanten wie auch dem etwas weniger bekannten schlankwüchsigen Waldelefanten ist das die dritte Elefantenart auf dem noch immer geheimnisvollen „Schwarzen Kontinent".[14,15]

Vergleichsweise schneller zum erfolgreichen Abschluss kam dagegen die Suche nach einer anderen Spezies. Der bekannte deutsche Afrikaforscher Major Hans Schomburgk (1880–1967) – er wird uns noch einmal in einem späteren Kapitel im Zusammenhang mit seiner Suche nach einer weit geheimnisträchtigeren Kreatur begegnen – brach im Jahre 1909 nach Liberia auf, um dort nach dem „schwarzen Riesenschwein" zu suchen. Es sollten nur wenige Jahre vergehen, bis er es fand. Und dabei erkannte, in welche Tierfamilie es wirklich gehörte.

Es war schwarz und glänzend, und mit dem Flusspferd verwandt anstatt mit dem Schwein. Und weil er es bei seiner Expedition von 1909 nicht fand, musste er mit leeren Händen zurückkehren. Natürlich heftig kritisiert von den unvermeidlichen Skeptikern. Doch schon 1912 fuhr er erneut nach Afrika. Und nun vermochte er der Fachwelt den endgültigen Beweis zu liefern. Denn er kehrte mit fünf Zwergflusspferden zurück. Jedes von ihnen brachte im Durchschnitt 200 Kilogramm auf die Waage – das ist gerade einmal ein Zehntel vom Gewicht eines normal gewachsenen Flusspferdes.[16]

Dies war vor mehr als einhundert Jahren. Aber selbst heute, da schon fast ein Viertel des 21. Jahrhunderts verflossen ist, wäre es mehr als vermessen zu behaupten, es gäbe in den unergründlichen Weiten Afrikas nichts Neues mehr zu entdecken. Der Abenteurer, den es aus irgendeinem Grund nach Kinshasa, der Hauptstadt des heutigen Staates Zaire, verschlägt, mag angesichts aufragender Hochhäuser und Büroblocks zunächst dem Eindruck erliegen, dass sogar im Herzen Afrikas die Verstädterung Einzug gehalten hat. Doch der Schein trügt: Kinshasa ist nicht Kairo oder Kapstadt. Und auf der anderen Seite des mächtigen Kongoflusses liegt die Hauptstadt der armen Republik Kongo, Brazzaville. Von dort aus gehen kaum Schotterpisten geschweige denn Straßenverbindungen, die diesen Namen auch verdienen, in entlegene Landesteile. Das könnte sich aber bald ändern, denn die sehr geschäftstüchtigen Chinesen haben Afrika schon länger für sich und ihre kommerziellen Aktivitäten entdeckt.

Bis dahin zieht nur die Eisenbahn, erst zu Beginn des 20. Jahrhunderts von der ehemaligen Kolonialmacht Frankreich gebaut, ihre schmale Spur durch den Urwald. Und Bangui, die marode Hauptstadt der Zentralafrikanischen Republik , grenzt bereits an ihrer Peripherie an den kaum erforschten Dschungel, der sich so endlos ausdehnt, bis der Wald in die Savanne und diese schließlich in die Wüste übergeht.

Auf dem südamerikanischen Kontinent gibt es sogar noch ausgedehntere Gebiete, die wir ehrlicherweise als weiße Flecken in die Landkarten einzeichnen sollten. Zwar zieht sich beispielsweise in Brasilien über weite Distanzen der „Trans-Amazonas-Highway“ durch den Kontinent. Doch stehen der Tierwelt trotz Rodung und Raubbau nach wie vor nahezu unbegrenzte Zufluchtsmöglichkeiten und viele ökologische Nischen offen.

„Verlorene Welten“

Im Norden Südamerikas, von Kolumbien über Venezuela und bis nach Guyana, liegen ausgedehnte Archipele „verlorener Welten“ – man nennt sie „Tepuis“. Dies sind steile und unzugängliche, und von Schluchten durchzogene Inselberge, die bis zu 1000 Metern Höhe aus dem Regenwald herausragen. Bei ihnen handelt es sich meist um eine stehen gebliebene Restform auf einer durch die sogenannte Denudation – das ist die flächenhafte Entblößung des festen Untergrundes[2] – tiefergelegten Rumpffläche.[17] In diesem beinahe ständig wolkenverhangenen, von Nebelschwaden umzogenen Orkus befinden sich auch die höchsten Wasserfälle der Erde. Die praktisch nur mit Helikoptern erreichbaren Tafelberge beherbergen endemische Faunen. Im Klartext bedeutet dies, dass dort Tierarten und Pflanzen zu finden sind, welche sonst nirgendwo auf der Welt vorkommen.

Auf der Grundlage einer von der englischen Society for Scientific Discoveries Anfang des Jahres 2000 erstellten Liste habe ich die nachfolgende Aufstellung zur Zeit noch weitgehend unerforschter Regionen auf unserem Planeten erarbeitet.[18] Ich habe sie noch um eine Reihe weiterer Regionen erweitert, die man allesamt als „ökologische Rückzugsräume“ definieren kann.

- Große Teile des tropischen Regenwaldes in Brasilien, Ecuador, Peru und Bolivien
- Der Süden Venezuelas sowie der angrenzenden Länder Kolumbien und Guyana
- Die noch heute beinahe unzugänglichen Sumpfgebiete im Kongobecken; sie verteilen sich auf die Staatsgebiete der Zentralafrikanischen Republik, Zaire sowie der Republik Kongo
- Teile weiterer afrikanischer Länder wie Simbabwe und Angola, Sambia, Kamerun und Gabun
- Ein großer Teil der Namib- und der Kalahari-Wüste

- Zentraltibet und Regionen im nordwestlichen China
- Der Norden Indiens sowie unerforschte Regionen im Westen von Bengalen, zwischen dem Ganges-Delta und den Rajmahal-Bergen, unweit der Grenze zu Bangladesh
- Große Teile der indonesischen Inselwelt, die Tausende Inseln mit einer Landfläche von ca. 1,9 Millionen Quadratkilometern umfasst, wie auch das Innere von Neuguinea
- In Südostasien Gegenden in Burma (Myanmar), Laos, Kambodscha sowie Vietnam – dort besonders die schwer zugängliche Region von Vu Quang, die als Schutzgebiet ausgewiesen ist
- Eine Reihe urwaldähnlicher Gebiete im Inneren von Australien, sowie einige Gegenden in Neuseeland.[18,2]

Wenn wir weiterhin bedenken, dass im Grunde auch die polaren Regionen dieser Erde flächenmäßig alles andere als genau erforscht sind – sowohl in Grönland als auch auf dem antarktischen Kontinent dürfen wir sogar mit einer Anzahl komplett eisfreier Zonen rechnen –, wird rasch klar, dass sich unser Wissensstand von jenem der mittelalterlichen Gelehrten so gut wie gar nicht unterscheidet. Dies sind jede Menge Betätigungsfelder für die bereits kurz erwähnte Kryptozoologie, die leider nach wie vor von den meisten Vertretern des „wissenschaftlichen Mainstreams“ in die Pseudo-Ecke verbannt wird.

Fliegende Frösche und Flammenschlangen

Sie beschäftigt sich mit solchen Tieren, für deren Existenz es erst schwache Belege gibt. Beispielsweise wird vermutet, dass Berichte über Tiere, die traditionell den Fabelwesen zugeordnet werden, zum großen Teil auf noch unentdeckten Spezies beruhen – oder auf solchen, die wir für längst ausgestorben halten.[19]

Die 1982 gegründete, doch leider seit 2004 inaktive „International Society of Cryptozoology“ (ISC) setzte sich vehement dafür ein, dass die Kryptozoologie endlich als eine seriöse Wissenschaft anerkannt würde.[19] Verdient hätte sie es durchaus – konnte sie doch bereits eine unglaublich hohe Zahl an Neuentdeckungen vor allem im Tierreich für sich verbuchen. Hinzu kommt auch noch, dass die meisten dieser Kreaturen aus jenen Weltgegenden kommen, die ich auf der Seite zuvor aufgelistet habe. Einige Beispiele gefällig? Beginnen möchte ich mit den Neuentdeckungen, die das letzte Jahrzehnt des 20. Jahrhunderts brachte.

1990 Eine nachtaktive Papageienart in Australien

1992 Wüsten-Warzenschwein in Äthiopien

1992 Vu-Quang-Rind in Vietnam und den angrenzenden Regionen in Laos und Kambodscha; auf diese Spezies gehe ich sogleich noch in aller Ausführlichkeit ein

1992 Eine bislang nicht bekannte Art des Kiwi, einer Straußenvogelart in Neuseeland

1994 Das Baumkänguruh Dingiso in Neuguinea

1995 Die Schweineart Sus bucculentus in Laos

1996 Der Edwardsfasan in Vietnam

1997 Zwei Arten der Seychellen-Riesenschildkröten, und die bis dahin unbekannte Schnabelwalart Mesoplodon bahamondi

1998 Eine neue Quastenflosserart in den Gewässern vor Sulawesi (Indonesien) – im nachfolgenden Kapitel gehe ich auch auf diese neuentdeckte Art ein

1999 Vier unbekannte Arten aus der Fischgattung der Notothenoiden, allesamt in den Randgewässern der Antarktis

2000 Eine große Waranart auf den Philippinen.[18]

Natürlich ist die Zeit seit der Jahrtausendwende, was die Entdeckung bislang unbekannter Spezies angeht, nicht stehengeblieben. So berichteten die Zeitungen im Frühjahr 2010 beispielsweise über „fliegende Frösche und Flammenschlangen“, die man auf der großen Sunda-Insel Borneo gefunden hatte. Drei Jahre zuvor, 2007, hatten Indonesien, Malaysia und Brunei eine „Deklaration zum Herzen Borneos“ unterzeichnet. Im Inneren der Insel entstand ein ausgedehntes Netzwerk aus Schutzzonen und Urwäldern. Und bis zum Jahre 2010 hatten Forscher dort bereits 123 neue Arten entdeckt und beschrieben.

Darunter den „Mulu-Frosch“, der mit Flughäuten zwischen den Zehen fliegen kann; eine weitere Froschart kann sogar ohne Lunge atmen. Zu den Funden gehört auch die mit 56,7 Zentimetern wohl längste Stabheuschrecke der Welt. Ebenso eine Schlange, die in den Farben von Flammen leuchtet. Bei einer Schneckenart, welche auf dem Berg Kinabalu gefunden wurde, verschießen die Weibchen regelrechte „Liebespfeile“ aus Kalziumkarbonat, um männlichen Artgenossen ein aphrodisierendes Hormon zu injizieren. Borneo gilt übrigens auch als die Heimat wahrhafter „Monster-Insekten“. Denn dort kriechen bis zu zehn Zentimeter lange Kakerlaken durch das Unterholz des Regenwaldes.[20]

Unbesiegbares Vietnam

Als echte Fundgrube für ein zoologisches Schattenreich, das dort noch weitgehend unerkannt wie unbekannt sein verstecktes Dasein fristet, entpuppte sich vor allem das Länderdreieck von Laos, Kambodscha und Vietnam, rund um den mächtigen Mekong-Strom. Es ist eine kaum zugängliche Region, klimatisch mörderisch gegenüber Forschern aus gemäßigteren Breiten, sowie lange Jahre von Kriegen gebeutelt. Diese drei Faktoren schützten schon so manche Tierart davor, früher entdeckt zu werden. Erst 1937 wurde dort der Kouprey gefunden, ein stattliches Waldrind mit lyraartigen Hörnern. An ein echtes Wunder grenzt, dass sich in Vietnam, einem dicht besiedelten Land von der Größe des wiedervereinigten Deutschland, bis 1988 eine kleine Population des Java-Nashorns unerkannt gehalten hatte. Und das trotz der ungezählten Tonnen von Spreng- und Napalmbomben, die die USA auf das leidgeprüfte Land in Indochina abgeworfen haben.[14]

Eine Reihe staunenswerter Entdeckungen gelangen den Forschern in der sogenannten „Vu Quang National Reserve“. Diese seit den 1990er Jahren als Naturschutzgebiet ausgewiesene und geschützte Region liegt in der Provinz von Ha-Tinh im nordwestlichen Vietnam. Sie zieht sich entlang der Grenze zum Nachbarn Laos. Dort regnet es fast ständig, und die Flüsse sind kaum befahrbar und schwer zu überqueren. Baumgiganten wechseln sich ab mit gewaltigen moosbedeckten Felsen. In bewusster Region wimmelt es nur so von allerlei giftigen Schlangen, dazu Leoparden, Tigern und Bären, die allesamt satt werden wollen. Und in den Sümpfen sind Schwärme von gierigen Blutegeln stetig auf Nahrungssuche. Oder mit anderen Worten gesagt: Keine allzu gemütliche Ecke.

Die Aufständischen, die zum Ende des 19. Jahrhunderts unter dem Kommando von Phan Ding Phung gegen die einstige Kolonialmacht Frankreich kämpften, unterhielten ihr Hauptquartier in Khe Sa Vach, westlich des Vu-Quang-Gebietes gelegen. Doch gleichsam wie die von ihnen gehassten Franzosen setzten auch die Vietnamesen den Fuß nicht in diese Zone. Und während des unseligen Krieges der Amerikaner in den 1960er Jahren, der unmöglich zu gewinnen war, warf die US-Luftwaffe dort keine Bomben ab – weil es schlicht nichts zu bombardieren gab. Ebenso setzten sie das berüchtigte Entlaubungsmittel „Agent Orange“ dort nicht ein, das anderswo für schrecklichste Umwelt- und Folgeschäden verantwortlich war. Selbst heute leben so gut wie keine Menschen in der Region von Vu Quang, obwohl das Land ringsum dicht besiedelt ist.[21]

In dieser geheimnisumwitterten, noch immer weitgehend unerforschten „grünen Hölle“ fand man erst im Jahre 1992 das Vu-Quang-Rind (Pseudoryx nghetinensis), welches der wissenschaftlichen Welt bis zu diesem Zeitpunkt völlig unbekannt war. Ein gemeinsames Forscherteam des vietnamesischen Ministeriums für Forstwirtschaft sowie des „Worldwide Fund for Nature“ stieß im Mai 1992 bei einem Jäger auf eine Trophäe, die aus den Hörnern und dem Fell eines solchen Tieres bestand. Nach eingehender Suche fanden die Forscher schließlich weitere Reste, was sie in die

Lage versetzte, eine genaue anatomische Beschreibung dieses Vu-Quang-Rindes zu erstellen.

Es ähnelt ein wenig der Oryx-Antilope – man findet sie auf der 100-Dollar-Note Namibias abgebildet – und besitzt eine Schulterhöhe zwischen 80 und 90 Zentimetern. Sein Fell ist von bräunlicher Färbung mit weißen Flecken im Bereich des Kopfes, und seine geraden Hörner werden bis zu 50 Zentimeter lang. Die erwachsenen Tiere sollen bis über 100 Kilogramm schwer werden. Im März 1993 gab man bekannt, dass mit diesem in Vietnam „Son Duang" genannten Rind ein weiteres großes Säugetier entdeckt worden war. Es stellte sich überdies heraus, dass besagtes Vu-Quang-Rind eine Art Verbindungsglied zwischen Antilopen und Rindern darstellt, und entwicklungsgeschichtlich gesehen eine wirklich sehr alte Spezies ist.[21,22,23]

Großer weißer Fleck auf der Karte

Das erwähnte Vu-Quang-Gebiet ist nur ein bescheidener Teil einer Region, die in den vergangenen Jahrzehnten durch die Entdeckung zahlreicher neuer Arten auf sich aufmerksam machte. Der Umweltorganisation World Wildlife Fund (WWF) zufolge, haben Forscher alleine 2015 in der Mekong-Region 163 neue Arten gefunden – hierunter waren neun Amphibien, elf Fische, 14 Reptilien sowie drei Säugetiere. Die Mehrzahl dieser neuentdeckten Spezies, exakt 126 Arten, darf allerdings das Pflanzenreich für sich verbuchen. Seit 1997 wurden in dem Fünf-Länder-Eck – bestehend aus Vietnam, Kambodscha, Thailand, Laos und Myanmar – sogar mehr als 2.400 neue Spezies entdeckt, untersucht und wissenschaftlich beschrieben.

Für die Forscher stellt diese Region um den mächtigen Mekong-Strom ein nach wie vor kaum erforschtes Gebiet dieses Planeten dar, einen großen weißen Fleck auf der Karte. Unter den auffälligsten Kreaturen, die das Jahr 2015 bescherte, war die in Laos beheimatete „Regenbogenschlange": Sie besitzt einen in sämtlichen Farben des Regenbogens schimmerndem Kopf. Oder in Thailand der „Star-Trek-Molch“ – mit wissenschaftlichem Namen „Tylototriton anguliceps“. Die Kopf-Wülste dieser knapp sieben Zentimeter langen Amphibie erinnern stark an die Erscheinung der kriegerischen Klingonen in der beliebten Science-Fiction-Serie „Star Trek“. Daher der ungewöhnliche Name.[24]

Auch das Jahr 2023 war in dieser Hinsicht erstaunlich ergiebig, nicht nur, was die Mekong-Region betrifft. Zum „Internationalen Tag der Biodiversität“ am 22. Mai 2023 meldeten die Medien das Auffinden von insgesamt 380 neuen Pflanzen- und Tierarten, wohl im Verlauf eines einzigen Jahres.[1] Nach der Mutter des prominenten Schauspielers und Umweltaktivisten Leonardo diCaprio – selbige heißt Irmelin diCaprio – benannt hat man die in Kolumbien sowie Panama auf Bäumen lebende Natter „Sibon irmelindicaprioae“. In Ecuador befindet sich die Heimat des „Bach-Baumfrosches“, mit lateinischem Namen „Hyloscirtus tolkieni“.[25] Sein Name bezieht sich auf den britischen Autor J.R.R. Tolkien (1892–1973), dessen Romane wie „The Hobbit“ oder „Lord of the Rings“ Weltruhm erlangten.[2] Die Farben des Frosches erinnerten die Forscher an Phantasiewesen, wie von dem genannten Schriftsteller in dessen Werken ersonnen.

Einer der jüngsten unabhängig gewordenen Staaten ist das in der Indonesischen See gelegene Ost-Timor. Auf der kleinen Sunda-Insel fanden Forscher den „Krummzehen-Gecko“ (Cyrtodactylus santana), und zwar in einer Höhle des Nino Konis Santana Nationalparks. Zunächst gelang es ihnen nicht, das Tier zu fangen. Doch als sie nachts in die Höhle zurückkehrten, erwischten sie gleich zehn Exemplare dieser Reptilienart. Der Name des Tieres hat im Übrigen nichts mit dem berühmten Musiker Carlos Santana zu tun, sondern vielmehr mit dem Namensgeber des Nationalparks, dem Unabhängigkeitskämpfer Nino Konis Santana.[25]

Ich habe auf den vorangegangenen Seiten nur ein paar Beispiele für Tiere angeführt, die erst in jüngerer Zeit ihrem Schattendasein entrissen werden konnten. Doch die schier unglaubliche Fülle permanenter Neuentdeckungen nicht allein in der Tierwelt sollte auch den letzten Skeptiker davon überzeugen, dass noch immer viele weiße Flecken auf den Landkarten unseres vorgeblich gesicherten Wissens existieren. Sie werden auch nicht so rasch getilgt sein. Trotzdem sitzen noch immer viele Wissenschaftler dem Irrglauben auf, wir hätten – wie zu Anfang dieses Kapitels beschrieben – bereits alles erschöpfend erforscht.

Doch nicht nur neue, bis dato unbekannte Arten tauchen auf. Auch so manche „alte“ Spezies kommt ganz unverhofft wieder ans Licht des Tages. Und da wird es spannend!

2. Der „Kämpfer“ aus dem Bernsteinwald

In Namibia wiederentdeckt

Es war der 10. Oktober 2002. An diesem Tag gab die Pressestelle der Universität Bremen eine spektakuläre Entdeckung bekannt, die eigentlich auf die Titelseiten der Tageszeitungen sowie in die Breaking News von Rundfunk und Fernsehen gehört hätte. Was war da so Ungewöhnliches geschehen?

Auf den kürzesten Nenner gebracht, könnte man es als ein echtes Jahrhundertereignis in der Zoologie bezeichnen. Zum ersten Mal seit 1914 konnten Entomologen – zu Deutsch: Insektenforscher – ein neu gefundenes Insekt in keine dar bis zu dem Tag 30 bestehenden Ordnungen dieser Tierklasse eingliedern.

Anfang des Jahres 2001 hatte der damalige Doktorand Oliver Zompro vom Plöner Max-Planck-Institut für Limnologie (die Kunde der Süß- oder Binnengewässer; HH) bis zu jener Zeit unbekannte Insekten in 45 Millionen Jahre altem Bernstein aus dem Ostseeraum entdeckt. Jenes aus der Tertiärzeit stammende, fossile Harz urzeitlicher Nadelhölzer weist häufig Einschlüsse von kleinen Tieren, zumeist Insekten, aber auch Überreste pflanzlichen Ursprungs auf.

Zompro gab den von ihm entdeckten Insekten den Namen Gladiator, weil ihn deren Form an die gepanzerten Kämpfer aus dem alten Rom erinnerte. Und er begann nach weiteren Exemplaren zu suchen. Fündig wurde er in den Sammlungen der Naturkunde-Museen Berlin und London. Die beiden dort befindlichen, sozusagen baugleichen Gladiatoren waren – gleichfalls in fossiler Form – 1909 in der damaligen Kolonie Deutsch-Südwestafrika und später im Jahr 1950 in Tanganjika gefunden worden.

Untersuchungen durch verschiedene Forscher erbrachten, dass sich diese Tiere ohne Zweifel grundlegend von allen Vertretern bestehender Insektenordnungen unterschieden. Eine völlig neue

Ordnung war entdeckt – allerdings hielt man sie zu der Zeit noch für komplett ausgestorben.

Szenenwechsel. Im Sommer 2001 hielten sich der Biologe Martin Wittneben von der Universität Bremen, und dessen Schweizer Kollege Hans-Ueli Dubach auf dem Brandberg-Massiv Namibias auf. Ich selbst war bereits etliche Male in diesem höchsten Gebirge Namibias, dessen bedeutendste Erhebung der Königstein mit 2.573 Metern über dem Meer ist. Prähistorische Felsmalereien, deren Zahl sicher in die Zehntausende geht und deren Berühmteste die „Weisse Dame" ist, haben das streng geschützte Gebiet weit über die Grenzen Namibias hinaus bekannt gemacht.[26] Jetzt aber zurück zur Arbeit der beiden Biologen.

Wittneben führte am Brandberg Forschungen zu seiner Diplomarbeit über die Vegetation des Inselgebirges westlich von dem Bergbaustädtchen Uis durch. Im Zuge von diesen Feldforschungen fiel den beiden Männern ein ziemlich ungewöhnliches Insekt auf, das Wittneben bei seiner Rückkehr nach Bremen mitnahm.

Expedition zum Brandberg

Bei dessen Untersuchung durch den Biologen Dr. Hartmut Köhler stellte sich dann überraschend heraus, dass es zu keiner der bekannten Insektenordnungen gehörte. Folglich musste es sich um eine bis zu diesem Zeitpunkt unbekannte Spezies handeln. Daraufhin wandte sich Dr. Köhler an die Kollegen vom Nationalen Museum in Windhuk, die sich schon seit längerem in einem Forschungsprogramm mit speziellen Lebensformen in dem Teil Namibias beschäftigten.

Der Zufall wollte es, dass sich zur selben Zeit auch Wissenschaftler des erwähnten Max-Planck-Institutes von Plön bei den namibischen Kollegen meldeten. Dort stellte man verblüfft fest, dass die Fossilien haargenau dem von Martin Wittneben von der Universität Bremen gefangenen Exemplar glichen.

In aller Eile organisierte das Nationale Museum von Windhuk eine Expedition zum Brandberg, um an Ort und Stelle nach einer möglicherweise noch lebenden Population des Gladiators zu fahnden. Sie wurden nicht enttäuscht – tatsächlich stießen die Wissenschaftler auf eine größere Anzahl jener lebenden Fossilien. Wie es aussieht, ist es diesen kleinen, gerade zweieinhalb Zentimeter messenden Raubschrecken gelungen, zwischen den zerklüfteten Felsen des Brandbergmassives 45 Millionen Jahre zu überleben. Wo sich ihr Refugium genau befindet, wird allerdings geheim gehalten. Denn viel zu groß wäre die Gefahr, dass diesen Überlebenden einer längst vergangenen Zeit doch noch das Aussterben droht.

Der geglückte Nachweis lebender Gladiatoren hat in Kreisen der Zoologen weltweit für Furore gesorgt. Denn diese offiziell als ausgestorben geltenden Tierchen haben unter dem Namen Mantophasmatodea ihren festen Platz in der wissenschaftlichen Nomenklatur gefunden.[27]

Entdeckungen wie dieser Fund sollten eigentlich unser Weltbild traditioneller Prägung komplett auf den Kopf stellen. Da haben – unverschämter Weise! – Kreaturen, die als seit Urzeiten ausgestorben galten, bis in unsere Tage hinein überlebt. Spötter könnten argumentieren, dass da ein paar Spezies, unkundig des Lesens und „unbeleckt“ von allen „sozialen Medien“, vollkommen übersehen haben, dass sie nach der gültigen Lehrmeinung gefälligst nur noch in versteinertem Zustand vorzukommen, und den Fundus von Museen damit zu bereichern hätten.

Aber Spaß beiseite. Die zuvor geschilderte Entdeckung dieser „alten“ neuen Insektenordnung – ein prächtiges Exemplar solch einer Millionen Jahre alten Raubschrecke in Bernstein konnte ich in einem privaten Museum auf der Ostseehalbinsel Darß fotografieren – ist alles andere als ein Ausnahmefall. Ganz im Gegenteil: Auf unserem Planeten wimmelt es nur so von lebenden Fossilien. Sie sind zum größten Teil entwicklungsgeschichtlich noch viel älter als der „Gladiator“ aus dem Nordwesten von Namibia, über dessen genauen Fundort sich die Verantwortlichen dort in Schweigen hüllen.

Es ist wirklich nicht übertrieben zu behaupten, dass die Fauna der Urwelt noch immer sehr präsent ist. Wenn auch überwiegend im Schatten unserer modernen Artenvielfalt.

So waren die Paläontologen der festen Überzeugung, dass ein marines Weichtier mit der lateinischen Bezeichnung „Neopiliana galathea" zuletzt vor ungefähr 350 Millionen Jahren lebte. Dies war am Übergang des Devon-Zeitalters zum Karbon, in einem unglaublich frühen Erdzeitalter, das die Forscher Paläozoikum oder Erdaltertum nennen. Eine genaue Aufstellung der Geschichte unserer Erde präsentiere ich im Anhang dieses Buches. Wer sich allerdings herzlich wenig um die „gesicherten Erkenntnisse" seiner Existenz schert, ist Neopiliana galathea selbst. Denn das Tierchen erfreut sich auch heute noch im Pazifischen Ozean, in Tiefen um die 3.000 Meter, seines Daseins.[28]

Fischfang vor der südafrikanischen Küste

Ähnlich verhält es sich mit dem Nautilus, diesem noch heute lebenden Vertreter der so artenreichen Ammoniten. Die Kopffüßer mit ihren charakteristisch eingerollten Gehäusen – bekannt vorwiegend in versteinerter Form im Solnhofener Kalkschiefer – bevölkerten rund 400 Millionen Jahre lang die Meere. Und damit wären wir einmal mehr im „Element" jenes lebenden Fossils, das man wohl mit voller Berechtigung als „Vorzeigefall" unter den Überlebenden der Urzeit sehen kann. Und welcher, entwicklungsgeschichtlich betrachtet, gut und gern auf dasselbe biblische Alter zurückblicken kann.

Zum Ende des Erdmittelalters, vor runden 60 Millionen Jahren, starben die Coelacanthiden aus. Besser geläufig sind sie unter der Bezeichnung Quastenflosser. Dies waren Fische, deren Flossen aus hohlen Knochen zusammengesetzt waren. Daher rührt auch der Begriff „Hohlstachler" als dritte gebräuchliche Bezeichnung. Schon vor 400 Millionen Jahren waren die Ozeane unseres Planeten von dieser urtümlichen Spezies bevölkert. Die Paläontologen sehen sie als die direkten Vorfahren der ersten amphibischen Vierfüßler an, die im Zeitalter des Devons erste Schritte aufs feste Land wagten. Prächtige Versteinerungen kennt man aus den etwa 220 Millionen Jahre alten Ablagerungen aus der Trias-Zeit Australiens und Madagaskars. Sie haben ihre Spuren auch in den Schiefern der Alpen, in der Kreide Englands und im Muschelkalk der deutschen Mittelgebirge hinterlassen. So las man es lange in den Standardwerken der Paläontologie – dann aber ereignete sich etwas, das sich für die Erdgeschichtsforschung als weltanschauliches Erdbeben erweisen sollte.

Am 22. Dezember 1938 ging einigen Fischern vor der Ostküste Südafrikas ein großer und ungewöhnlicher Fisch ins Netz. Der war von dunkelblauer Farbe, maß etwas mehr als fünf englische Fuß (1,50 Meter) und wog 114 Pfund. Außerdem besaß er kräftige Schuppen und seltsame Flossen, die auffallend an stummelartige Gliedmaßen erinnerten. Das sonderbare Tier lebte noch ein paar Minuten an Deck, wobei es nach jedem schnappte, der sich unvorsichtigerweise in seine Nähe wagte.

Bevor der Fischdampfer den Hafen erreicht hatte, war die seltsame Kreatur verendet. Die Fischer hielten ihren Fang aber für etwas Besonderes, daher brachten sie den Kadaver in das Museum der südafrikanischen Stadt East London. Die Kuratorin Marjorie Courtenay-Latimer fertigte eine Skizze von dem für sie gleichfalls unbekannten Fisch an und schickte diese auf der Stelle an Dr. J.L.B. Smith, Spezialist für Ichthyologie (Fischkunde) an der Cecil-Rhodes-Universität. Da der Brief wegen der Weihnachtspost liegen blieb und eine Antwort auf sich warten ließ, machte sich Mrs. Courtenay-Latimer nun selbst daran, den Fisch zu enthäuten und zu präparieren. Das Einzige, was dabei von der mittlerweile in Verwesung übergegangenen Kreatur übrig blieb, war der Schädel.

Dr. Smith war von dem Fund regelrecht elektrisiert. Er erkannte in dem Präparat sofort einen Coelacanthiden, einen urtümlichen Fisch mit Quastenflossen, die wie kurze Stummelbeine aussahen. Bis zu jenem Zeitpunkt waren die Paläontologen noch der festen

Überzeugung, dass diese Spezies am Ende der Kreidezeit, vor etwa 60 Millionen Jahren, zusammen mit den Sauriern ausgestorben sei.

Lebendige Urzeitfische

Professor Smith gab die sensationelle Wiederentdeckung 1939 vor der Linnaean Society – nach dem schwedischen Naturforscher Carl von Linné (1707–1778) benannt, der die Grundlagen der systematischen Erfassung von Pflanzen und Tieren geschaffen hat[2] – in London bekannt. Diese ist für die wissenschaftliche Klassifizierung aller Lebewesen zuständig. Die Kreatur erhielt den lateinischen Namen „Latimeria chalumnae" – nach der Museumskuratorin Marjorie Courtenay-Latimer.

Smith verkündete in der Folge voller Stolz, dass der Quastenflosser wieder unter uns lebt. Zwar erregte er damit Interesse bei den Zoologen, trat aber gleichzeitig erbitterte wissenschaftliche Auseinandersetzungen los. Denn bis zu diesem Zeitpunkt kannte man versteinerte Quastenflosser nur bis zu einer Länge von maximal 60 Zentimetern. Erst nach dem Zweiten Weltkrieg entdeckte man in Deutschland fossile Überreste eines zirka 1,50 Meter langen Exemplars dieser Spezies.[29,30]

Und es sollte bis 1952 dauern, bis man auf den nächsten lebenden Quastenflosser stoßen würde. Fischer fingen ihn unweit der Komoren, einer kleinen Inselgruppe zwischen Mozambique und dem Norden Madagaskars. Auch dieses Mal benachrichtigte man Professor Smith – zum Glück noch vor Weihnachten.

Dank mehrerer Besonderheiten zählt der Quastenflosser Latimeria chalumnae heute zu den besterforschten Fischen. Der Besatzung des Tauchboots „GEO" gelang es in den 1980er Jahren, die lebendigen Urweltfische in ihrem natürlichen Lebensraum zu filmen. Normalerweise halten diese sich in Tiefen zwischen 150 und 700 Metern auf, wo nur noch ein verschwindend geringer Teil des Sonnenlichtes hinabdringt. Den Tag verbringen Quastenflosser in Gruppen bis zu zehn Tieren dicht beieinander in Höhlen. Aber in der Nacht machen sie Jagd auf kleine Fische. Sie sind geschickte Räuber: Sie nützen Unterwasserströmungen aus, und lassen sich kopfüber auf dem Meeresgrund treiben.

Ihre beinstummelartigen Flossen, die sie vor etwa 400 Millionen Jahren an Land trugen, benutzen sie außerdem, um am Boden des Meeres umherzustelzen. Die einzelnen Tiere – man kann Quastenflosser leicht am Muster ihrer weißen Flecken wiedererkennen – halten sich über Jahre hinweg absolut standorttreu in den angestammten Jagdrevieren auf, die in der Regel eine Ausdehnung von einigen Kilometern aufweisen.[31] Bei solchen Beobachtungen dürften sich die Forscher regelrecht in vergangene Erdzeitalter und auch um Millionen von Jahren zurückversetzt fühlen. Es mag recht banal klingen: Die Urwelt lebt!

Heute weiß man, dass der Lebensraum der Quastenflosser nicht allein auf die Gewässer östlich von Afrika begrenzt ist. Im September 1997 hielt sich der deutsche Biologe Mark Erdmann in Manado, der Hauptstadt der indonesischen Inselprovinz Nord-Sulawesi auf, als er auf dem Karren eines Fischhändlers einen für jene Breiten ungewöhnlichen Fisch bemerkte. Mit geschultem Blick erkannte Erdmann, dass es sich um nichts anderes als den Coelacanthus, den Quastenflosser, handeln konnte. Er vermochte noch einige Fotos zu machen und den Händler zu befragen, bevor der Fisch verkauft wurde. Doch sein Interesse war geweckt – in der Folge bekam er einen Forschungsauftrag, welcher ihn an die Küsten Nord-Sulawesis brachte, wo er die einheimischen Fischer nach dem Quastenflosser befragte.

Dabei stellte sich heraus, dass das Tier zahlreichen Menschen recht gut bekannt ist. Die Fischer nennen ihn „Raja La'ut“, was so viel bedeutet wie „der König der Meere“. Und nach einem Jahr wurde der Biologe fündig. Fischer hatten vor der Insel Manadotua, die nordwestlich von Manado in der Celebes-See liegt, ein Exemplar gefangen, das noch am Leben war. Mehr als drei Stunden lang beobachtete Erdmann den über 1,20 Meter langen Fisch, bevor dieser schließlich verendete.

In den Monaten nach dem Fang analysierten Biologen das Erbgut und die Morphologie des Fisches, und verglichen die dabei gewonnenen Daten mit jenen der Population vor der Küste Südafrikas. Das Ergebnis war eine kleine Sensation: Denn von nun an kannte man zwei völlig unterschiedliche Arten des Quastenflossers.

Ein kurzer Augenblick in der Zeit

Der Quastenflosser aus den Gewässern Indonesiens bekam den wissenschaftlichen Namen Latimerie manadoensis, im Gegensatz zu Latimeria chalumnae im tiefen Meeresgebiet zwischen Südafrika, Madagaskar und den Komoren. Die Genetiker nehmen an, herausgefunden zu haben, dass sich diese beiden Arten erst vor zirka 1,5 Millionen Jahren voneinander getrennt haben. Nur ein ganz kurzer Augenblick in der Zeit, betrachtet man die fast 400 Millionen Jahre dauernde Entwicklungsgeschichte der Quastenflosser.[32]

Eher im Verborgenen blieb eine weitere sehr urtümliche Fischart, die es auch verstand, aus dem Erdaltertum bis in unsere Tage zu überleben. Dass sie ebenfalls als lebendes Fossil anzusehen ist, wurde schon ein Jahrhundert vor der Entdeckung des Quastenflossers erkannt.

So finden sich in den Devon-Schichten Englands, deren Alter auf über 380 Millionen Jahre datiert wird, häufig versteinerte Lungenfische. Charakteristisch ist für diese Spezies, dass sie außer ihren Kiemen noch lungenähnliche Schwimmblasen besitzt. Dass lebende Lungenfische auch in der Gegenwart existent sind, erkannte man 1839, als der englische Naturforscher Sir Richard Owen (1804–1892) den afrikanischen Molchfisch Protopterus annectens beschrieb. Der verfügt anstelle der üblichen Brust- und Bauchflossen über vier spatelförmige Anhänge, die er nach vorn oder nach hinten strecken kann, und auf die er sich zu stützen pflegt, wenn er am Boden liegt oder sich dort fortbewegt. Außer winzigen Kiemen hat er einen doppelt ausgebildeten Lungensack, und er steigt zum

Atmen in regelmäßigen Abständen an die Wasseroberfläche, da er sonst ersticken würde.

Zu Beginn der Trockenzeit verdunstet das Wasser. Dann gräbt sich Protopterus annectens ungefähr einen halben Meter tief ein. Im Schlamm krümmt er sich so zusammen, dass sein Schwanz über dem Kopf zu liegen kommt; aus Hautdrüsen sondert er dann einen zähen Schleim ab. Der hüllt sich wie das Gespinst eines Kokons um den Fisch und bewahrt ihn vor dem Austrocknen. Über seinem Maul bleibt ein Trichter mit der Außenluft verbunden – so kann der Fisch atmen und in einem mehr als sechs Monate dauernden „Sommerschlaf" überleben.[30,31]

Die ganze Art vermochte eine große zeitliche Distanz zu überbrücken und zählt ebenso wie die Quastenflosser zu den lebenden Fossilien. Denn Lungenfische sind noch immer in Afrika, Australien und in Südamerika weit verbreitet.

Schwer lösbares Rätsel

Für die auf der Evolutionstheorie des Briten Charles Darwin (1809–1882) basierende Vorzeitforschung stellen diese lebenden Relikte der Urzeit ein schwer lösbares Rätsel dar. Stellt sich doch die Frage, weshalb in einem Lebensraum die eine Form über sehr lange Zeiträume hinweg unverändert geblieben ist, während vergleichbare Spezies teilweise recht komplexe Veränderungen durchlaufen haben. So wird das Vorhandensein über Jahrmillionen unveränderter Arten mit einer Konstanz der Lebensräume, wie auch mit dem Fehlen von Feinden zu erklären versucht. Dies mag, mit viel Toleranz und noch mehr Nachsicht, auf die wehrhaften Insekten aus den Schluchten vom Brandberg zutreffen. Aber schon bei Meeresbewohnern aufgrund der vielen räuberischen Lebensformen, mit denen diese ständig konfrontiert sind, kläglich scheitern. Doch am wenigsten tauglich sind solche Erklärungsversuche für Landlebewesen. Trotzdem existieren auch unter ihnen unveränderte Lebensformen.[33,34]

Verlassen wir also das „nasse Element“ und befassen uns mit entsprechenden Landbewohnern. Ein Relikt aus lange vergangenen Zeiten, das noch in entlegenen Regionen im fernen Neuseeland existiert, gilt auch als letzter, noch lebender gemeinsamer Urahn von Eidechsen und Schlangen. Für die Zoologen sind beide Ordnungen beinahe identisch, besitzen doch einige Schlangen, wie die in Mitteleuropa heimischen Blindschleichen, noch Überreste ihrer einst vorhandenen Extremitäten. Die Stammform beider Ordnungen hat sich sogar fast unverändert erhalten.

Ich spreche hier von der Brückenechse. Ihr Name rührt allerdings nicht daher, dass sie eine Art Brücke im System bildet, welche für uns viele Millionen Jahre zur Urwelt des Mesozoikums überbrückte. Sondern vielmehr von zwei kleinen Knochenbrücken über der Schläfengegend ihres Schädels. Lateinisch hört sie auf den wohlklingenden Namen Sphenodon punctatus und auch Hatteria, in der Sprache der Maori Neuseelands ist sie als Tuatera bekannt. Als ein echter Grenzgänger zwischen den Reptilienordnungen zählt diese zu den urweltlichen Rhynchocephalen, was übersetzt „Schnabelköpfe“ bedeutet. So viel an dieser Stelle zur systematischen Ordnung jener lebenden „Drachen“ aus dem Erdmittelalter.

James Cook (1728–1779), der berühmte englische Weltumsegler, der als erster die Gestade Neuseelands umrundet hat, war gleichzeitig der Erste, der von dem urzeitlichen Relikt berichtete. Voller Begeisterung beschrieb der Seefahrer auch gewaltige Exemplare, die selbst Menschen fraßen, doch hat sich später davon nichts mehr gefunden. Die Zoologen, die nach ihm kamen, fanden nichts als ein harmloses Reptil von olivgrüner Farbe mit einer weißen Sprenkelung vor. Mit einem urweltlich anmutenden Stachelkamm, wie bei einem Dimetrodon, und von bescheidener Länge, die einen dreiviertel Meter kaum übertraf.[31,34]

Doch wer kann heute schon mit Sicherheit sagen, ob die von James Cook beschriebenen, schreckerregenden Monster tatsächlich zu seiner Zeit noch lebten, oder ob der berühmte Weltumsegler da nicht ein wenig „Seemannsgarn“ gesponnen hat.

Der einzige Ort, wo dieses lebende Fossil aus den geologischen Formationen des Mesozoikums in unseren Tagen seine Überlebensnische gefunden hat, sind ein paar von Sturmvögeln zum Nisten benutzte Inselchen in der Plenty Bay. Jene liegt zwischen Cape Runaway und der Coromandel Peninsula auf der Nordinsel Neuseelands. Dort lebt die Brückenechse vielfach mit den Sturmvögeln zusammen in deren unterirdischen Bruthöhlen, scharrt sich aber bei Bedarf auch eigene Gruben aus.

„Motoren der Evolution"

Von einer ganzen Kompanie Wildhütern streng bewacht, genießt dieses Reptil optimalen Schutz seitens der neuseeländischen Behörden. Sind doch selbst lebende Fossilien gegen eine einzige, aber umso zerstörerische Spezies auf diesem Planeten machtlos: Gegen den Menschen.

Berühmt wurde die Brückenechse durch ihr „drittes Auge" auf dem Scheitel, das man hier zum ersten Mal bei einem lebendigen Tier in Funktion fand. Mit einem richtigen Sehnerv, der seine Eindrücke an das Gehirn weiterleitet. Wir stehen hier staunend vor einem verbliebenen Relikt aus der Urwelt, das wie kaum ein anderes Detail die Bedeutung des Tuatera als lebendigen Zeugen der Erdgeschichte unterstreicht.[31,34]

Auch aus anderen Eigenheiten konnten die Forscher eruieren, dass die Brückenechse noch heute die gemeinsame Urform von allen Eidechsen und Schlangen darstellt, aus der diese sich über Jahrmillionen entwickeln konnten.

Dass eine Stammform unverändert neben ihren Nachfahren weiter besteht, ist ein phantastisches Phänomen in der Evolutionsgeschichte, aber beileibe nicht die einmalige Ausnahme. Vielmehr verfolgt uns dieser rätselhafte Umstand bei etlichen „lebenden Fossilien" gewissermaßen auf Schritt und Tritt. Und überhaupt: Wir wissen noch immer herzlich wenig bis überhaupt nichts, wie der „Motor der Evolution" funktioniert, auf welche äußeren Umstände und Erfordernisse hin sich Lebensformen genötigt sehen, sich zu verändern.

Die Darwin'sche Evolutionstheorie klassischer Prägung mag ja in zahlreichen Punkten durchaus zutreffend sein. In mindestens genauso vielen liegt sie jedoch voll daneben. Überall auf unserer Welt gibt es Tiere mit Eigenschaften, die es nach dem Prinzip der Evolution gar nicht geben dürfte![7] In zwei meiner vorangegangenen Bücher habe ich aus diesem Grund die Frage gestellt, ob nicht vielleicht „Irgendjemand von außerhalb" – wie heutzutage unsere Forscher in deren Labors – experimentell tätig gewesen sein könnte.[35,36] Griffen zusätzliche „Motoren" in die Evolution ein, von denen man entweder nichts wusste[7] –, oder die vom „Mainstream" der Wissenschaften bewusst ignoriert worden sind?

Ich persönlich gestehe solchen Gedanken einen hohen Grad an Wahrscheinlichkeit zu. Nicht zuletzt wegen der Existenz so vieler bizarrer Kreaturen im Verlauf der Erdgeschichte, die aussahen, als seien sie dem Gen-Labor experimentierwütiger Forscher entsprungen. Wem das zu phantastisch klingt, den möchte ich daran erinnern: Unsere Genforscher stehen gewissermaßen am „Vorabend" der Verwirklichung vergleichbarer Monstrositäten.

Nur ein paar Tage vor Weihnachten 2000 demonstrierten Mitglieder von Greenpeace vor dem Europäischen Patentamt (EPA) in München. Was hatte eigentlich den Missmut der wackeren Naturschützer derart erregt? Man muss es noch immer zweimal lesen, damit man sich der Intensität der Empörung bewusst wird. Das Europäische Patentamt hatte doch allen Ernstes seine Absicht angekündigt, künftighin Patente auf sogenannte Mischwesen zu erteilen. Also auf lebendige Wesen mit den genetischen Eigenschaften von Menschen als auch von Tieren.

Wir kannten bis dahin Vergleichbares nur aus den künstlerischen Darstellungen aus frühen Hochkulturen – beispielsweise von den Assyrern, Babyloniern, Hethitern oder den alten Ägyptern. Dort wurde ein regelrechter Kult um solche Mischkreaturen aufgeführt, die man auch unter der Bezeichnung „Chimäre" (aus dem grch. chimaira für Ziege; HH) kennt. Diese genetischen Bizarrheiten wurden auf zahllosen Stelen und Zeichnungen abgebildet. Bis dato hielt man das alles nur allzu gerne für Ergüsse einer ungezügelten Phantasie der Altvorderen. Doch wie sollen wir in Zukunft über dieses Thema denken?

Urzeitliche Räuber

Kehren wir hier zurück zu unserer Brückenechse, sowie zu anderen lebenden Fossilien, die partout nichts vom Aussterben hielten. Versteinerte Relikte geben uns die Gewissheit, dass das sonderbare Reptil mit dem dritten Auge in beinahe derselben Gestalt wie heute schon im Mesozoikum lebte. Die gesamte Ära der Ichthyosaurier, der lebendgebärenden und bis zu 15 Meter langen Fischechsen, durfte es miterleben. Ihre Anfänge hatte die Brückenechse aber bereits in der Trias, in der ältesten Formation des Erdmittelalters. Die wird von 240 bis 200 Millionen Jahre vor unserer Zeit datiert.[37]

In der frühesten Kreidezeit – das war jenes Zeitalter, an dessen Ende der wahrscheinlich nicht vollkommene Untergang der damals die Erde beherrschenden Dinosaurier stand – tauchte die neue Klasse eidechsenartiger Lebewesen auf. Wie auch Schlangenmonster mit schier angsterregenden Dimensionen, die die Ozeane und das Land unsicher machten. Sie tun das offenbar noch heute – darum werden sie uns in einem späteren Kapitel nochmals begegnen. Auch bei den ältesten Eidechsenarten zeigte sich immer häufiger die Tendenz, bei einem Leben im oder nahe am Wasser den Körper wie bei einer Schlange zu strecken. Andere hingegen näherten sich einem charakteristischen Echsentyp, der heute ebenfalls einige lebende Fossilien stellt: Die Warane.

Die Inselwelt Indonesiens umfasst weit über 13.000 Eilande verschiedenster Größe beiderseits des Äquators. Sie war einst die Landbrücke zwischen dem asiatischen Festland und Australien. Der letztgenannte Kontinent spaltete sich erst am Übergang von der Kreide zum Tertiär ab, vor runden 60 Millionen Jahren. Damit erhielt sich Australien eine auf der ganzen Welt ebenso urtümliche wie einzigartige Fauna. Doch auch die indonesischen Inseln können mit einer Reihe urweltlicher Wesen aufwarten. So lebt im Nordwesten Borneos der nur einen knappen halben Meter messende Taubwaran, der mit seinen verkümmerten Extremitäten exakt die oben beschriebenen Übergangstypen zwischen den Schlangen und Echsen aus der Kreidezeit repräsentiert.[38]

Aber wirklich berühmt – und vor allem berüchtigt! – wurde eine ganz andere Spezies von den Inseln in diesem Teil der Welt. Zwischen den Molukken-Inseln Sumbawa und Flores liegen drei viel kleinere mit den Namen Pardar, Rindja und Komodo. Es war im Jahre 1912, als Professor Ouwens, damals Direktor des botanischen Gartens auf Java, ganz abenteuerliche Geschichten über riesige Echsen hörte, die auf besagten Eilanden ihr Unwesen treiben sollten. Jäger erzählten schaurige Stories von den „Drachen mit Feueraugen", die gefährliche Krallen besitzen und sehr blutrünstig seien. Mit einem einzigen Schwanzschlag wären sie in der Lage, einen Menschen zu töten. Die eingeborene Bevölkerung zeigte eine geradezu panische Furcht vor den Monstern, die sie „döja-darât" nannte.

Der wissenschaftliche „Mainstream" hielt alles – wie sollte es auch anders sein – nur für dummes Geschwätz. Indonesien, damals noch eine holländische Kolonie, war weit, und die Kolonialmacht in der Hauptsache an der Ausbeutung von wertvollen Ressourcen interessiert. So musste noch mehr als ein Jahrzehnt vergehen, bis im Jahr 1924 der erste Komodo-Waran erlegt wurde. Im Jahre 1926 fing dann eine amerikanische Expedition die ersten lebendigen Exemplare ein. Die Fachwelt staunte nicht schlecht, denn sie hatten eine Länge von vier bis fünf Metern.[39]

Biologen fanden heraus, dass die riesigen Warane in der Hauptsache kleinere Tiere fressen. Bei der Jagd auf ihre Opfer kommt ihnen zugute, dass sich in ihrem Speichel sehr giftige Substanzen befinden: Ein Biss führt immer zum Tod, wenn auch nicht immer auf der Stelle. In den Mägen von getöteten Echsen fand man übrigens auch die Reste größerer Beute. Und sicher fiel auch manch ein

Eingeborener den räuberischen Tieren, die häufig ein recht aggressives Verhalten an den Tag legen, zum Opfer. Trotz allem stehen Komodo-Warane heutzutage unter strengem Schutz, sehr oft zum Leidwesen der einheimischen Bevölkerung.

Wiederbelebung

Was deren Existenz angeht, mussten die Skeptiker die Waffen strecken und eingestehen, dass nicht alle wilden Geschichten über unbekannte Kreaturen auf Phantasie beruhen. Einzig, weil sie aus einem abgelegenen Teil der Welt kommen und von Menschen ohne akademische Bildung berichtet werden. Letztere scheint sich leider noch immer durch Scheuklappen, die die Sicht entscheidend behindern, auszuzeichnen.

Genau diese Einschätzung „genießen" auch Informationen über wahrscheinlich gleichfalls zur Familie der Warane gehörende, riesige Echsen, die in den Weiten Australiens ihre ökologische Nische gefunden haben. Von dort kommen regelmäßig Augenzeugenberichte über bis zu zehn Meter messende Ungeheuer. Diese sollen sich in den Wäldern des nördlichen Queensland, wie auch der südlich gelegenen Bundesstaaten New South Wales und Victoria verbergen[40], doch darüber mehr an späterer Stelle.

Für all jene, denen das Thema „lebende Fossilien" in meinen vorstehenden Schilderungen noch nicht weit genug gegangen ist, möchte ich hier eine wirklich abgefahren klingende Geschichte zum Besten geben. Das Dumme an der Sache ist, dass sie sich so tatsächlich abgespielt hat. Für ihre Glaubhaftigkeit verbürgte sich der britische Geologe Dr. E.D. Clarke, welcher sie im Rahmen seiner Vorlesungen am Caius College in Cambridge den Studenten präsentierte. Ereignet hatte sie sich in den frühen Jahren des 19. Jahrhunderts in England.

Besagter Dr. Clarke hatte sich, in der Hoffnung auf reiche Fossilienfunde, in der Kreidegrube eines Freundes aufgehalten. Als Grubenarbeiter in einer Tiefe von 80 Metern auf eine Schicht versteinerter Seeigel und Wassermolche stießen, war Dr. Clarke sofort zur Stelle. Die Freude war unbeschreiblich, als er drei völlig intakt wirkende Wassermolche aus einem Block Kreide herausbrechen konnte. Diese legte er auf ein Blatt Papier in die Sonne, um sie näher zu betrachten.

Plötzlich ging ein Raunen durch die Anwesenden – etwas schier Unglaubliches war geschehen. Die versteinerten Tiere hatten sich unversehens bewegt, waren ganz offenbar zu neuem Leben erwacht!

Zwei dieser Wassermolche verendeten kurz darauf, und wurden von Dr. Clarke in dessen Vorlesungen den Studiosi präsentiert. Das dritte Tier aber bewegte sich so lebhaft, als man es ins Wasser setzte, dass es den überrumpelten Männern in Windeseile entkam. Dr. Clarke und der Besitzer der Grube machten sich nun voller Neugier daran, in der näheren Umgebung Wassermolche zu fangen, von denen aber keiner Ähnlichkeiten mit den „wiederbelebten" Exemplaren aus 80 Metern Tiefe erkennen ließ. Die gehörten, wie der Geologie-Professor später im Laufe seiner Vorlesungen an der Universität nicht ohne Süffisanz zu betonen pflegte, einer vollständig ausgestorbenen Spezies an.[41]

Mit diesem zum Ende wirklich phantastisch klingenden Streifzug durch die Welt der lebenden Fossilien wollte ich verdeutlichen, dass es nicht nur möglich, sondern vielmehr wahrscheinlich ist, dass urweltliche Lebensformen riesige zeitliche Abgründe zu überbrücken vermochten.

Begeben wir uns in der Folge auf das – auf den ersten Blick dünne - Eis gewagterer, weiterführender Fragen. Es sind Fragestellungen, die keinen Halt vor teils extremen Schlussfolgerungen machen. Dabei werden wir mit einer seltsamen Mischung aus Faszination und einer inneren Aufgewühltheit erkennen, dass das anfänglich so dünn scheinende Eis trägt ...

3. „Drachen“ und ihre Legenden

Die Suche nach dem „Ungeheuer“ geht weiter

Ein ganzes Meer an Druckerschwärze hat sich schon über eine oder wohl eher über mehrere Kreaturen ergossen, die in einem Hochlandsee im Norden von Schottland ihr Unwesen treiben sollen. Sie zählen nicht wirklich zu den typischen Vertretern der nordwesteuropäischen Fauna. Berichte über dort vermutete, archaische Lebensformen führen uns weit zurück in eine Vergangenheit, in der Begegnungen mit diesen Tieren offenbar nicht so selten waren. Obgleich, wie eben erwähnt, so ausnehmend viel Literatur über das berühmt-berüchtigte Ungeheuer von Loch Ness existiert, kann ich es im Kontext dieses Buches keineswegs außen vor lassen. Vor allem aus dem Grund, da im Sommer 2023 die professionelle Suche nach der dort vermuteten, kryptoiden Lebensform mit voller Energie von neuem aufgenommen wurde. Doch alles der Reihe nach.

Der langgestreckte, etwa 36 Kilometer lange und bis zu eineinhalb Kilometer breite Loch Ness ist Teil eines vor 300 Millionen Jahren aufgebrochenen Grabens, welcher das Hochland Schottlands seither diagonal von Südwesten nach Nordosten durchschneidet. Schlagartige Berühmtheit bekam der besagte See vor gut 90 Jahren. Um den Tourismus in der Region anzukurbeln, wurde 1933 am nördlichen Ufer eine Panoramastraße gebaut. Weil viele Bäume und Sträucher die freie Sicht auf den See einschränkten, fielen sie der Baumaßnahme zum Opfer.

Am 14. April 1933 machten ein Mr. Mackay und dessen Ehefrau die ersten – neuzeitlichen – Beobachtungen, über die dann eine ausführliche Reportage im Lokalblatt „Inverness Courier“ folgte. Nur etwas mehr als drei Monate später, am 23. Juli, machte das englische Ehepaar Spicer, das in der Gegend von Inverness seinen Sommerurlaub verbrachte, ein Lebewesen von beachtlichen Dimensionen aus. Diese Kreatur besaß einen langen Hals, welcher in einen kleinen Kopf mündete, wie auch einen mit fünf Höckern versehenen Rücken. Das Ungeheuer war urplötzlich aufgetaucht, schwamm eine Zeitlang an der Oberfläche dahin und tauchte schließlich wieder unter Wasser.

Noch im selben Sommer des Jahres 1933 gelang einem Arzt aus London ein erstes Foto des rätselhaften Bewohners von Loch Ness. Dieses Bild, das er unweit von Invermoriston aus einer Entfernung von annähernd 200 Metern aufgenommen hatte, zeigt einen langen und gebogenen Hals, der auf einem dicken Körper sitzt.

Keine Anzeichen für Fälschung

Als Folge dieser spektakulären Ereignisse strömten zahllose Besucher an den kalten Hochlandsee. Und bis zum heutigen Tage behaupten nicht wenige Menschen, das Seeungeheuer gesichtet zu haben. Dies rief naturgemäß auch Skeptiker auf den Plan. Jene vertreten mehrheitlich die Meinung, die Zeugen hätten entweder verfaulte Pflanzen gesehen, welche von Zeit zu Zeit durch Verwesungsgase an die Oberfläche treiben, oder die Schwanzspitzen munter im Loch tauchender Otter. Demgegenüber stehen die zum Teil beeideten Aussagen von Ärzten, Lehrern, Angestellten im öffentlichen Dienst, Benediktinermönchen, Offizieren der Marine, sogar einem Nobelpreisträger. Und zwar dem für Chemie im Jahre 1952, Professor Richard Synge. Personen also, von denen man sich beim besten Willen kein Motiv vorstellen kann, durch erstunkene und erlogene Geschichten ihren guten Ruf aufs Spiel zu setzen, und sich zudem bis auf die Knochen zu blamieren.

Belastbare Argumente, dass im Loch Ness tatsächlich kryptoide Lebensformen hausen – es dürfte sich dabei, wie schon bemerkt, wohl schwerlich um ein einziges Exemplar handeln –, erbrachten Fotografien und Filme aus der zweiten Hälfte des 20. Jahrhunderts. Am 23. April 1960 gelang es dem Flugzeugingenieur Tim Dinsdale, solch ein Geschöpf auf einem 16-mm-Film festzuhalten. Im Jahre 1966 unterzogen Fachleute der Luftbildabteilung der Royal Air

Force den Streifen einer sorgfältigen Untersuchung. Sie kamen zu dem Schluss, dass sich im Loch Ness tatsächlich ein gewaltiges und höchstwahrscheinlich lebendes Objekt verbirgt. Sie konnten außerdem keine Anzeichen für eine Fälschung feststellen.[42,43]

Ein weiterer Film, der während einer Expedition am 13. Juni 1967 aufgenommen wurde, ist von außergewöhnlich guter Qualität. Besagter Streifen wurde am nördlichen Ende des Lochs bei dem Örtchen Dores aufgenommen. Er zeigt einen festen Körper, der am Ende eines Höckers auftaucht und sogleich verschwindet, sobald sich das Schiff mit den Forschern nähert.

Atemberaubend präsentieren sich Unterwasseraufnahmen, die dem Gelehrten Dr. Robert Rines von der Akademie für angewandte Wissenschaften am renommierten Massachusetts Institute of Technology (MIT) am 20. Juni 1975 gelangen. Auf denselben ist ein bräunliches Tier mit einem annähernd elf Meter langen Körper und einem über zwei Meter langen Hals zu erkennen. Eine der Aufnahmen, die vermutlich vom Kopf stammt, erinnert an die Umrisse eines „Lebewesens mit Hörnern".[44]

Darüber hinaus haben verschiedene Forscher, die von mehreren Universitäten und Instituten in die Highlands beordert wurden, weitere seriöse Hinweise für die Existenz von Lebewesen im See geliefert. Diese seien viel größer als Fische, und deren Bewegungsabläufe unterscheiden sich deutlich von diesen. Trotzdem argumentieren skeptische Zoologen nach wie vor, dass zur Erhaltung einer Art in einem so eng begrenzten Ökosystem wie Loch Ness mindestens 20 Exemplare notwendig wären. Der Einwand ist nicht von der Hand zu weisen, denn ein Tier allein hätte ganz sicher nicht Zeiträume überdauern können, die in die Millionen Jahre gehen.

Nach den uralten Überlieferungen dieser Region sollen sich unter der an den See angrenzenden Hügelkette riesige unterirdische Höhlen hinziehen, welche nicht nur einem einzelnen Saurier als Unterschlupf dienen könnten. Sondern vielmehr einer kompletten Population. Möglicherweise sind besagte Höhlen sogar mit einem unterirdischen Flußsystem verbunden, das offenbar ganz Europa unterquert. Darüber an späterer Stelle mehr.

Nessiteras vs. Columbanus

Die geheimnisumwobenen Geschöpfe aus dem schottischen Hochland haben auch bereits eine wissenschaftliche Bezeichnung erhalten: „Nessiteras rhombopteryx“ – auf Deutsch: „Ness-Ungeheuer mit rautenförmigen Flossen“. Denn es spricht vieles dafür, dass es sich um Verwandte des Plesiosauriers handelt. Dies waren Urreptilien mit einem schlangenförmigen Hals, die eigentlich längst ausgestorben sein sollten – am Ende der Kreidezeit vor ungefähr 60 Millionen Jahren. Denkbar wäre, dass diese bis zu 14 Meter langen Tiere im Meer bis in jüngste Zeit überlebt haben und im Loch Ness eingeschlossen wurden, als sich zu Ende der letzten Eiszeit das Land durch das Abschmelzen der Eismassen gehoben hat. Aus einer fjordartigen Meeresbucht wurde schließlich ein Binnensee mit einer Tiefe von bis zu 240 Metern. Der weist zwar gerade eine Wassertemperatur zwischen fünf und zwölf Grad Celsius auf, friert jedoch niemals zu.

Falls jemand glauben sollte, dass die rätselumwobenen Bewohner des Loch Ness einzig eine Erfindung aus moderner Zeit seien, den muss ich hier enttäuschen. Berichte über die Sichtungen derartiger Wesen datieren sehr weit zurück. So wird bereits in der im 15. Jahrhundert erschienenen „Geschichte von Schottland“ ein Ungeheuer erwähnt. Die erste urkundlich verbürgte, richtig dramatisch verlaufende Begegnung mit „Nessie“ fand noch einmal eintausend Jahre zuvor statt. Doch wir müssen noch viel weiter zurückgehen: Prähistorische Steinzeichnungen aus dieser Region lassen ein mysteriöses Tier mit Flossen erkennen.[45] Die erste urkundlich erwähnte Begegnung betraf indes einen Mann der Kirche.

Der irische Mönch und Missionar Columbanus der Ältere (521 bis 597 n. Chr.), der das keltische Schottland zum Christentum bekehrte, befand sich im Jahre des Herrn 565 an dem damals bereits legendenumwitterten Gewässer. Ein Schüler des nach seinem Tode heiliggesprochenen Mannes sei dienstbeflissen über den See geschwommen, um für seinen Meister ein Boot vom gegenüberliegenden Ufer zu holen. Urplötzlich erschien ein schreckenerregendes Ungeheuer „mit großem Gebrüll und weit aufgerissenem Maul“ an der Oberfläche des Sees.

Was daraufhin geschah, berichtete Columbanus' Biograph, der heilige St. Adamnan im siebten Jahrhundert unter dem reichlich überladenen Titel „Wie ein Seeungeheuer durch die Gebete eines heiligen Mannes vertrieben wurde“. Demnach trat Columbanus ans Ufer, schlug das Kreuzzeichen, rief den Namen Gottes an, dann sprach er mit fester Stimme zu dem Ungeheuer: „Denke nur nicht daran, auch nur einen Schritt weiterzumachen, noch diesen Mann zu berühren. Weiche schnell zurück!“

Getreulich seine Chronistenpflicht erfüllend, bemerkte der heilige Adamnan, dass sich das Ungeheuer daraufhin erschrocken in seine nassen Gefilde zurückzog. Und alle, die zu Zeugen des wunderlichen Schauspiels wurden, fielen auf die Knie und priesen Gott. Wen wundert es da noch, dass Columbanus geradezu „im Handumdrehen“ die heidnischen Schotten zu gehorsamen Christenmenschen missionierte.[45,46]

Es geht weiter!

Wie oft ist „Nessie“ – diese Einzahlbezeichnung ist nun mal eingebürgert, obgleich eine in dem See vorkommende Population weitaus größer sein dürfte – schon vorschnell totgesagt oder eine „natürliche Erklärung“ dafür gefunden worden. Jedoch scheint man sich auch in Zweiflerkreisen nicht mehr allzu sicher zu sein. Denn seit dem 26. August 2023 wird wieder, mit großmächtigem Aufgebot, nach den im Loch Ness vermuteten Kryptoiden gefahndet. Es ist sogar die größte Suche nach fünf Jahrzehnten.[45]

Seit jenem 26. August, einem Samstag, geht es sozusagen „rund“ vor Ort. Wissenschaftler, wie auch Dutzende von Freiwilligen starteten bei strömendem Regen die Expedition in der Hoffnung, endlich auf eines dieser sagenumwobenen Ungeheuer zu stoßen. Der technische Aufwand, der dort betrieben wird, ist beträchtlich: Aus der Luft werden Drohnen mit Wärme-Scannern eingesetzt, und auf dem Loch selbst patrouillieren Boote mit Wärmebildkameras, Sonar und Unterwasser-Lauschgeräten.

Paul Nixon, Leiter des örtlichen Loch-Ness-Zentrums, sagte anwesenden Journalisten: „Es gibt keinen Ort auf dieser Welt, an dem die Leute noch nicht von Nessie gehört haben. Aber dies ist immer noch eine unserer größten Fragen: Was ist das Ungeheuer von Loch Ness?" Und gab daraufhin ehrlich zu, dass er keine Ahnung habe, was es wirklich sei.

„Alles, was ich weiß ist, dass da etwas Großes im Loch Ness ist. Ich habe Sonaraufnahmen von Objekten von der Größe eines Lieferwagens gesehen, die sich unter Wasser bewegen", fügte er ergänzend hinzu. Und der Laienforscher Willie Cameron – dieser ist in der „Szene" bekannt als „Mister Loch Ness" – präsentiert gern Fotos, welche er bei der Sichtung eines unbekannten tierischen Wesens im See gemacht hat.

Mit Thermal-Scannern hoffen die Forscher Anomalien am Grunde des Lochs aufzuspüren. Ein rund 20 Meter tief in den See abgelassenes Hydrophon soll nach ungewöhnlichen Unterwassergeräuschen lauschen.[45] Ich weiß jetzt nicht, ob ich wirklich hoffen soll, dass die Forscher endlich fündig werden – dann wäre der jetzige Touristenrummel, der der schottischen Fremdenverkehrsindustrie jedes Jahr Millionen Pfund in die Kassen spült, nichts als ein laues Vorspiel auf das, was kommen würde. Immerhin hat die Regierung von Schottland bereits vor vielen Jahren ein Gesetz erlassen, das die Jagd auf oder gar das Töten von „Seeungeheuern" unter empfindliche Strafen stellt.

Vor einigen Jahren ging ein irischer „Kollege" von „Nessie" kurz durch die Medien, dessen Größe diejenige eines Blauwals – nicht weniger als das offiziell größte zur Zeit auf der Erde lebende Tier – noch übertreffen sollte.

Mit 75 Metern gilt der Muckross Lake bei Killarney, gelegen in der südwestirischen Grafschaft Kerry, als eines der tiefsten Gewässer auf der „grünen Insel“. Verbunden ist er mit dem danebenliegenden und größeren Lough Leane. Diese „Lakes of Killarney“ sind Teil des Killarney National Park. Im Sommer 2003 wollten Zoologen mittels Sonarmessungen arktische Saiblinge aufspüren, die dort seit dem Ende der letzten Eiszeit heimisch sind. Doch wie überrascht waren die Wissenschaftler: Plötzlich zeichneten sich auf dem Sonar die Umrisse einer riesigen Kreatur ab – bis zu 30 Meter lang und damit noch „größer als der größte Wal“. An den beiden Enden lief das mysteriöse Objekt spitz zu. Der damalige Leiter des Killarney Nationalparks, Paddy O'Sullivan, bemerkte dazu: „Ein sehr aufregender Fund. Die geheimnisvolle Kreatur wurde in einer Tiefe von zehn Metern entdeckt und dann an mehreren Stellen geortet.“ Einzig an der Wasseroberfläche ließ sich die mutmaßlich kryptoide Kreatur nicht blicken.[47]

Leider wurde es danach wieder still um das „Ungeheuer“ vom Muckross Lake. Aber vielleicht ist es ins benachbarte Lough Leane übergewechselt. Überhaupt soll es in den zahlreichen Gewässern Irlands – zum Beispiel ist der Bezirk Connemara in der Grafschaft Galway geradezu übersät mit kleinen Seen als Überreste der letzten Eiszeit – von Ungeheuern nur so wimmeln.[44] Etliche Berichte reichen, wie das auch beim Loch Ness der Fall ist, weit zurück ins Grau längst vergangener Zeiten.

Der Strom der Unterwelt

Ich habe an einer vorangegangenen Stelle bereits kurz erwähnt, dass mindestens die weitläufigen Höhlen unter dem Loch Ness mit einem unterirdisch verlaufenden Flußsystem verbunden seien. Tatsächlich stießen Geologen bereits vor Jahrzehnten auf einen gewaltigen Fluss. Dieser entspringt unter dem schweizerisch-französischen Jura-Gebirge und fließt in einer Tiefe zwischen 800 und 1200 Metern. Sodann schlägt er nordwestliche Richtung ein, unterquert dabei halb Europa, bis er schlussendlich an der Westküste von Schottland unter dem Meer in den Atlantischen Ozean mündet.

Und zwar ziemlich genau bei einer Insel, die den Namen Jura trägt! Diese liegt gute 100 Kilometer westlich von Glasgow, am Firth of Lourne, einer fjordähnlichen Bucht, die am Anfang des Kaledonischen Kanals liegt. Dies ist der eingangs erwähnte und vor ungefähr 300 Millionen Jahren aufgebrochene Graben, welcher die schottischen Highlands diagonal durchschneidet. Dazu verbindet er mehrere Seen. Einer davon ist Loch Ness.

An der Stelle beginnen unfassbare Übereinstimmungen. Entlang diesem unterirdisch verlaufenden und geologisch uralten Fluss liegen zahlreiche Orte mit phonetisch ganz ähnlichen Namen. Er fließt unter dem Morvan-Gebirge, in der Umgebung der früheren französischen Grafschaft von Nivernais – dem heutigen Département Nièvre – hindurch, um dann in Schottland unweit von Morven und Inverness ins Meer zu münden. Im französischen wie im schweizerischen Jura gibt es eine Vielzahl Sagen und Legenden, die von Ungeheuern und von geflügelten Schlangen erzählen, die in Quellen, Bächen und Seen hausen.

Georges Langelaan, ein französischer Autor, hatte sich mit diesen frappierenden Zusammenhängen beschäftigt. An die Stadtverwaltung von Glasgow richtete er eine Anfrage bezüglich der Herkunft des Namens der vorgelagerten Insel Jura. Er bekam die Auskunft, dass der sehr frühe Ursprung dieses Namens gleichbedeutend sei mit der Bezeichnung für ein Fabeltier.[48]

Im selben Zusammenhang stellte ich bereits in einem meiner früheren Bücher die Frage, ob das Überleben von saurierartigen Lebewesen bis in geschichtliche Zeiten vielleicht zur Entstehung des Drachenmythos in unseren Breiten beigetragen hat.[49]

Und weil ich hier schon von verborgenen Flussläufen spreche: Die Existenz so weitreichender, unterirdischer Verbindungen ist beileibe keine Fiktion. Es gibt etwas ganz Ähnliches – eine Verbindung zwischen dem Bodensee und dem Vättersee in Schweden. Biologen kamen zu dieser Schlussfolgerung, als man am Ufer des Vättersees eine große Vielfalt an Pflanzen entdeckte, die in Skandinavien nicht vorkommen, stattdessen jedoch am Bodensee heimisch sind. So kann man davon ausgehen, dass dieser Fluss, der in der Nähe der schottischen Insel Jura ins Meer mündet, keinen Einzelfall darstellt und ein Stück weiter östlich ein „Pendant“ besitzt. Es würde zu neuen Erkenntnissen führen, wenn man nachforschte, ob es im Bodenseeraum wie auch rund um den Vättersee Sagen und Legenden gleichen Inhalts gibt.[39]

Bedienten sich ausgestorben geglaubte Kreaturen solcher unterirdischer Ströme, um an verschiedenen Stellen ans Licht des Tages zu gelangen? Dass sich diese rätselhaften Geschöpfe gern in finsteren Höhlen zu verbergen pflegen, das ist der logische Schluss aus einer Reihe von Beobachtungen, die gleichfalls auf der Britischen Insel gemacht wurden.

Tragödie am Loch Watten

In der näheren Umgebung von Matlock, dem Hauptort der mittelenglischen Grafschaft Derbyshire, ängstigte eine rätselhafte Bestie schon seit dem 19. Jahrhundert die Bewohner. In der Gegend existiert eine tiefe Höhle, in der in früherer Zeit Blei abgebaut wurde. Diese verzweigt sich zu einem teilweise noch nicht erforschten Labyrinth; zudem gibt es dort einen unterirdischen See. Es war gegen Ende des 19. Jahrhunderts, als ein Angestellter der örtlichen Bergwerksgesellschaft und zwei Kumpels dort verschwanden. Ein dritter Bergmann, der ein kleines Stück weit hinter den drei anderen zurückgeblieben war, kam heil zurück. Alles, was er sagen konnte, war, dass er ein schreckliches Geräusch, „wie von einem Umsichschlagen eines riesigen Tieres“, vernommen hatte. Hierauf sei er entsetzt aus dem Stollen geflüchtet.

Im Jahre 1961 erforschte eine Gruppe unter der Leitung des Höhlenforschers Frank Brindley Teile des Labyrinthes. Man fand am Ufer des unterirdischen Sees die Eindrücke einer gewaltigen Tatze mit mächtigen Krallen. Diese mysteriösen Spuren hatten eine

Breite von mehr als 30 Zentimetern. Sie waren, wie es den Anschein hatte, noch ganz frisch. Im Verlaufe einer weiteren Expedition wurden die gleichen Spuren gefunden.

Brindley und dessen Leute warfen ein paar Steine in den See und konnten im fahlen Licht ihrer Helmlampen erkennen, wie eine dunkle Kreatur sich am gegenüberliegenden Ufer bewegte. Sie sahen, wie sich das Wasser beim Eintauchen kräuselte, dann hörten sie ein gewaltiges Plumpsen.[39]

Vielleicht hatten die Höhlenforscher um Frank Brindley viel Glück, dass ihnen diese schreckliche Kreatur nicht allzu nahe gekommen ist. Bleiben wir daher noch auf der Britischen Insel, bei einem Fall, der bedauerlicherweise tragisch ausging.

Am 21. April 1923 ging der pensionierte Oberst Trimble mit seinem Cocker-Spaniel „Bruce" auf seinem Besitz spazieren. Dieser lag am Ufer des Loch Watten im Norden Schottlands. Ohne Vorwarnung tauchte plötzlich vor dem Oberst ein Ungeheuer aus dem See auf. Die Bauern der Umgebung hatten ihm schon zuvor des Öfteren über eine Riesenschlange berichtet, doch hatte Trimble all das nur als haltloses Geschwätz abgetan. Aus wenigen Metern Entfernung starrte ihn nun ein unglaubliches Tier mit einem winzigen Kopf und einem langen Hals an. Nach dem Kielwasser zu urteilen, war der Rücken der Kreatur fünf bis sechs Meter breit. Der Oberst, der seinen Fotoapparat mit sich trug, machte eine Aufnahme genau in dem Moment, als sich sein Hund mit wütendem Gebell ins Wasser stürzte. Einen Moment später war das Tier untergetaucht und der Hund kehrte zu seinem Herrn zurück.

Die Fotografie war etwas unscharf, trotzdem erkannte man im Wasser deutlich die Form der Kreatur. In der Folge machte sich der Oberst, ausgerüstet mit Fernglas und Kamera, auf Jagd nach dem Ungeheuer. Aber er sah lediglich ab und zu Bewegungen auf der Wasseroberfläche. Meistens begleitete ihn dabei sein Cocker-Spaniel „Bruce". Doch am 1. Mai 1923 traf ihn ein herber Verlust. Sein Hund schwamm ein gutes Stück vom Ufer entfernt, als urplötzlich das Wasser aufwallte. Dann war nichts mehr zu sehen. Auch der

Hund war nicht mehr da. Ein gewisser Dr. McArdish, Nachbar von Oberst Trimble, war Zeuge des Vorfalls.

„Ich werde meinen Hund rächen", bemerkte der Oberst trocken zu seinem Nachbarn, und zündete sich – typisch britisch! – seine Tabakspfeife an.

Der Veterinär im Dorf hatte kurz zuvor ein Pferd töten müssen. Von ihm ließ er sich ein großes Stück Fleisch geben. Den folgenden Tag verbrachte er mit Vorbereitungen. Abends zog er dann mit einem großen Sack auf dem Rücken los. Mit einem Boot fuhr er auf den See, wo er seinen Köder auswarf – dicke, auf riesige Haken gesteckte Fleischbrocken, befestigt an Schwimmkörpern. Drei Tage lang geschah nichts. Am Abend des 4. Mai sagte Trimble dann zu seiner Haushälterin, er wolle noch kurz nach dem Köder sehen. Die Frau fand das merkwürdig, denn es war schon beinahe finster. Um 19 Uhr stellte sie dann das Abendessen warm und wartete.

Als sie gegen 21.30 Uhr Schreie zu hören vermeinte, alarmierte sie den Gärtner, mit dem sie dann zum Ufer lief. Dort stießen sie auf den Oberst, der tot im Schilf des seichten und nur einen Meter tiefen Wasser trieb. Ein Stahlhaken, der noch mit dem Tau an einem Schwimmkörper befestigt war, steckte in seiner Brust. Von dem Tage an wagten sich die Bauern der Umgebung nach Einbruch der Dunkelheit nicht mehr ans Ufer des Loch Watten.[48]

Drachensagen

In den Überlieferungen beinahe aller Kulturen unserer Welt geistern sie munter umher: Die Drachen, zumeist schlangen- oder echsenartige, nicht selten auch geflügelte Fabeltiere. In den Anfängen unserer Naturwissenschaften belegten sie ihren festen Platz. So widmete ihnen zum Beispiel der Schweizer Arzt und Naturforscher Conrad Gesner (1516–1565) ein ausführliches Kapitel in seinem „Schlangenbuch".

Der christliche Einfluss mit all seinen Dogmen machte den Drachen zu einer Kreatur des Satans, zum Symbol des Bösen, zur Verkörperung der gottesfeindlichen Mächte und für immer verstoßen aus dem Himmelreich. Der englische Nationalheilige St. Georg hatte einen Drachen getötet, einzig um die heidnische Bevölkerung zu erretten und zum Christentum zu bekehren. Nach der Offenbarung des Johannes werden am „Jüngsten Tag" feurige Drachen und alle anderen Schreckensgeschöpfe besiegt und in die Hölle geworfen. Auch im volkstümlichen, soll heißen: vom Christentum dominierten Brauchtum sind diese Vorstellungen fest verwurzelt.

So wird alljährlich der symbolische „Drachenstich" in dem kleinen oberpfälzischen Städtchen Furth im Wald aufgeführt. Dessen Höhepunkt ist, wenn der „Hl. Georg" eine mit Tierblut gefüllte Blase im nachgebauten Drachen mit seiner Lanze durchbohrt. Das Blut wird dann von den Zuschauern aufgewischt und über die Felder verteilt, was eine gute Ernte bringen soll.[49]

Woher eigentlich stammt der weltweit ebenso verbreitete wie übereinstimmende Archetypus? In den 1920er Jahren behauptete der Paläontologe Professor Edgar Dacqué, der damals auch Konservator der Bayerischen Staatssammlungen in München war, Drachensagen könnten allesamt auf eine Art von Ur-Erinnerung der Menschheit zurückgeführt werden. Die frühesten Vorfahren des Homo sapiens im Erdmittelalter hätten im Schatten der Dinosaurier ihr Leben gefristet, und die zuweilen recht traumatischen Eindrücke hätten sich gewissermaßen in einer Art „Erbgedächtnis" bis in heutige Zeiten erhalten.[50]

Heute wissen wir, dass sich traumatische Vorfälle im Erbgut „einnisten" und auf die Nachkommen vererbt werden können – dies fanden Wissenschaftler vom Tübinger Max-Planck-Institut schon vor einigen Jahren heraus.[51] Doch so faszinierend sich auch die von Professor Dacqué geäußerte Hypothese im ersten Augenblick anhören mag, so fraglich stellt sie sich doch bei näherer Betrachtung heraus. Denn unsere im Erdmittelalter lebenden Ur-Vorfahren waren nur winzige reptilienähnliche Säugetiere von der Größe eines Igels oder einer Spitzmaus. Mit den Riesensauriern, von denen einige eher harmlose Pflanzenfresser waren, gab es eigentlich so gut wie keine Konfrontationen. Es sei denn, dass sich die kleinen Säuger der Jura- und Kreidezeit ab und zu, zur Feier des Tages, an einem Saurier-Ei gütlich taten. Es ist eigentlich schwer vorstellbar, dass uns die possierlichen Eierdiebe solch genaue Erinnerungen an die Dinosaurier vererbt haben sollen.

Doch ganz gleich, ob unwahrscheinlich oder nicht: Dem ansonsten ideenreichen und bei seinen Studenten beliebten Professor Dacqué wurde wegen dieser Theorie das Lehramt an der Universität entzogen. Was ein bezeichnendes Licht auf den akademischen „Mainstream" wirft. Man kann dies als ideologisch begründeten Terrorismus bezeichnen. Zu allen Zeiten waren Ideologien – und erst recht ihre Verfechter – brandgefährlich. Kein Wunder, wenn man mit Scheuklappen durchs Leben läuft.

Andere Überlegungen gehen davon aus, dass unsere mittelalterlichen Vorfahren bei der Errichtung und Betrieb von Bergwerken fossile Skelette ausgruben. Daraus hätten sich dann Sagen und Legenden gebildet, und daher geistern Drachen durch alle Kulturen. Vielleicht mag der zufällige Fund von versteinerten Gebeinen tatsächlich hier und da zur Entstehung einer Drachensage beigetragen haben. Die Knochen sind aber nur ein Teil des Ganzen. Denn wir kommen mit der Spekulation spätestens dann in Erklärungsnotstand, wenn künstlerische Darstellungen aus prähistorischer Zeit leicht, ohne jeden Interpretationsspielraum, als Saurier identifiziert werden können. Beispiele hierfür gibt es genug, doch darüber später mehr.

Wie ein Schuh daraus wird

Vorderhand möchte ich noch auf regelmäßig geäußerte Behauptungen eingehen, dass bereits in den Tagen der Dinosaurier sehr frühe Zivilisationen auf unserer Erde existiert hätten. Eine prominente Vertreterin dieses Gedankens war die Theosophin Helena Petrowna Blavatsky (1831–1891). In ihrer „Geheimlehre" postulierte sie bereits 1888 den Gedanken, dass die Kenntnis solcher

Tiere ein Beweis für das außerordentlich hohe Alter des ganzen Menschengeschlechtes sei.[52]

Es tut mir wirklich leid, aber in meinen Augen entbehrt diese Vorstellung, Mensch und Saurier wären bereits im Erdmittelalter gemeinsame Wege gegangen, jeder Grundlage. Fossile menschliche Überreste werden zwar mit jedem neuen Fund Jahrtausende weiter zurückdatiert. Jedoch fand sich bis heute kein einziger, ernst zu nehmender Beleg, dass der Homo sapiens seine Runden bereits im Mesozoikum über diesen Planeten zog.

Es existiert zwar eine unglaublich große Anzahl an technisch interpretierbaren Artefakten – ich habe in einigen meiner Bücher darüber in aller Ausführlichkeit berichtet[36,53] – doch dürften diese viel eher auf einen außerirdischen, technogenen Einfluss zurückgehen. So bleiben schlussendlich sämtliche Spekulationen über untergegangene, menschliche Frühkulturen vor Millionen von Jahren unbeweisbare Gedankenspiele. Nicht mehr und nicht weniger.

Doch aus dem umgekehrten Denkgebäude wird, wie man so schön zu sagen pflegt, „ein Schuh daraus". Denn zu viele gute Argumente sprechen dafür, dass einige Arten sehr wohl das Sauriersterben zum Ende der Kreidezeit überlebt haben. Dann hätten Begegnungen mit jenen noch lebenden Fossilien die weltweiten Drachenmythen verursacht.

Unsere steinzeitlichen Vorfahren, von den Archäologen nur allzu gerne als grobschlächtige und grunzende, in Tierfelle gehüllte Wilde apostrophiert, hinterließen ihrer Nachwelt in unzähligen Höhlen und an noch mehr Felswänden Ritzungen und Malereien von atemberaubender Schönheit und bewundernswerter Perfektion. Die Menschen in dieser Zeit waren Realisten – sie bildeten nur jene Dinge ab, die sie mit eigenen Augen gesehen hatten. Dass dabei die Tiere, welche sie jagten, im Mittelpunkt standen, soll niemanden verwundern. War doch ihr Alltag vordergründig auf den Nahrungserwerb – das soll heißen: das nackte Überleben – ausgerichtet. Die Hungrigen wollten einfach satt werden.

Auf so manchen Kunstwerken dieser Altvorderen jedoch finden sich auch Kreaturen wieder, die nach landläufigen Expertenmeinungen zu der Zeit schon lange nichts mehr auf Erden verloren hatten. Eine große Felszeichnung, die man in der Nähe von Thompson im US-Bundesstaat Utah entdeckte (ich habe sie im Bildteil dieses Buches wiedergegeben), lässt deutlich einen Flugsaurier vom Typ des Pteranodon erkennen. Zwar wollen manche Forscher nur einen Vogel darin erkennen – doch hat das Tier auf dem Felsbild jene so charakteristische Verlängerung am Kopf, welche den urzeitlichen Fliegern einstmals als zusätzliches Steuer gedient hatte.

Übrigens wurde nicht weit von dieser Felszeichnung das versteinerte Skelett eines Pterosauriers ausgegraben.[54] Diese Pterosaurier waren fliegende Reptilien der Jura- und Kreidezeit, welche als aggressive Jäger den Urzeithimmel unsicher machten. Das Pteranodon an der Felswand in Utah ist nicht gerade ein Einzelfall. Ein anderer Künstler aus längst vergangenen Tagen porträtierte im kalifornischen Havasupi-Canyon einen Raubsaurier vom Typ Tyrannosaurus Rex auf einer Felswand. Dieser fleischfressende Schrecken der Urwelt ist in der für ihn so typischen, aufrechten Haltung dargestellt, gestützt auf seinen als tödliche Waffe eingesetzten, mächtigen Schwanz.

Auch in diesem Fall fand man nicht allzu weit entfernt die fossilen Überreste eines „T. Rex“, wie die zu ihren Lebzeiten allseits gefürchteten Kreaturen auch so gerne genannt werden.[55]

In der Schublade „Fälschungen“ abgelegt

Im Jahr 1991 berichtete der Berufstaucher Henri Cosquer dem französischen Kulturministerium, dass er in einer Grotte, tief unter dem Meeresspiegel vor Cap Morgiou, prähistorische Bilder und Gravuren entdeckt habe. Hierauf durchgeführte Datierungen mit der C-14-Methode ergaben, dass die Malereien vor ungefähr 18.000 bis 27.000 Jahren entstanden sind. In einer Epoche, als der Wasserstand des Mittelmeeres noch deutlich tiefer lag, als heute. Erst als

Eismassen Ende der letzten Eiszeit abschmolzen, stieg der Meeresspiegel an. Eine der Felsmalereien, die für reichlich kontroverse Diskussionen unter den Gelehrten sorgte, lässt deutlich eine urtümliche Kreatur erkennen, die man mit ihren vier „paddelähnlichen" Extremitäten ohne viel Phantasie als einen Plesiosaurus interpretieren kann.[56]

Kommen wir jetzt zu einer ansehnlichen Anzahl Artefakte aus lange vergangenen Zeiten, die so eindeutig Saurier aus dem Erdmittelalter erkennen lassen, dass von vorneherein eigentlich kein Interpretationsspielraum mehr gegeben ist. Natürlich werden derartige Funde ganz schnell und unisono in die Schublade „Fälschungen" abgeschoben; da ist sich die hehre Wissenschaft überraschend einig. Ich selbst hatte vor einigen Jahren Gelegenheit, mir vor Ort, wo die Objekte noch heute aufbewahrt werden, ein detailliertes Bild zu machen.

Eine Reise, die ich gemeinsam mit einer Gruppe meiner Leser unternahm, führte mich im Oktober des Jahres 2005 nach Mexiko und Guatemala, auf den Spuren großer Rätsel in Mittelamerika. Es waren einerseits die Pyramiden und andere Hinterlassenschaften der alten Mayas, doch führte uns der Weg auch nach Acambaro. Acambaro ist eine typisch mexikanische Kleinstadt, etwa 160 Kilometer westlich der Hauptstadt an den Ausläufern der Sierra Madre Occidental gelegen. Dieses ansonsten recht beschauliche Städtchen hat eine echte – leider etwas in Vergessenheit geratene – Sensation zu bieten. Bei dem vor den Toren Acambaros gelegenen Dorf Chupicuaro machte nämlich 1945 der deutsche Kaufmann Waldemar Julsrud eine Entdeckung, die seither für heftige Kontroversen sorgt.

Was hat er dort gefunden? Wie schon so oft zuvor, war Julsrud auf seinem Pferd über die hügeligen Ausläufer der Sierra Madre geritten. Begleitet hatte ihn dabei Odilon Tinajero, sein schon seit Jahren vertrauter Verwalter und Aufseher. Plötzlich entdeckte er an der Böschung des Pfades einen rötlichen, offensichtlich aus gebranntem Ton bestehenden Gegenstand. Er stieg vom Pferd; erst bei näherem Hinsehen fiel ihm auf, dass es sich um eine kleine Terrakotta-Figur handelte. Er grub die Statuette aus und stellte fest, dass sie sonderbar aussah; sie war von einem unbekannten Stil. Ein paar Tage später schickte er seinen Aufseher Tinajero nochmals in die „El Toro" genannte Schlucht. Er sollte nachschauen, ob dort noch weitere Tonfiguren zu finden wären. Und Tinajero wurde tatsächlich fündig.

Nach dieser Suchaktion brachte er seinem Arbeitgeber einen ganzen Schubkarren voller Figuren mit. Es waren seltsame, etwas grobschlächtig wirkende, humanoide wie tierische Darstellungen. Sichtlich erfreut hierüber, schickte Julsrud den Aufseher mitsamt dessen zwei Söhnen abermals in die El-Toro-Schlucht. Da musste doch noch mehr zu finden sein, dachte sich der Kaufmann. Langer Rede kurzer Sinn: In den Jahren von 1945 bis 1952 kamen so über 32.000 Figuren zusammen. Einzelfiguren, jedoch auch ganze Gruppen unterschiedlicher Größen, die er in den Räumen seines Hauses einlagerte.

Die fremdartigen Keramiken, die in 1,20 bis 1,50 Meter tief gelegenen Verstecken mit durchschnittlich 20 bis 40 Objekten entdeckt wurden, waren anscheinend bei moderaten Temperaturen unter 500 Grad Celsius gebrannt worden. Der erstaunlichste Aspekt dieser tönernen Artefakte jedoch offenbarte sich erst bei näherem Hinsehen.

Viele von ihnen stellten nämlich Dinosaurier dar – also genau jene Riesenechsen aus dem Mesozoikum, die nach heute gültiger Lehrmeinung vor über 60 Millionen Jahren komplett ausgestorben sind. Andere Keramiken identifizierte man als Schlangen, Echsen oder unterschiedliche Säugetiere. Und natürlich waren auch Menschen von unterschiedlichen Rassen vertreten. Recht ungewöhnlich wirkten Figurengruppen, oft aus einer Frau bestehend, die mit einer Art Stegosaurus oder anderen Ur-Echsen zu spielen schien. Als wäre aus den gefährlichen Bestien ein harmloses Schoßtier oder ein lieber Hausgenosse geworden.

Ortstermin in Acambaro

Im Jahre 1945 schickte das Nationale Institut für Anthropologie und Geschichte in der Hauptstadt vier Experten zu Untersuchungen nach Acambaro. In einem von dem Archäologen Dr. Eduardo Noguera erstellten Bericht wurde vermerkt, dass bei allen Ausgrabungen durch Waldemar Julsrud alles mit „rechten Dingen" zugegangen sei. Und dennoch kam bald Kritik auf.

Es waren nämlich diese gemeinsamen Darstellungen von Menschen und lebendigen Sauriern, an denen sich die Archäologen stießen. Keiner von ihnen vermochte die Statuetten einer der bekannten, einst in Mesoamerika beheimateten Kulturen zuzuordnen. Später wurde sogar unterstellt, dass Odilon Tinajero die Figuren gefälscht habe, um sie in Gewinnabsicht an Julsrud zu verkaufen. Jedoch, wäre dies der Fall gewesen, hätte der Mexikaner, in Anbetracht von über 32.000 Figuren, einen schlechten Schnitt gemacht. Der Deutsche zahlte ihm nämlich einen mexikanischen Peso für jedes Stück – was damals einem Wert von gerade einmal zehn amerikanischen Cent entsprach. Die Herstellungskosten je Statuette hätten sich, wenn diese wirklich gefälscht worden wären, auf mehrere US-Dollars belaufen. Ein denkbar schlechtes Geschäft!

Licht in den Fall brachten erst Untersuchungen mithilfe der Thermolumineszenzmethode, die 1972 an der Universität von Pennsylvania durchgeführt wurden. Jene ergaben ein durchschnittliches Alter zwischen 4.000 und 4.500 Jahren bei den untersuchten Figürchen. Um sicherzugehen, dass sich auch kein Fehler in die Testreihen eingeschlichen hatte, wurden manche dieser Kontrollmessungen bis zu 18 Mal wiederholt.[26,57]

In der Zwischenzeit wurde für die Figuren ein Museum in den früheren Räumlichkeiten des Kaufmanns eröffnet. Diesem „Museo Waldemar Julsrud" stattete ich Anfang Oktober 2005 – gemeinsam mit einer Gruppe meiner Leser – einen Besuch ab. Nur ein paar mit Vitrinen versehene Räume warten auf sie wenigen Gäste, die sich dorthin verirren. Einer der Säle ist einzig mit Gegenständen des täglichen Bedarfes angefüllt: Ladenkassen, Schreibmaschinen und sogar eine uralte Winchester im Kaliber .44-40, welche schussbereit mit gespannten Hahn – als würde man Einbrecher erwarten – an der Wand hängt. Die anderen Räume indes beherbergen zu Dutzenden tönerne Figuren, herrlich übersichtlich in den hellen Vitrinen aufgereiht.

Obwohl ich dort an einem Sonntag hereingeschneit kam, wurde ich nicht enttäuscht. Dr. Miguel Huerta, Direktor des Museums, nahm sich viel Zeit für meine Fragen. Auch deutete er an, dass er nicht viel von der offiziellen archäologischen Lehrmeinung hält. Ich fragte ihn, ob die darin ausgestellten Tonfiguren die letzten ihrer Art im Museum seien. Denn nach Julsruds Ableben wurde dessen Haus immer wieder geplündert, und so verschwanden zahllose Stücke in dunklen Kanälen. Als hätte er nur auf diese Frage gewartet, bat er mich in sein Büro in einem anderen Teil des Hauses.

Mit einem hintergründigen Lächeln schob Dr. Huerta eine bis dahin unscheinbare Trennwand beiseite. Mir gingen die Augen über: Denn dahinter waren zahllose Pappkartons und andere Behälter sauber übereinander gestapelt. In diesen schlummern noch gute 20.000 Tonfiguren, das gesamte noch verbliebene Vermächtnis von Waldemar Julsrud. Ich durfte sogar einige der Behälter öffnen. Da kam etwa ein Fragment ans Licht, das einen auf einem Saurier reitenden Mann erkennen lässt. Als nächstes wuchtete der Direktor einen Karton von fast einem Meter Seitenlänge vom Stapel. Als er ihn öffnete, wagte ich kaum zu atmen. Bruchgeschützt in Luftkammerfolien verpackt, lagen fünf Einzelteile eines Reptils. Mittels der fachkundigen Anleitung durch Don Miguel setzte ich das Puzzle zusammen. Hierbei kam eine 1,50 Meter lange Terrakottaplastik eines Landsauriers aus dem Erdmittelalter heraus. Mit dem für diese so typisch langem Hals und Schwanz. Und alle Proportionen stimmten haargenau.[26,57]

Was brachte die unbekannten Künstler vor über vier Jahrtausenden dazu, Mensch und Saurier in derart trauter Gemeinsamkeit darzustellen? Lebten in diesen Zeiten noch solche Urweltechsen in

Mexiko und dienten als Vorbilder? Diese Idee wirft ganz klar einiges über den Haufen, was wir bisher von der Erdgeschichte zu wissen glaubten. Die Statuetten von Acambaro sind aber keine Fälschungen. Auch wenn viele Archäologen dies wider besseres Wissen, oder weil ihre Einstellung keine andere Möglichkeit zulässt, gebetsmühlenartig wiederholen. Sie sind zudem vollkommen lebensecht gestaltet.

Lebten in der Region bis vor ein paar Jahrtausenden noch Nachfahren jener Riesenechsen, unter deren mächtigen Füßen in weit zurückliegenden Zeitaltern die Erde erzitterte? In einer Zeit, da die Gesamtbevölkerung der Welt nur wenige Millionen Häupter betrug, dürften die Lebensräume für urzeitliche Kreaturen weit reichlicher bemessen gewesen sein.

Wir werden allerdings noch sehen, dass selbst heute, im 21. Jahrhundert, noch eine Menge Platz für Vertreter jener archaischen Riesen geblieben ist.

Der Flugsaurier auf dem Helm

Zum Abschluss dieser Betrachtungen möchte ich über ein sonderbares Exponat berichten, über das ich in einem anderen Teil dieser Welt stolperte. An der Ostseite des Tian-an-men, besser bekannt als der berühmt-berüchtigte „Platz des Himmlischen Friedens“ in Peking, befindet sich in einem neoklassizistischen Betonbau ein kleines Museum mit Exponaten aus der Geschichte Chinas. Außer ein paar Masken mit dunklen und schräg stehenden Augen, die unseren Vorstellungen, die wir uns von Außerirdischen machen, recht nahekommen, findet sich dort wenig Spektakuläres. Eines dieser Exponate ist jedoch einer eingehenderen Betrachtung wert.

Am Ende einer Halle befindet sich in einem gläsernen Kasten die lebensgroße Figur eines hohen kaiserlichen Beamten aus der Zeit der Ming-Dynastie, die von 1368 bis 1644 dauerte. Dessen Helm ziert ein überladen wirkender Aufbau, der aber eine echte Sensation darstellt. Denn stolz reckt sich dort oben die Gestalt eines Flugsauriers – jener „geflügelten Drachen" also, welche während der Jura- und Kreidezeit, vor 200 bis 60 Millionen Jahren, den Luftraum mit ihren „Flugkünsten" wie auch einem gesunden Jagdtrieb unsicher machten. Über diese „Herrscher der Lüfte", die nach gängiger Lehrmeinung ebenfalls gegen Ende der Kreidezeit untergegangen sind, berichte ich noch in aller Ausführlichkeit.

Dass ich es schaffte, trotz Fotografierverbot ein Bild dieses erstaunlichen Exponates zu machen (s. Bildteil), verdankte ich einer amüsanten Episode am Rande. Inzwischen sind bekanntlich mehrere meiner Bücher auch im Reich der Mitte erschienen. Damals, es war 2002, war immerhin schon mein Erstlingswerk mit dem Titel „Die weisse Pyramide" ein sogar in der Volksrepublik China viel und gern gelesenes Buch.[49] Es war großes Glück, dass ich ein Exemplar dabei hatte, welches der Dolmetscher dem eilig herbeizitierten Museumsdirektor unter die Nase hielt. Und das alles mit bedeutungsschwangeren Worttiraden noch verstärkte. Der Direktor war ganz offenbar so beeindruckt, dass er mir schließlich die Erlaubnis erteilte, eine (eine!) Aufnahme von dem spektakulären Exponat zu machen.

Was diente dem unbekannten Künstler der Ming-Dynastie als Vorlage für das urzeitliche Geschöpf, das er dem kaiserlichen Beamten auf dessen Kopf, Pardon!, auf dessen Helm setzte?

4. Von der Ur-Boa zur „Sucuriju gigante“

Monsterschlangen lehren uns das Fürchten

Felszeichnungen auf allen Kontinenten und Kunstobjekte wie die tönernen Figuren von Acambaro legen den Schluss nahe, dass vereinzelte Vertreter des einstmals mächtigen Sauriergeschlechts bis in geschichtlich verifizierbare Zeiten zu überleben vermochten. Menschen aus jenen Epochen hinterließen der Nachwelt Zeugnisse über deren Existenz: Und das waren keine Ausgeburten einer blühenden Phantasie, sondern vielmehr das, womit sich die dem Naturalismus verpflichteten Künstler konfrontiert sahen.

Und da ist es dann kein allzu weiter Weg mehr zu der bangen Frage, ob es möglicherweise ein paar Exemplare bis in unsere Tage des 21. Jahrhunderts geschafft haben könnten. Ganz klar: Unser Planet ist gewaltig überbevölkert – aber dass es nach wie vor unzählige weiße Flecken auf den Landkarten gibt, habe ich schon hinlänglich dokumentiert.

Nicht nur die Dinosaurier, die dank der spektakulären Hollywoodstreifen vom Typ „Jurassic Park“ einen Platz in unserem Bewusstsein erobert haben, üben einen seltsamen Reiz – irgendetwas zwischen Faszination und Grausen – auf uns alle aus. Die Rede ist von den Schlangen. Auch hier gilt die Devise: Je größer, umso beeindruckender.

Ich selbst konnte dieses zwiespältige Gefühl ebenfalls nicht abschütteln, als ich mich – glücklicherweise durch eine dicke Glasscheibe getrennt – Auge in Auge mit einer deutlich mehr als acht Meter langen Boa constrictor im Zoo der chinesischen Hauptstadt Peking sah. Das Territorium dieses meist träge vor sich hindösenden Schlangenungetüms zieht sich über das Erdgeschoss und zwei Stockwerke im Reptilienhaus und dominiert ein Atrium, in dessen Wände kleinere Terrarien eingelassen sind. Darin schlängeln sich die „normalwüchsigen“ Arten. Wie etwa die tödlich giftige Kobra, deren Bissen alljährlich Tausende Menschen auf dem asiatischen Kontinent zum Opfer fallen. Ich war – ich gebe es gerne zu – auch angetan von den „Künsten“ des Besitzers eines Schlangenzoos in Swakopmund (Namibia), als der eine schwarze Mamba am Schwanz ergriff und sie dann schwungvoll hin und her bewegte. Faszination und Grausen!

Aber gegen die mächtige Boa constrictor des Pekinger Tiergartens wirken Kobra, Mamba und Konsorten beinahe wie Würmer. Was mich direkt zu der Frage hinführt, welche Dimensionen die schier unfassbar artenreiche Ordnung der Schlangen überhaupt zu erreichen vermag. Was das betrifft, dürfen wir uns auf eine Reihe veritabler Überraschungen gefasst machen.

„Titanoboa“: Lang wie ein Bus, schwer wie ein Auto

Im Verlauf meiner Schulzeit lernte ich im Biologieunterricht, dass die südamerikanische Anakonda (Eunectes murinus) als die längste Schlange unserer Welt gilt. Dabei könne sie zumeist eine Länge zwischen acht und zehn Metern erreichen. Jenes ohne Zweifel Respekt einflößende Reptil ist im gesamten Amazonasgebiet weit verbreitet, und sie zählt zur Familie der nichtgiftigen Boa- oder Abgottschlangen. Am Tag hält sich die Anakonda vorwiegend in Ufernähe im Wasser auf, um dort geduldig abwartend auf Beute zu lauern. Kommt ihr ein unvorsichtiges Tier zu nahe, schnellt blitzartig der gewaltige Kopf, der über außerordentlich starke Kiefer verfügt, vor, und packt die Beute. Dann wickelt die Anakonda ihren Körper um den des Beutetieres, und mit einem kräftigen Druck, der sämtliche Knochen sofort zerbrechen lässt, wird das Opfer erwürgt respektive erstickt.

Das Ende folgt schnell: Das Beutetier wird in einem einzigen Stück verschlungen, und nach einer häufig nach Wochen zu bemessenden Verdauungszeit würgt die Schlange die nicht genießbaren Anteile wieder heraus. Dank dieser Jagdmethode zählt die Anakonda zu den sogenannten Würgeschlangen. Bevorzugte Beute sind Wildschweine, Ziegen sowie Tapire, die die Flussufer zum Trinken aufsuchen. Gar nicht so selten werden auch Menschen Opfer des mächtigen Reptils; meist Indianer, die auf die Jagd gehen. Soviel über den „Schrecken der grünen Hölle" am Amazonas und dessen ausgedehnten Regenwäldern. Dass das Gebiet sogar ungleich größere Schlangenungetüme beherbergt, das zeige ich noch anhand spektakulärer Begegnungen.

Um etliches größer als „normalwüchsige" Anakondas muss eine urzeitliche Schlange gewesen sein, die im Paläozän – dies war die älteste Abteilung des Tertiär – vor etwa 60 Millionen Jahren und damit kurz nach dem Aussterben der Dinosaurier lebte. Die „Titanoboa cerrejonensis", benannt nach ihrem Fundort nahe bei Correjon im Norden Kolumbiens, erreichte an die 15 Meter Länge bei einem Gewicht, das deutlich über 1.100 Kilogramm lag. Der dickste Teil des gewaltigen Schlangenkörpers soll einen Durchmesser von gut 90 Zentimetern besessen haben. Über vergleichbare Dimensionen soll ein Schlangenungetüm verfügt haben, das 1922 von zuverlässigen Zeugen im Amazonas gesichtet wurde, doch hierüber später mehr.

Entdeckt wurde die Titanoboa in der ersten Dekade des 21. Jahrhunderts, in einer Kohlemine bei dem Städtchen Correjon. Schon 1994 hatte der Geologe Henry Garcia dort ein exotisches Fossil gefunden, das er zuerst als einen „versteinerten Zweig" ansah, und dann in eine Vitrine im Verwaltungsgebäude des Kohleunternehmens legte. Im Jahr 2003 erkannte der Kurator des „Smithsonian National Museum of Natural History", Scott Wing, dass das Fossil nicht von einer Pflanze stammte.

Es sollte schließlich bis 2007 dauern, als sich das vermeintliche Pflanzenfossil als Wirbelkörper von einer Schlange herausstellte. Um ein Vielfaches größer als der der gefürchteten Anakonda, und dem Aufbau nach mit der heutigen Boa eng verwandt, nannte man das Tier kurzerhand „Titanoboa".

Patrouillenflug über Katanga

Schnell wurden weitere Expeditionen in diesen Teil Kolumbiens unternommen, wobei insgesamt 100 Wirbelkörper gefunden wurden, die zu 28 Schlangen gehörten. Im Jahre 2012 wurde ein ganzer Schädel dieser Spezies gefunden. Solch ein Fund gilt als sehr selten, da Schädel von Schlangen äußerst zerbrechlich sind und kurz nach dem Tode des Tieres auseinanderfallen.

Eine wirkliche Besonderheit bei dem Schädel waren die ungewöhnlich dicht aneinander sitzenden Zähne, weit mehr als bei heutigen Boas üblich. Experten vermuten, dass sich Titanoboa hauptsächlich von Fischen ernährte. Im Hinblick auf die Größe hätte sie indessen leicht Riesenschildkröten und Krokodile jagen können, die im Umfeld der Schlange lebten. Ein lebensgroßes Modell der Titanoboa wurde 2012 im New Yorker Grand Central Terminal ausgestellt. Sie war in jedem Fall noch größer als die gigantische Anakonda, die Jennifer Lopez in dem gleichnamigen Gruselschocker aus Hollywood angegriffen hatte.

Es gibt Forscher, die ein Überleben solcher Monster bis in heutige Zeit für möglich halten.[58]

Sind die Anakonda von heute beziehungsweise „Titanoboa" aus der frühen Tertiärzeit wirklich schon die größten Schlangenwesen, die die Natur dieses Planeten jemals hervorbrachte? Im Mesozoikum, zur Zeit der großen Saurier – inzwischen fand man versteinerte Skelette mit Längen zwischen 32 und 40 Metern[59,60] – gab es mit Sicherheit noch weit größere Schlangenungetüme. Doch wie es scheint, sind sowohl die Anakonda als auch die mächtige Titanoboa eher am unteren Ende dessen angesiedelt, was noch heute durch die Regenwälder kreucht.

Im Jahr 1959 flog Colonel René van Lierde von der königlich-belgischen Luftwaffe mit seinem Helikopter Patrouille über der Provinz Katanga im damaligen Belgisch-Kongo. Im Laufe dieses Routineeinsatzes – Lierdes Auftrag war, nach Bewegungen von Rebellen Ausschau zu halten, denn die Kolonie strebte nach Unabhängigkeit

– zog er mit der Maschine im sogenannten „Konturenflug“ dicht über den Boden und die Baumwipfel. Plötzlich bemerkte er eine verdächtige Bewegung unter sich, am Boden einer kleinen Lichtung mitten im Urwald. Deshalb ging er rasch auf Bodenniveau herab. Was er darauf erleben musste, ließ ihm buchstäblich das Blut in den Adern gefrieren.

Colonel van Lierde sah sich ganz unvermittelt einer riesengroßen und kampfeslustig aufgebäumten Schlange gegenüber, die offensichtlich den Hubschrauber anzugreifen versuchte. Der Pilot saß in einem dieser heute leicht antiquierten Helikopter, deren Cockpit aus Plexiglas zum leichteren Besteigen links und rechts offen war. In diesem Augenblick fühlte sich der erfahrene Militärpilot alles andere als wohl in seiner Haut. Aus diesem Grund riss er den Helikopter steil nach oben, um möglichst rasch den drohenden Attacken des wütenden, alptraumhaften Reptils zu entkommen.

Als er ein wenig an Höhe gewonnen und sich der erste Schreck etwas gelegt hatte, machte van Lierde ein paar Fotos von dem gewaltigen Tier. Die Länge des aggressiven Reptils schätzte er dabei auf gut 16 Meter, was noch einen Ticken länger wäre, als Titanoboa nach den Berechnungen der Forscher. Die entwickelten Bilder legte der Belgier mehreren Zoologen vor. Die über alle Maßen verblüfften Wissenschaftler kamen in ihrer Schätzung auf ungefähr dieselbe Länge, vermochten das Reptil jedoch nicht zu identifizieren. Seine Fotos, von denen eins im Bildteil dieses Buches wiedergegeben ist, stellen einen der wenigen, bis heute vorliegenden Hinweise auf die Existenz riesenhafter Schlangen im Herzen Afrikas dar.[61]

Es gehört sicher nicht viel Phantasie dazu, sich die möglichen Konsequenzen einer Konfrontation mit einem solchen Reptil auf freier Wildbahn auszumalen. Sensiblere Gemüter sollten von derlei Gedankenspielen überhaupt Abstand nehmen. Oder sich mit dem Gedanken „anfreunden“, dass selbst dieses Alptraumgeschöpf noch von weit größeren Exemplaren mühelos in den Schatten gestellt wird.

„So dick wie eine Öltonne“

Man kann die gut bezeugten Berichte wirklich nicht mehr zählen, in welchen von Riesenreptilien im Amazonasbecken Perus und Brasiliens die Rede ist, und gegen die sich selbst die eingangs beschriebene Anakonda sehr bescheiden ausnimmt. In den genannten Ländern Südamerikas sind diese mysteriösen Riesenschlangen unter der Bezeichnung „Sucuriju gigante“ weithin bekannt. Und obwohl nach wie vor wenige Zoologen überhaupt von der Existenz mehr als zehn Meter langer Schlangen überzeugt sind, lassen sich die mittlerweile in die Tausende gehenden Beobachtungen ernst zu nehmender Augenzeugen nicht mehr länger in das Reich der Fabel verweisen.

Bereits die ersten spanischen und portugiesischen Eroberer berichteten von gewaltigen Schlangen, die sie „Matora“ nannten. Übersetzt bedeutet dies so viel wie „Bullenfresser“, was viel über die Ernährungsgewohnheiten der Ungetüme auszusagen vermag. Da war von Längen um die 25 Meter die Rede, und dass diese Riesen Rinder, Pferde und selbst Menschen angefallen und verschlungen hätten. Ein berühmter Zeitgenosse, dessen Schicksal noch immer als ungeklärt gilt, fiel möglicherweise einem solchen Monstrum zum Opfer. In den Jahren 1906 bis 1909 kartographierte Colonel Percy H. Fawcett, eine schillernde britische Abenteurergestalt, im Auftrag der bolivianischen Regierung Teile des Regenwaldes. Er sollte später, im Verlauf einer Expedition, zu der er 1925 aufgebrochen war, für immer verschwinden.[62]

Auch besagter Colonel Fawcett berichtete in dessen Notizen, die viele Jahre später in Buchform erscheinen sollten, von der Begegnung mit einer Schlange, die er für eine riesenwüchsigee Anakonda hielt. Mit seinen Begleitern erspähte er die Kreatur, als sie sich schwimmend dem Ufer näherte. Fawcett gab daraufhin mehrere Schüsse mit seiner großkalibrigen Winchester auf das Reptil ab, welches sich sogleich wie toll im Uferschlamm wälzte und verendete. In seinem Tagebuch vermerkte der Forscher eine Gesamtlänge der Schlange von 20,5 Metern bei einem Durchmesser von 40 Zentimetern.[63]

Schon zu allen Zeiten galten Missionare als ebenso unerschrockene wie waghalsige Abenteurer, die mit Widrigkeiten in all den Ländern zu kämpfen hatten, wohin ihr Dienstherr in Rom sie entsandt hatte. Einer unter ihnen, der katholische deutschstämmige Pater Victor Heinz, hatte sogar zwei Mal in seinem Leben das zweifelhafte Vergnügen, wahrlich Schrecken erregende Reptilien zu Gesicht zu bekommen. Die erste dieser „Monsterschlangen" beobachtete er am 22. Mai 1922 im Amazonas. Das in zwei Ringen aufgerollte Ungeheuer ließ sich unbeirrt flussabwärts treiben. Pater Heinz notierte hierzu:

„Wie vom Donner gerührt, starrten wir alle auf das fürchterliche Tier. Sein Körper war meiner Schätzung nach so dick wie eine Öltonne, während seine sichtbare Länge ungefähr 25 Meter betragen haben musste."[15]

Sieben Jahre nach diesem aufregenden Erlebnis befuhr Victor Heinz einmal mehr den Amazonas, als seine Begleiter plötzlich laut aufschrien. Erneut war so ein gewaltiges Schlangenungeheuer aus den trüben, braunen Wassern des Stromes aufgetaucht, welches dem aus dem Jahre 1922 in nichts nachstand.

Und im darauffolgenden Jahr 1930 begegnete Reymondo Zima, ein guter Freund von Pater Victor Heinz, einer Schlange, die im Fluss eine derart gewaltige Welle hinterließ, dass das Motorboot um ein Haar gekentert wäre. Das mächtige, sich aus dem Wasser hoch aufbäumende Tier führte – wie die Aufzeichnungen von Reymondo Zima verrieten – so etwas wie einen „Veitstanz" um dessen Boot auf. Nach diesem verstörenden Auftritt verschwand es mit einer unglaublichen Geschwindigkeit und zog dabei eine so gewaltige Kielwelle hinter sich her, „wie sie nicht einmal ein unter Volldampf fahrendes Schiff hinterlässt."[15]

Unter MG-Feuer genommen

Erst in den 1940er Jahren gelangten erste Aufnahmen solcher gigantischer Reptilien an die Öffentlichkeit. In ihrer Ausgabe vom 24. Januar 1948 veröffentlichte die in Pernambuco – das ist der frühere Name der brasilianischen Hafenstadt Recife im Bundesstaat Pernambuco – erscheinende Zeitung „O Diario" unter der Schlagzeile „Fünf Tonnen schwere Anakonda" ein Foto sowie einen ausführlichen Bericht über den Fang dieses Schlangenungetüms. Mestizen hatten dieses Reptil, das nach dem Verschlingen eines ausgewachsenen Ochsen am Flussufer einen Verdauungsschlaf hielt, aufgestöbert.

Selbst im Tode bot die Schlange noch einen ausgesprochen Schauder erregenden Anblick: Die Hörner des Beutetieres ragten noch aus dem riesigen Maul, und das Reptil wirkte unnatürlich aufgebläht. Ein armdickes Tau wurde um den Körper des Kolosses gelegt, und so zog man die Kreatur flussaufwärts bis nach Manaus. Mittels eines kräftigen Strickes, den die Indios am Nacken der fürchterlichen Kreatur festbanden, befestigten sie den Kadaver an einem großen Baum. Weitere Männer mussten zupacken, zogen das Tier in die Länge, und machten das andere Ende an einem zweiten Baum fest. Senhor Miguel Gastao de Oliveira, der Direktor der örtlichen Bank, machte das erwähnte Foto und schickte es an die Zeitung. Gemäß den Angaben von Senhor Oliveira besaß das Riesenreptil die unglaubliche Länge von etwas mehr als 40 Metern, bei einer Dicke von ungefähr einem Meter!

Vier Monate später, im Mai 1948, brachte das in Rio de Janeiro erscheinende Blatt „A Noite Illustrada" das Bild einer riesigen Schlange, welche aus dem Oyapock ans Ufer gekrochen war. Besagter Oyapock ist der Fluss, der die Grenze mit dem Nachbarstaat Französisch-Guyana bildet. Die völlig eingeschüchterten Bewohner eines direkt am Fluss gelegenen Indiodorfes hatten darauf die brasilianischen Streitkräfte alarmiert. Diese machten dem Ungeheuer mit einem großkalibrigen Maschinengewehr den Garaus. In dem Fall soll das Tier 35 Meter gemessen haben – immer noch weitaus mehr, als von den Zoologen konservativer Prägung für möglich gehalten wird.[15]

Ein Ethnologe berichtet

Der deutsch-französische Archäologe und Ethnologe Professor Marcel Homet (1898–1986) bereiste in den 1940er und den 1950er Jahren große Teile des Amazonasbeckens, das er als ideales Rückzugsgebiet sonst ausgestorbener Tiere vergangener Erdzeitalter ansah. In seinem bekanntesten Werk „Die Söhne der Sonne" geht es zwar in erster Linie um die Spuren unbekannter vorzeitlicher Kulturen, die er in dieser Region vermutete.[64] Darin schildert er jedoch auch, wie er Zeuge eines tödlich verlaufenen Zwischenfalles mit einer riesenhaften Anakonda – einer der bereits erwähnten „Sucuriju gigante" – geworden war.

„Man muss vorausschicken, dass sowohl Riesenreptilien, wie auch Raubfische, die sanften Gewässer den starken Strömungen der südamerikanischen Flüsse vorziehen. Man trifft sie deshalb gehäuft in tiefen Wasserstauungen, Seen und Flussausbuchtungen, gerade dort, wo die wilde Strömung nicht hinreicht. Dort gibt es dann nicht nur Krokodile, sondern auch „Pacamons", jene gefährlichen 'Kannibalen-Fische', die zwei Meter lang und bis zu 200 Kilogramm schwer sind. Nun befand sich ganz in unserer Nähe einer jener ruhigen Seen. Es war ein beliebter Fischplatz eines einheimischen Indianerstammes.

An besagtem Tage befanden sich vier Fischer in drei Pirogen (eine Piroge ist eine Art Einbaum der Indianer; HH) auf dem Wasser. Sie hielten ihre Harpunen fest in der Hand und wollten den seltenen M'Boto jagen – einen riesigen Fisch, dessen trockenes Fleisch an Güte mit dem Dorsch zu vergleichen ist. Da auch der M'Boto eine Länge von zwei Metern erreicht, erzeugt er häufig eine starke Kielwasserströmung. Eine solche wurde auch von den Indianern bemerkt. Rasch begannen sie ihre Beute einzukreisen, noch schneller sausten drei Harpunen auf jenen dunklen Rücken, der knapp unter der Wasseroberfläche dahinschwamm.

Plötzlich gewahrten die vor Schreck erstarrten Fischer, wie ein scheußlicher, mit Riesenzähnen bewaffneter Kopf mehr als drei Meter über die Wasseroberfläche emporschoss, während sich sein langer Körper, groß wie eine Tonne, auf dem Wasser wälzte. 'Sucuriju!' Eine Anakonda! Bis zu 30 Metern Länge kann solch ein Ungeheuer erreichen! Kaum hatten die Unglücklichen Zeit, einen Schrei auszustoßen, da waren die drei leichten Boote von einem furchtbaren Schwanzschlag getroffen und umgeworfen. Alle Männer fielen ins Wasser. Es wallte und brodelte wie in einem gigantischen Dampfkessel. Nur einer der Fischer, der wunderbarerweise an das Ufer geschleudert worden war, konnte noch sein Leben retten. Auf dessen Hilferufe eilte man herbei. Doch fand man nichts; weder an diesem noch an den folgenden Tagen zeigte sich auch nur die mindeste Spur der Tragödie. Die Pirogen wie auch die Männer blieben verschwunden. Die Anakonda, die größte Riesenschlange, ungiftig aber Fleisch fressend, das gefürchtetste Reptil Südamerikas, das lebende Junge gebiert: Es hatte wieder einmal ganze Arbeit geleistet ...“[64]

Bei all diesen gut dokumentierten Berichten aus der „grünen Hölle“ des Amazonas-Regenwaldes bleibt eine Frage ohne Antwort. Handelt es sich bei derlei Monstern, deren Länge bis weit über 30 Meter betragen soll, nur um extrem riesige Anakondas? Oder existiert dort noch immer eine urweltliche Spezies – womöglich Titanoboa, die nicht ausgestorben ist? Doch wie lange noch?

Die Lotsenschlange

Noch immer vernichten gefräßige Bulldozer im Auftrag multinationaler Großkonzerne täglich riesige Flächen der Urwälder am Amazonas. Wie lange mögen diese noch genügend Rückzugsraum für bislang unentdeckt gebliebene, archaische Spezies bieten? Es wäre sicher im Sinne jener Vertreter einer längst untergegangen geglaubten Fauna, zu hoffen, dass sie auch künftig durch die banale Tatsache geschützt sind, dass sie offiziell überhaupt nicht existieren.

Nicht im Entfernten an ihre Dimensionen, jedoch an den Grad der Bizarrheit der beschriebenen Monsterschlangen reicht jenes Geschöpf, das gleichsam in den Regenwäldern der Amazonasregion existieren soll. Berichte sprechen von einem gedrungen wirkenden Reptil von kegelstumpfförmigem Aussehen und einer Länge von zirka einem Meter. Mit diesen charakteristischen Merkmalen gleicht es keiner bekannten Spezies auf unserem Planeten. Doch ein ähnliches Geschöpf wurde im Jahr 1934 in den Schweizer und österreichischen Alpen von Wanderern gesichtet.[39]

Dies führt uns geradewegs zu der Möglichkeit, dass auch die Gefilde Mitteleuropas Schutzgebiet für ungewöhnliche Tierarten bieten. Oder wenigstens bis in jüngste Zeiten geboten hatten, denn durch die Überbesiedelung und den immer stärkeren Tourismus könnte in den vergangenen 50 Jahren das „letzte Stündlein" für manch eine urtümliche Art geschlagen haben.

Nur ganz wenige Schlangenarten kommen im Alpenraum Mitteleuropas vor. Die häufigsten unter ihnen sind die Kreuzotter und die ungiftige Ringelnatter; sie erreichen im Durchschnitt eine Länge von gerade einmal 70 bis 80 Zentimetern. Exemplare von einem Meter oder mehr zählen schon zu den raren Ausnahmen. Was soll man dann von dem Untier halten, das vor mittlerweile sechs Jahrzehnten die norditalienische Provinz Udine einen ganzen Sommer lang in Atem hielt, und wiederholt unweit der kleinen Gemeinde von Sacile beobachtet wurde?

Es handelte sich dabei um eine für mitteleuropäische Verhältnisse riesige, ungefähr vier Meter lange Schlange, die in einem Loch hauste. Doch bevor sie dieses verließ, schickte sie erst ein normal großes Reptil – eine Art „Lotsenschlange" – voraus.

Die italienische Tageszeitung „Il Giorno" schrieb im Sommer 1963 dazu: „Das Gerücht über dieses Ungeheuer hat sich im ganzen Tal verbreitet, und immer mehr Glauben gefunden, obwohl die meisten zunächst geglaubt hatten, es handle sich um die Ausgeburt überhitzter Phantasien. Die letzte Bekundung stammte von Signore Antonio Toffali, der in Sarone (einem Gemeindeteil von Sacile) eine Espressobar führt. Deshalb bewaffnete er sich mit einem großen Knüppel und begab sich in die einsame Gegend, wo, wie es hieß, die Schlange für gewöhnlich erschien.

Er stellte sich unweit der Höhle auf und wartete. Nach zwei Stunden hörte er endlich einen schrillen Pfiff, sah die Lotsenschlange herauskriechen, und hinter ihr kam das Untier."

Signore Toffali war sichtlich erschrocken über die Größe der Schlange: Er beschrieb ihren Kopf „so groß wie ein Kinderkopf", den Hals verglich er von der Dicke her mit einem Telegrafenmasten. Von ihrem aggressiven Zischen will er beinahe in Ohnmacht gefallen sein. Schließlich ging er mit seinem mitgebrachten Knüppel auf das Reptil los, traf es aber nicht richtig. Ihm blieb nichts anderes übrig, als schnellstens die Flucht zu ergreifen.[39]

Der kleine Verwandte des Drachen

Vielleicht ging diese mysteriöse Riesenschlange doch noch an der „Schlagfertigkeit" des Kaffeehausbesitzers zugrunde. Gut möglich ist aber auch, dass sie sich in eine noch einsamere Bergregion zurückzog. Wie auch immer: Nach dem Sommer 1963 ist es wieder still um das Reptil mit der „Lotsenschlange" in den Bergen Oberitaliens geworden.

Der Alpenraum scheint überhaupt eine echte Fundgrube zu sein, was rätselhafte Kreaturen angeht. Überlieferungen aus früheren Jahrhunderten wissen von dem sogenannten Tatzelwurm zu berichten. Dessen Name soll sich ableiten von dem mundartlichen Begriff „Tatze", was für Pfote oder Bein oder Klaue steht, und von der Gattungsbezeichnung „Wurm". Dabei bezieht sich die Letztere auf die äußere Erscheinungsform des Tieres.

Eine recht anschauliche Definition fand ich in der aus dem Jahre 1923 stammenden vierbändigen Ausgabe des „Großen Brockhaus".

In diesem alten Lexikon wird auch eine etwas abweichende Schreibweise angewandt:

„Tazzelwurm (Tatzelwurm), Stollenwurm, in der Schweiz 'Bergstutz'; fabelhaftes Tier mit schlangenartigem Leibe, das besonders bei Wetterwechsel erscheinen soll, sich aufbäumt und dann auf sein Opfer stürzt“.[65]

Die beschriebenen äußeren Merkmale und Eigenschaften charakterisieren das seltsame Wesen gewissermaßen als aggressives schlangenähnliches Geschöpf, oder als einen „Wurm mit Beinen“. Was wissen wir eigentlich über dieses mysteriöse Tier?

In alten Überlieferungen gilt der Tatzelwurm als der kleine Verwandte von Drachen und Lindwürmern. Er wird übereinstimmend als ein aggressives Geschöpf beschrieben, das nicht einmal davor zurückschreckt, größere Tiere und auch Menschen anzufallen. Der Tatzelwurm soll in Höhlen, Gängen und Stollen hausen, die dieser zum Teil selbst in den felsigen Boden gräbt. Eher einer blühenden Phantasie der Bergbewohner geschuldet sind die Erzählungen, in denen der Tatzelwurm giftige Dampfwolken und sogar Feuer zu speien in der Lage ist.

Nachvollziehbarer sind da schon Überlieferungen, laut denen der Tatzelwurm giftigen Schleim spuckt, oder die Berührung mit ihm böse Folgen haben kann, da seine Haut giftig ist. Tatsächlich leben in Nordamerika zwei Vertreter der Krustenechsen. Es sind die Gilaechse (Heloderma suspectum), sowie der Escorpion (Heloderma horridum), die sehr stark toxisch sind. Zudem kennt man in den Tropen Südamerikas mehrere Amphibienarten mit solch giftigen Hautsekreten, dass sie von den örtlichen Eingeborenen gerne bei der Jagd als Pfeilgift benutzt werden.

In den allermeisten Fällen wird der Tatzelwurm als schlangenähnlich beschrieben, mit zwei klauenbewehrten Vorderbeinen. In den Berichten variiert seine Länge zwischen 30 Zentimetern und mehr als einem Meter. Die Körperfarbe scheint gleichfalls zu wechseln; in der Hauptsache geht sie von einem hellgrauen Farbton über grünlich und braun bis hin zu einer beinahe schwarzen Färbung. In der Anzahl der Beine liegen die Beschreibungen gleichfalls auseinander. Einmal wird der Tatzelwurm als völlig beinlos beschrieben, in einigen Fällen wurden zwei Vorderbeine erkannt, während einige wenige Berichte sogar zwei winzige, verkümmerte hintere Extremitäten erwähnen.[66] Sehen wir uns also nachfolgend einige Sichtungsberichte ein wenig genauer an.

Der Schreck seines Lebens

Im Jahr 1883 war der Eisenbahnarbeiter Kaspar Arnold unweit von Hochfilzen in Tirol in den Bergen unterwegs, als er plötzlich vor sich einen ungefähr 30 bis 40 Zentimeter langen „Wurm" erblickte, der ihn mit einem „äußerst bösartigen Blick" ansah. Da sich die Kreatur nicht von der Stelle bewegte, ging Arnold vorsichtig in einigem Abstand an ihr vorbei; deshalb konnte er sie eine ganze Weile lang beobachten. Er beschrieb das Tier als eidechsenähnlich, annähernd so dick wie der Arm eines erwachsenen Mannes und von grünlich-brauner Farbe. Am Vorderkörper befanden sich zwei kurze Stummelbeine, während am Hinterkörper gar keine Extremitäten erkennbar waren. Den Blick der Kreatur beschrieb er als bösartig und angsteinflößend. Die Haut war vollständig mit feinen, glänzenden Schuppen überzogen. Kaspar Arnold kannte sich wirklich gut aus mit den Tieren seiner Heimat, Schlangen, Otter oder Wiesel waren ihm durchaus vertraut. Doch jene Kreatur, die ihm an diesem Tag gegenüberstand, war ihm vollkommen unbekannt.[66]

Ganz ähnlich, aber um einiges größer, war das Geschöpf, das annähernd 40 Jahre später in derselben Region zwei Männern einen Riesenschock einjagte. An einem warmen Sommertag im Jahr 1921 befanden sich ein Wilderer und ein Hirte auf der Jagd bei der Hochfilzenalm in Tirol. Die beiden waren schon eine Weile unterwegs, und da sie nicht gerade einer legalen Beschäftigung nachgingen, waren sie darauf angewiesen, ihre Umgebung äußerst genau im Auge zu behalten. Deshalb fiel ihnen auf einem Felsen in der Nähe gleich etwas Ungewöhnliches ins Auge.

Langsam und vorsichtig näherten sie sich dem Felsen; auf diesem saß ein schätzungsweise 90 Zentimeter langes, schlangenförmiges Etwas von grauer Farbe, das in etwa die Dicke eines Armes besaß. Niemals zuvor hatten die zwei Männer eine derartige Kreatur zu Gesicht bekommen – daher beschloss der Wilderer, sie zu erschießen. Das Geschöpf dachte aber nicht daran, still zu halten und sprang mit einem gewaltigen Satz in Richtung der Männer. Als diese in Panik flüchteten, konnten sie noch zwei kurze Vorderbeine bei der Kreatur erkennen.[66]

Vier Beine hingegen besaß eine riesige Art Eidechse, die im Jahre 1926 einem damals zwölfjährigen Hirtenjungen den Schreck seines Lebens bescherte. Die unheimliche Begegnung fand damals im österreichischen Murtal statt und war derart erschreckend, dass sich der Junge den gesamten Sommer über standhaft weigerte, in der Gegend noch einmal die Schafe zu hüten.[66]

Solche Konfrontationen mit mysteriösen Geschöpfen sind aber nicht nur aus den Bergen Österreichs, der Schweiz und Deutschlands bekannt. Aus einer Reihe anderer Hoch- und Mittelgebirgsregionen in Europa kennt man gleichfalls Berichte über Zusammentreffen mit dem Tatzelwurm. Seit der Mitte des 20. Jahrhunderts wurden die Sichtungsberichte allerdings immer seltener. Dies mag damit zusammenhängen, dass der Tourismus und die Zersiedelung im Alpengebiet die Natur immer weiter zurückgedrängt hat. Bei der intensiven Bewirtschaftung werden natürlich auch die ökologischen Nischen für „exotische" Kreaturen kleiner. Daher steht zu befürchten, dass die hinter all den Berichten stehenden Geschöpfe zumindest in den Alpenregionen im späten 20. Jahrhundert endgültig ausstarben.

Oder sie sind in andere Gefilde abgewandert, wie ein spektakulärer Fall aus dem Mittelmeerraum erahnen lässt. Bauern aus Sizilien berichteten im Jahr 1954 von einer schlangen- oder wurmartigen Kreatur mit zwei Vorderbeinen und einem katzenähnlichen Kopf, die unweit von Palermo eine ganze Schweineherde angriff.[66]

Riesensalamander aus dem Tertiär?

Unterzieht man alle bekannten Fakten einer sorgfältigen Analyse, eröffnen sich verschiedene Möglichkeiten für eine Identifikation der mysteriösen Kreaturen. Am Beispiel der Begegnung des Hirtenjungen aus dem Jahr 1926 könnte man an eine extremwüchsige Salamanderart denken. Vergleichbar in etwa mit dem japanischen Riesensalamander Megalobatrachus japonicus, der eine Länge bis zu 1,60 Metern erreicht, und der in einer Reihe von Gebirgsflüssen Ostasiens beheimatet ist. Die Paläontologen kennen mehrere Arten großwüchsiger Salamander, die sich nach dem Aussterben der Dinosaurier, am Ende der Kreidezeit, im beginnenden Tertiär, entfalten konnten. Übrigens wurden einige Skelette des tertiären Riesensalamanders Andrias scheuchzeri unvollständig, und zwar ohne Hinterbeine gefunden, was der Beschreibung des Tatzelwurmes nahekäme. Handelt es sich bei diesem also um eine Art eines tertiären Riesensalamanders, der de facto bereits vor einigen Millionen Jahren ausgestorben sein müsste?[37,67]

Ebenso gut könnte es sich beim Tatzelwurm aber auch um eine bis dato der Forschung entgangene Echsenart handeln. In vielen wärmeren Ländern weit verbreitet ist die Familie der sogenannten Wühlechsen. Das sind trockenheitsliebende, eidechsen- und schlangenförmige Reptilien, deren Beine oftmals zurückgebildet sind oder auch gänzlich fehlen. Der in unseren Breiten häufig vorkommenden Blindschleiche, die bekanntlich keine Schlange, sondern eine Eidechsenart ist, ähneln die Erzschleichen in den Mittelmeerländern. Unter den in zahlreichen Farbnuancen gefärbten Reptilien kann man gut die verschiedenen Variationen der Verkümmerung ihrer Extremitäten beobachten.[68]

Um was es sich letztlich bei dem berühmt-berüchtigten Wesen immer gehandelt haben mag, eines erscheint sicher: Diese Kreatur der Einfachheit halber nur ins Reich der Fabel oder übersteigerter Phantasien zu verbannen, ist nichts als eine billige Ausflucht. Vom Standpunkt unseres gesicherten Wissens der Zoologie können die meisten der beschriebenen Merkmale ohne großes Rätselraten bekannten Tierarten zugeordnet werden.

Es spricht vieles dafür, dass tatsächlich solch eine seltsame Spezies existiert hat, dann aber schließlich im Laufe des 20. Jahrhunderts ausgestorben ist. Wurde die geheimnisumwitterte Lebensform vom Menschen verdrängt und ausgerottet, bevor man sie systematisch erfassen und zoologisch einordnen konnte? Oder existieren immer noch in unzugänglichen Gegenden der Alpen und anderer Bergregionen vereinzelte Exemplare dieses Tatzelwurmes? Eines zumindest ist unbestritten: Ebenso mysteriös wie der Tatzelwurm ist auch die Frage, wo er abgeblieben ist.

Aus einer Reihe von Berichten über derartige Geschöpfe wird unterschwellig erkennbar, dass viele Augenzeugen ganz große Probleme damit hatten, die von ihnen beobachteten Kreaturen eindeutig als Schlangen oder als Würmer zu identifizieren. Und wirklich: Es halten sich hartnäckige Gerüchte über gewaltige Würmer, die viel eher einem Gruselschocker aus Hollywood entsprungen sein könnten als der Realität.

Harmlos bis tödlich

Bereits 1970 berichtete der italienische Autor Peter Kolosimo (1922–1978) über den in Südamerika gemachten Fund eines bis zu 1,20 Meter langen Riesenwurms. Der sonderbare Vertreter einer verborgenen Fauna schien sich von einem gewöhnlichen Regenwurm nur durch seine außerordentliche Größe zu unterscheiden. Genau wie die uns bekannten Spezies war auch sein Körper zylindrisch mit ausgeprägten ringförmigen Segmenten. Zudem fehlten ihm die Gliedmaßen, Augen und andere Sinnesorgane.

„Als man das Tier in eine Dunkelkammer brachte und dort mit Licht bestrahlte", so Kolosimo, „begann dieses sich zu krümmen. Wodurch bewiesen wurde, dass der Wurm, unter der Haut verteilt, besonders lichtempfindliche Zellen besitzt, von denen jede mit einer Nervenfaser verbunden ist, welche zum Gehirn führt. Der Unterschied zwischen dem Riesenwurm und einem winzigen Regenwurm scheint also nicht tief zu gehen. Er muss aber in Wirklichkeit radikal sein, da die Biologen und Zoologen von einer Art sprechen, die seit Millionen von Jahren ausgestorben ist."[39]

Leider ist es nach jener Publikation um den Vertreter einer urzeitlichen Fauna wieder still geworden, denn in die normalen Lehrbücher hat die im Verborgenen lebende Kreatur keinen Eingang gefunden. Vielleicht eher in die Science-Fiction, denkt man an die großartige Verfilmung des Romans „Dune" (auf Deutsch: „Der Wüstenplanet") von Frank Herbert.[69]

Stattdessen kamen in den vergangenen Jahren immer wieder Berichte über einen möglichen Verwandten des amerikanischen Riesenwurms aus dem Fernen Osten. In der Wüste Gobi soll der sogenannte „Mongolische Todeswurm" sein Unwesen treiben, dessen Name alleine schon alle Bewohner dieser Region erschauern lässt. Bis zum heutigen Tag gibt es jedoch nur spärliche Informationen über das angeblich leuchtend rote, schlangenartige Geschöpf. Die Einheimischen bezeichnen ihn als „Allghoi khorkhoi", was übersetzt so viel wie „Darmwurm" heißt.

Den Berichten zufolge enden die Begegnungen mit der Kreatur so gut wie immer tödlich. Im Falle einer Gefahr soll sich der Wurm aufblähen; dabei bilden sich dicke Blasen auf seinem Körper, aus denen Gift verspritzt wird. Das Gift soll Menschen und Pferde, ebenso Kamele auf der Stelle töten. „Allghoi khorkhoi" soll außerdem starke elektrische Schläge, ähnlich einem Zitteraal, abgeben, womit er seine Opfer lähmt.

Die Giftausscheidung dieser letalen Kreatur zeigt Parallelen zu jener von verschiedenen Schmetterlingsarten im Raupenstadium. In unseren mitteleuropäischen Breiten recht bekannt ist der Prozessionsspinner (Thaumatopoea precessionea). Seine Ausscheidungen sind zwar nicht tödlich, können aber ernste, schmerzhafte Entzündungen hervorrufen.[68]

Wir kennen bislang nur relativ wenige Berichte über Konfrontationen mit diesem mongolischen Todeswurm. Ein typisches Beispiel nennt einen kleinen, unter freiem Himmel spielenden Jungen. Dieser besaß eine Kiste mit Spielzeug, in die ein solcher Wurm hineingeschlüpft war. Als der Kleine in die Kiste fasste, kam er in direkten Hautkontakt mit der giftigen Kreatur. Die Eltern fanden den Jungen tot auf und machten sich an die Verfolgung der schlangengleichen Spur, die sich im Sand abzeichnete. Sie wollten das Tier töten, das ihren Sohn auf dem Gewissen hatte, wurden aber gleichfalls bei der Begegnung mit dem Wurm getötet.[70]

Um das fatale Thema scheint nach wie vor ein großes Tabu zu liegen; jedenfalls sprechen die Einheimischen nicht gerne über die seltsame, todbringende Kreatur. Gut möglich ist, dass hier unterschiedliche Berichte über verschiedene Tiere, wie Giftschlangen, Eidechsen und ähnliches, zusammengeflossen sind. Andererseits ist es aber durchaus möglich, dass ein Tier, welches unter der Erde und in Sanddünen lebt und dazu tödlich giftig ist, sich bisher seiner „offiziellen“ Entdeckung sowie der wissenschaftlichen Einordnung durch seine abgeschiedene Lebensweise entzogen hat.

Tod am Rio Araguaia

Kehren wir nochmal zurück zu den Schlangenungetümen des Amazonasbeckens, die sich in dem ökologischen Rückzugsraum ihre urzeitlichen Größenverhältnisse bewahren konnten. Im Jahr 2002 erregte eine Tragödie, welche sich unweit von Barro do Garcas im brasilianischen Bundesstaat Mato Grosso abgespielt haben soll, reichliches Aufsehen. Das Städtchen liegt am Rio Araguaia, dem rund 2600 Kilometer langen linken Nebenfluss des Rio Tocantins, der in der Nähe von Belém in den Atlantik mündet.

Der Zahnarzt Dr. Jose Ronaldo aus Sao Paulo befand sich mit drei Freunden beim Angeln an besagtem Rio Araguaia. Nach einer Weile entfernte er sich von den anderen, und kam nicht mehr zurück. Als es Zeit zum Aufbruch wurde und der Doktor noch immer nicht zurückgekehrt war, machten sich seine Freunde auf den Weg, um ihn zu suchen. Zunächst aber ohne Erfolg.

Plötzlich entdeckten sie auffällige Spuren von einer gewaltigen Schlange. Nach fieberhafter Suche stießen sie schließlich auf ein Reptil von gut zwölf Metern Länge, das am Ufer des Flusses seinen Verdauungsschlaf hielt. Der mittlere Teil der Schlange war auffallend verformt, so dass die Freunde sofort das Schlimmste befürchteten. Hatte die Bestie am Ende den Zahnarzt verschlungen? Mit einem Revolver und Knüppeln bewehrt, griffen die drei Männer das Reptil an, töteten es und schafften es mit vereinten Kräften zu ihrem Lagerplatz. Dort hievten sie es auf einen LKW und transportierten es nach Barro do Garcas, wo sie ihm den Bauch aufschnitten. Ihre Befürchtungen hatten sich auf tragische Weise bestätigt: Dr. José Ronaldo konnte nur noch tot aus dem Schlangenkadaver geborgen werden.[71]

Obwohl der Fall aufgrund einer Reihe von Widersprüchen sehr kontroverse Diskussionen auslöste, habe ich ihn nicht zuletzt aus dem Grund, weil er bildmäßig gut dokumentiert scheint, hier aufgeführt. So ist darin beispielsweise von einer „Kobra“ die Rede, die allerdings in diesen Breiten nicht heimisch ist. Möglicherweise handelt es sich hierbei nur um eine fehlerhafte Übermittlung oder Übersetzung aus dem Portugiesischen, wie es in Brasilien gesprochen wird. In Südostasien kennt man zwar Exemplare der Königskobra (Ophiophagus hannah) von bis zu sechs Metern Länge, doch ernähren diese sich meist von anderen Schlangen und von kleinen Säugetieren. Nicht aber von größeren Tieren, geschweige denn von Menschen.

Eine weitere Ungereimtheit, welche aber ebenfalls auf einen Übermittlungsfehler – oder gar auf eine Übertreibung durch die Medien – zurückzuführen sein könnte, dreht sich um die Zeit, wie lang nach dem Opfer gesucht wurde. Da ist oft von „drei Tagen“ die Rede, bis der Abgängige gefunden wurde. Betrachtet man indessen den körperlichen Zustand des Getöteten, kann dieser sich kaum drei Tage lang im Schlangenmagen befunden haben – der Leichnam wäre trotz des langsamen Verdauungsvorganges bei Schlangen ungleich stärker zersetzt (s. Bildteil).

Dieser Fall zeigt jedoch auf eindrucksvolle Weise, dass das Amazonasbecken, mit sieben Millionen Quadratkilometern Fläche das größte Stromgebiet und nebenbei eine „grüne Lunge" unseres Planeten, selbst im 21. Jahrhundert noch immer einer Reihe von archaischen Monstern genügend Schutz und adäquate ökologische Rückzugsräume bietet, um dort zu überleben. Auch wenn Brasilien seit Jahren verstärkt auf eine intensive kommerzielle Nutzung der weiten Urwälder Amazoniens setzt.[72]

Doch ob alptraumhafte Kreaturen oder nicht: Diese archaischen „Ungeheuer" sind ein Teil unserer Natur und ihrer Lebensräume. Muss man ihnen ihre letzten Refugien wirklich streitig machen?

5. Gejagt von fliegenden Alpträumen

Unheimliche Begegnungen am Himmel

Im Erdmittelalter, als sich die heute so artenreiche Klasse der Vögel von den Reptilien abzuspalten begann, hatten bereits zahlreiche Lebewesen die Kontrolle über den Luftraum. Es waren in der Hauptsache die sogenannten Pterosaurier – fliegende Echsen, welche sich seit der Lias-Formation (eine Unterabteilung der Jura-Periode) über den gesamten Planeten ausbreiteten. Sie beherrschten den urweltlichen Himmel, bis sie zum Ende der Kreidezeit wie auch die Dinosaurier, ausstarben. Wenigstens „offiziell", und gemäß der gültigen Lehrmeinung. Wahrscheinlich aber nicht vollkommen, wie ich noch zeigen werde.

Diese Pterosaurier werden von der Systematik in zwei verschiedene Gattungen unterteilt. Der Pterodaktylus(grch. „Flügelfinger") erreichte vergleichsweise die Größe eines heutigen Adlers – ein Steinadler bringt es auf stolze 200 bis 250 Zentimeter Spannweite. Mit der Gattung Pteranodon existierten hingegen veritable Giganten der Lüfte, deren Flügelspannweite acht Meter betragen konnte.[2]

Es war im Jahr 1872, als der amerikanische Paläontologe Othniel Charles Marsh (1831–1899) erstmals in Ablagerungen aus der Kreidezeit auf die fossilen Überreste dieser wohl abenteuerlichsten Lebewesen stieß, die je in der Lage waren, sich im Fluge fortzubewegen. Es war ein gerade 20 Zentimeter langer Knochen, der in einem ausgetrockneten Flussbett im westlichen Kansas lag; der führte Marsh aber zielsicher auf die Spur der fliegenden Ungeheuer.

Vergleiche mit den Versteinerungen des damals bereits bekannten Pterodaktylus ergaben, dass der neu entdeckte Knochen auch von einem Flugsaurier stammen musste – von einem wahren Riesen! In den nachfolgenden Jahren sammelte Marsh annähernd 600 Skelette dieses Tieres, welches er „Pteranodon" nannte, was auf Deutsch „zahnloser Flügel" bedeutet.[67] Dessen Flügelspannweite betrug, wie ich bereits angemerkt hatte, durchschnittlich acht Meter. Übertroffen wurde sie nur noch vom Quetzalcoatlus, der es auf unglaubliche 18 Meter brachte.

Beiden Gattungen gemeinsam war deren Art zu fliegen. Da ihre Flügel aus einer Hautmembran bestanden, die zwischen ihrem vierten, extrem verlängerten Finger und dem Körper gespannt war, schafften sie es, ohne Federn auszukommen. Diese waren erst den späteren Vögeln vorenthalten. Das Prinzip war dasselbe wie bei einer Fledermaus, bei der allerdings mehrere ihrer „Finger“ verlängert sind. Die Flugsaurier hatten hohle, leichte Knochen sowie ein starkes Brustbein, das notwendig war, um die starken Flügelmuskeln zu halten.

War das Erscheinungsbild des Pteranodon ausgesprochen martialisch, so kompensierten die nur bis zu adlergroßen Exemplare vom Typ Pterodaktylus den Größenunterschied zu ihren größeren Verwandten mit langen Schnäbeln, in denen viele fürchterliche, messerscharfe Zähne steckten.

Mit einem heiseren Schrei verendet

Es müssen weitum gefürchtete Räuber der Lüfte gewesen sein, die da vor Millionen von Jahren auf Raubzug gingen. So mancher Zeitgenosse mag heute darüber froh sein, dass er nicht mehr in der Epoche dieser bizarren Urweltmonster lebt. Aber Vorsicht: Wie schon angemerkt, gibt es viele ernst zu nehmende Hinweise, dass die fliegenden Saurier doch nicht so endgültig ausgestorben sind, wie uns dies der wissenschaftliche „Mainstream“ immer so gern glauben machen möchte.

Anfang des Jahres 1856 waren französische Bauarbeiter im Departement Meurthe-et-Moselle (Lothringen) damit beschäftigt, die Eisenbahnlinie von St. Dizier nach Nancy voranzutreiben. Dabei hatten sie stets neue Hindernisse zu überwinden. Wie bei Culmont, wo ein Tunnel mitten durch den massiven Fels gesprengt werden musste. Als wieder eine Dynamitladung detoniert war, und sich Gesteinsstaub und Rauchschwaden verzogen hatten, kam, zur grenzenlosen Verblüffung der Mineure, ein mysteriöses Geschöpf aus einem Hohlraum zum Vorschein. Es regte noch schwach seine Flügel, um mit einem heiseren Schrei zu verenden.

Dieses rätselhafte Tier besaß in etwa die Größe einer ausgewachsenen Gans. Der Kopf erinnerte an ein Reptil und war mit zahlreichen spitzen Zähnen besetzt. Zwischen den vier Extremitäten war eine dünne und membranartige Haut gespannt, so ähnlich wie bei den Fledermäusen. Der Körper schimmerte bläulichschwarz, die Haut indes schien dick und ölig zu sein.

Die verendete Kreatur wurde nach Gray im Département Haute-Saône gebracht, wo sich ein in Paläontologie gut bewanderter Zoologe damit befasste. Der identifizierte den Kadaver sofort als einen Pterodaktylus, der sich mittels dünner Flughäute zu bewegen pflegte.

Und bei dem gesprengten Fels, aus dem dieses ominöse Ungeheuer hervorgekrochen war, handelte es sich um Kalkgestein aus der Lias-Periode. Jener Unterteilung des Jura-Zeitalters vor runden 150 Millionen Jahren, als sich die Flugsaurier über unseren gesamten Planeten zu verbreiten begannen. Die Aushöhlung im Fels bildete, so wurde festgestellt, eine exakte Hohlform der urzeitlichen Kreatur, die eigentlich überhaupt nichts in der Neuzeit verloren hatte.[44,73]

Wäre es denn grundsätzlich denkbar, dass ein Geschöpf in persona diese vielen Jahrmillionen gewissermaßen „auf Sparflamme" überleben kann? Ich hatte ja zum Ende des 2. Kapitels von den wiederbelebten Wassermolchen berichtet, die den Geologen Dr. E.D. Clarke aufs Äußerste verblüfft hatten, und die einer vollkommen ausgestorbenen Spezies angehörten.[41] Insgesamt aber erscheint es plausibler, dass einige Vertreter urzeitlicher Arten sich über jene langen Zeiträume auf herkömmlichem Wege fortgepflanzt, sowie in einer begrenzten Population erhalten haben.

Und dies in allen Teilen unserer Welt. Nur zwölf Jahre nach dem Auftauchen der offenbar urweltlichen Kreatur in Frankreich wurde unweit der Bergwerksstadt Copiapo (Chile) ein gewaltiges Geschöpf gesichtet, welches den Eindruck vermittelte, als habe man es mit einer Kreuzung zwischen Vogel und Reptil zu tun. In der Stadt hatten Minenarbeiter eben ihre Schicht beendet, als sie ein seltsames Geräusch in der Luft vernahmen.

„Der Überwältiger der Boote“

Die Arbeiter beschrieben ihre denkwürdige Sichtung wie folgt: „... sahen wir etwas durch die Luft fliegen wie einen riesigen Vogel, den wir zuerst für eine besonders dunkle Wolke hielten. Er flog sehr schnell und geradlinig dahin. Als er einen kurzen Augenblick über unsere Köpfe hinwegflog, bemerkten wir die seltsame Form seines Körpers. Die Federn der Flügel waren gräulich, der Kopf glich dem einer Heuschrecke, seine Augen waren weit offen, und leuchteten wie glühende Kohlen. (...) Sein Körper hingegen glich dem einer Schlange; wir konnten seine glänzenden Schuppen, die während des Aufeinanderschlagens ein metallisches Geräusch von sich gaben, ganz genau erkennen.“[44]

Am 26. Juli 1890 berichtete die Zeitung „Tombstone Epitaph“ aus dem US-Bundesstaat Arizona, zwei Viehzüchter hätten in der Wüste außerhalb der Stadt ein Geschöpf erschossen, welches einem „riesengroßen Alligator mit Flügeln“ glich. Zu dieser Zeit konnte man immer wieder seltsame Geschichten über Begegnungen mit ganz ähnlichen Kreaturen lesen.[44]

Von den damaligen Zoologen wurden solche Geschichten natürlich nicht weiter beachtet. Als der Bericht aus Tombstone aber 1969 noch einmal durch die Medien ging, meldete sich ein alter Mann mit Namen Harry F. McClure. Der hatte 1910 als Jugendlicher in der Stadt Lordsburg (New Mexico) gelebt, die gut 150 Kilometer nordöstlich von Tombstone liegt.

Harry McClure konnte sich noch gut an ein Vorkommnis entsinnen, wie es sich seinerzeit in der Region rund um Lordsburg zugetragen haben soll. Er hatte auch die beiden Cowboys gesehen, die diese Begegnung gehabt haben sollen, und Freunde des einen sogar persönlich gekannt. Beinahe 60 Jahre später vermochte er sich leider nicht mehr an die Namen der beteiligten Männer zu erinnern. Aber er wusste noch, dass eine fliegende Kreatur vor den beiden gelandet, wieder aufgeflogen und ein Stück weiter nochmals gelandet sei. Beide Zeugen hatten die Flügelspannweite jenes schaurigen Ungeheuers auf zwischen sechs und neun Meter geschätzt und berichtet, es hätte „Augen, so groß wie Untertassen" gehabt. Mit ihren Winchester-Gewehren hätten die beiden zwar auf das Wesen geschossen, es aber nicht getroffen.[74]

Was fliegende Kreaturen angeht, die eine nicht zu leugnende Ähnlichkeit mit Flugsauriern des Erdmittelalters besitzen, ist der afrikanische Kontinent offenbar eine gute Adresse. Schon seit unzähligen Generationen fürchten die Eingeborenen, die am Rand der Jiundu-Sümpfe, im Gebiet der heutigen Staaten Angola, Zaire und der Volksrepublik Kongo leben, eine fliegende, ausnehmend aggressive und fleischfressende Kreatur. Sie nennen dieses Tier, das allem Anschein nach eine kaum zu übersehende Ähnlichkeit mit den Flugreptilien der Jura- und Kreidezeit aufweist, „Kongamato". Wörtlich übersetzt bedeutet dies so viel wie „der Überwältiger der Boote". Es hat nämlich wiederholte Male Fischer in deren Booten attackiert, und einige von ihnen sogar getötet.

Dem Tode näher als dem Leben

Der erste Forscher, der der westlichen Welt 1923 über diese geflügelten Alpträume berichtete, war der britische Abenteurer und Forscher Frank H. Melland. Der Engländer hatte sich schon ein Jahrzehnt zuvor mit seiner tollkühnen Durchquerung Afrikas einen Namen gemacht. Mit dem Co-Autor eines gemeinsam über ihr Abenteuer verfassten Buches legte er sowohl zu Fuß als auch mit dem Fahrrad (!) Tausende von Kilometern mitten im Herzen des „Schwarzen Kontinents" zurück: Vom Norden Rhodesiens, dem heutigen Simbabwe, über die Seenkette des östlichen Zentralafrika und entlang dem Weißen Nil bis nach Ägypten.[75]

Ein paar Jahre später hatte Melland Arbeit in Sambia gefunden und zeigte sich gefesselt von den Erzählungen, die Eingeborene des Stammes der Kaonde ihm präsentiert hatten. Dies weckte den Wunsch in ihm, mehr Informationen über diesen geheimnisvollen Kongamato zu sammeln. Die Kaonde beschrieben diese Kreatur als eine Art „Eidechse mit Flügeln wie eine Fledermaus". Die Spannweite der Flügel soll vier bis sieben Fuß – also zwischen 1,20 und 2,10 Metern – betragen, während die glatte, schwarze Haut federlos ist. Einzelne Exemplare jener rätselumwobenen Spezies sollen auch rot gefärbt sein.

Wie seine mutmaßlichen Verwandten aus der Epoche der großen Saurier, besitzt auch diese Kreatur einen Schnabel voll messerscharfer Zähne. Berüchtigt ist sie – wie nicht anders zu erwarten und schon angedeutet – jedoch wegen ihrer offensichtlichen Vorliebe, die Fischerboote der Eingeborenen anzugreifen und zum Kentern zu bringen. Als Frank Melland ihnen Zeichnungen von Flugsauriern der Jura-und der Kreidezeit präsentierte, erkannten sie darin ohne zu zögern den gefürchteten Kongamato.[76]

Im Jahre 1925 war der britische Pressekorrespondent J. Ward Price mit dem zukünftigen Herzog von Windsor in den damaligen Kolonien des „Empire" unterwegs. Dieser sein Reisebegleiter war kein Geringerer als der spätere König Edward VIII. (1894–1972), der im Jahr 1936 wegen seiner „unstandesgemäßen" Hochzeit mit der zwei Mal geschiedenen Wallis Simpson nach nur elfmonatiger Regentschaft zum Abdanken gezwungen wurde. Auf der Reise lernten die beiden einen Eingeborenen kennen, der tief in das gefürchtete Jiundu-Gebiet, in die „Verbotenen Sümpfe", eingedrungen war. Er musste seinen Mut und seine Unerschrockenheit um ein Haar mit dem Leben bezahlen. Denn als er zurückkehrte, war er dem Tode ungleich näher als dem Leben. Er hatte eine tiefe, klaffende Wunde auf seinem Rücken und berichtete von einem riesengroßen Vogel, der ihn wütend mit seinem mit furchtbaren Zähnen besetzten

Schnabel angegriffen hatte. Als man dem Mann später ein Buch mit Illustrationen prähistorischer Tiere zeigte, in dem auch Flugsaurier abgebildet waren, schrie dieser entsetzt auf und ergriff voller Panik die Flucht.[77,78]

Berichte über „fliegende Ungeheuer", welche nach der geltenden Lehrmeinung in der Paläontologie schon längst als ausgestorben angesehen werden, kommen nicht nur aus schwer zugänglichen und fieberverseuchten Sumpfgebieten. In den Jahren 1932/33 war die Expedition Percy Sladen im Auftrag des Britischen Museums in Westafrika unterwegs. Mit von der Partie war Ivan T. Sanderson (1911–1973), in seinen späteren Jahren ein weltweit renommierter Autor und Kryptozoologe. Die Forscher befanden sich in den Assumbo-Bergen in Kamerun und schlugen ihr Lager eines Tages in einem bewaldeten Tal auf, ganz in der Nähe eines größeren Flusslaufes mit steil abfallenden Ufern.

Am Abend machten sich einige der Expeditionsteilnehmer auf die Jagd nach etwas Essbarem. Dabei erlegte Sanderson eine große Fledermaus, die in dieser Gegend heimisch ist. Der Schuss traf, doch das Tier fiel in den Fluss und so versuchte er, seine Jagdbeute aus den reißenden Fluten zu bergen. Dabei verlor er sein Gleichgewicht und fiel selbst ins Wasser.

Schauderhaftes Geräusch

Kaum hatte er sich wieder aufgerichtet, als ihm sein Kollege George, der ihn bei der Jagd begleitet hatte, angsterregt zurief, er solle aufpassen. Dann ging alles furchtbar schnell. Ein dunkler Schatten von der Größe eines ausgewachsenen Adlers stieß ganz unvermittelt auf Sanderson nieder, und verfehlte ihn nur um Haaresbreite. Er vermochte noch einen raschen Blick auf die Kreatur zu werfen, dann musste er untertauchen. Doch dieser einzige Blick hatte vollauf genügt, um im weit geöffneten Schnabel des Ungeheuers Reihen spitzer, weißer Zähne zu erkennen, welche in jeweils gleichem Abstand voneinander angeordnet waren. Als Sanderson dann wieder aus dem Fluss auftauchte, verschwand das Tier, und George schickte ihm noch einige Kugeln nach.

Doch als es dunkler geworden war, kehrte das Biest noch einmal zurück. Es flog über den Fluss und klapperte dabei mit seinem mit Zähnen bewehrten Schnabel. Jedes Mal, wenn es seine großen und draculaähnlichen Flügel bewegte, entstand ein schauderhaftes, zischendes Geräusch. Nachdem Ivan T. Sanderson und dessen Kollege George zum Lager zurückgekehrt waren, beschrieben sie den eingeborenen Trägern, was sie gesehen hatten. Die nannten die Kreatur „Olitiau" und fragten ihrerseits, wo ihnen das Tier begegnet war. Wortlos drehte sich Sanderson um, wobei er in Richtung des Flusses deutete. Im dem Moment rannten die Träger von Panik gepackt davon. In ihrer kopflosen Flucht nahmen sie nicht mehr als ihre Gewehre mit, alles andere blieb zurück im Camp.[79,80]

Der Kryptozoologe Bernard Heuvelmans meinte später hierzu, Sanderson könne die Worte „ole ntya" von den Trägern gehört haben – was so viel bedeutet wie „der Teufel".[78]

Der Kongamato – ich übernehme der Einfachheit halber einmal die Bezeichnung, obwohl sich womöglich mehrere Arten vorzeitlicher Flugechsen dahinter verbergen – scheint in den Weiten des afrikanischen Kontinents noch immer sehr verbreitet zu sein. Die Sichtungsberichte reichen von Sambia bis Kamerun und von Simbabwe bis Kenia. Die Schlussfolgerung erscheint begründet, dass es sich nicht um ein Phantom, sondern um tatsächlich existierende Lebewesen handelt.

Mit seiner Höhe von 5.895 Metern über dem Meeresspiegel ist der in dem Grenzgebiet zwischen Kenia und Tansania gelegene Vulkan Kilimandjaro die höchste Erhebung des afrikanischen Kontinents. Sein Name entstammt der Suaheli-Sprache und bedeutet so viel wie „der Berg der bösen Geister". Alte Legenden aus der Region wissen denn auch über „fliegende Drachen" zu berichten, die häufig die dort lebenden Menschen attackieren.

Ein deutscher Missionar namens Trappe, der unweit von Mount Meru – zwischen dem Kilimandjaro und dem Ngorongoro-Krater gelegen – lebte, erzählte auch von gelegentlichen, eigenen Sichtungen solcher Kreaturen.

Der im Jahre 2001 verstorbene, bekannte französische Kryptozoologe Bernard Heuvelmans hatte Gelegenheit, mit Dr. Laszlo Saska, einem guten Freund des erwähnten Missionars, über dessen Begegnungen mit den unbekannten Geschöpfen zu sprechen. Hierbei bestätigte Dr. Saska, der in diesem Zusammenhang selbst von Pterosauriern sprach, dass diese „geflügelten Dämonen“ häufig in den Wäldern nahe dem Landhaus des deutschen Missionars gesichtet wurden.[78]

Die Ungeheuer vom Bangweolo-See

Der englische Ingenieur J.P.F. Brown fuhr 1956 auf der sambischen Seite des Luapula-Flusses, welcher die Grenze zwischen dem kolonialen Kongo und Sambia bildet, in südlicher Richtung. Sein Ziel war Salisbury, die damalige Hauptstadt von Rhodesien (heute Harare in Simbabwe). Vor ihm lag noch eine längere Wegstrecke, und darum legte er in Fort Roseberry, westlich des Bangweolo-Sees gelegen, einen kurzen Zwischenhalt ein. Plötzlich gewahrte er zwei Kreaturen, die ruhig über ihn hinwegflogen.

Brown konnte die Tiere eine ganze Zeit lang beobachten; dabei konnte er neben ihrem „prähistorischen Aussehen“ feststellen, dass deren Flügelspannweite ungefähr einen Meter betrug. Sie hatten einen langen, dünnen Schwanz und einen sehr schmalen Kopf. Als eines der beiden Geschöpfe seinen Schnabel öffnete, konnte er viele spitze Zähne erkennen. Die Länge des Tieres schätzte er – vom Kopf bis zum Schwanzende – auf zirka fünf englische Fuß, das sind ungefähr eineinhalb Meter.

Die Sichtung von Mr. Brown wurde damals in der englisch sprechenden Presse veröffentlicht. Es dauerte nicht lange, bis sich eine Anzahl Leser mit ähnlichen Beobachtungen meldeten. Wie beispielsweise ein Ehepaar namens Gregor, das im Süden Rhodesiens „fliegende Eidechsen“ von einem Meter Länge beobachtet hatte.

Und ein Dr. J. Blake-Thompson hatte von den Angehörigen des Awemba-Stammes erfahren, dass riesige, rattenähnliche Kreaturen eine richtiggehende Jagd auf Eingeborene veranstalteten. Die Bestien auf Schwingen würden in ausgedehnten Höhlen in Zentral-Angola, ganz nahe bei den Quellen des Sambesi, leben.[78]

Ein Jahr nach der Sichtung von Ingenieur Brown, 1957, wurde ein Patient mit schweren Brustverletzungen in das Krankenhaus von Fort Roseberry eingeliefert. Auf die Frage der Ärzte, wie er denn zu seinen Verletzungen gekommen sei, antwortete er, er wäre in den Sümpfen des Bangweolo-Sees von einem „riesengroßen Vogel" angegriffen worden. Als man ihn hierauf bat, von dieser Kreatur eine Skizze anzufertigen, brachte der Verletzte etwas zu Papier, das man, ohne seine Phantasie arg zu strapazieren, als einen Flugsaurier identifizieren konnte.[78]

Vor Schock unfähig zu sprechen

Berichte über vergleichbare Lebewesen erreichten uns in den vergangenen Jahren zunehmend aus Südwestafrika, heute als Namibia bekannt. Und aus vielen weiteren Teilen der Welt, wie ich noch zeigen werde.

Als in den 1980er Jahren wiederholt riesige „fliegende Echsen" mit Flügelspannweiten bis zu zehn Metern über den verschiedenen Wüstenregionen des nachmaligen Namibia beobachtet wurden, wurden Kryptozoologen hellhörig. Der Biologe Dr. Roy P. Mackal aus Chicago – ihm werden wir in einem späteren Kapitel anlässlich der Suche nach einer saurierartigen Spezies wieder begegnen – organisierte aus diesem Grund 1988 in das zwei Jahre später selbständig gewordene Land eine ausgedehnte Expedition.

Es gelang ihm, einige Berichte über die Beobachtung solcher „Flying Lizards" aus erster Hand zu sammeln, welche zumeist in der beginnenden Abenddämmerung gemacht wurden. Die Augenzeugen sahen die riesigen Lebewesen über die Hügel hin und hergleiten wie Paraglider, die eine günstige Thermik ausnutzen. Obwohl es der Expedition von Dr. Mackal leider nicht gelang, eindeutiges Beweismaterial in Form guter Aufnahmen mitzubringen, war es einem der Teilnehmer vergönnt, so eine fliegende Kreatur aus etwa 300 Meter Distanz zu beobachten. James Kosi beschrieb das Wesen als eine gigantische, über den Himmel gleitende Silhouette, überwiegend schwarz gefärbt, jedoch mit einigen weißen Stellen.[81]

Über zwei Jahrzehnte zuvor ereignete sich im gleichen Land, das zu jener Zeit noch unter dem UN-Mandat der Südafrikanischen Union stand, ein dramatischer Vorfall im Zusammenhang mit fliegenden Kreaturen. Als an einem Tag des Jahres 1962 der damals 16 Jahre alte Sohn eines schwarzen Farmers vom Schafe hüten nahe bei Keetmanshoop (südlich von Mariental und ein Stück nördlich von Grünau im Süden des Landes gelegen) nicht nach Hause kam, wurde sofort ein Suchtrupp gestartet. Schon nach kurzer Zeit wurde er bewusstlos aufgefunden und nach Hause gebracht. Als er endlich zu sich gekommen war, stand er unter einem so heftigen und anhaltenden Schock, dass er mehrere Tage lang nicht mehr sprechen konnte.

Als sein Schockzustand wieder abgeklungen war, erzählte der Farmerjunge, dass er, unter einem Baum sitzend, ganz plötzlich ein Rauschen wie von einem gewaltigen Sturm in der Luft gehört hatte. Als er nach oben blickte, habe er etwas gesehen, das auf den ersten Blick einer riesigen Schlange ähnlich sah, welche von einer hohen Felskante herabstürzte.

Als die Kreatur nähergekommen sei, wäre der Lärm nachgerade ohrenbetäubend geworden. Bei seiner Landung habe das Ungeheuer eine so große Staubwolke aufgewirbelt, dass die Schafe voller Panik in sämtliche Richtungen geflüchtet seien. Mehr vermochte der noch immer völlig verängstigte Jugendliche nicht zu sagen, da er unmittelbar darauf in Ohnmacht gefallen sei.

War es ebenfalls eins jener „fliegenden Ungeheuer“, wie wir sie bereits aus anderen Regionen Schwarzafrikas kennen gelernt haben, das dem Farmerjungen einen so tiefen und mehrere Tage dauernden Schock versetzte? Der Vorfall wurde von der bereits im Zusammenhang mit der Wiederentdeckung des Quastenflossers erwähnten, südafrikanischen Zoologin Marjorie Courtenay-Latimer überprüft. Sie reiste an den Schauplatz des Ereignisses und machte etliche Fotos, fand aber keine überzeugende Erklärung für das, was der Junge berichtet hatte. Zum Schluss vermutete sie, es habe sich um eine verletzte Pythonschlange handeln können, die sich auf ungewöhnliche Art und Weise verhalten und fortbewegt habe.[74]

Verwechslungsgefahr?

Eine verletzte Pythonschlange, die sich in einem Anfall schierer Verzweiflung eine Felskante hinabstürzte? Zwar gibt es auch in dieser Region Afrikas Pythonschlangen – die Felsenpython, auch Assala genannt, wird bis zu sieben Meter lang[2] –, jedoch hätte sie der Farmerjunge sicher als solche erkannt.

Der bereits erwähnte Biologe aus Chicago, Dr. Roy P. Mackal, stimmte dieser Theorie nicht zu. Vor allem aus dem einfachen Grund, weil sie keinerlei Erklärung für den ohrenbetäubenden Lärm, welcher die Sichtung begleitete, zu liefern vermochte. Um solch einen Höllenradau zu erzeugen, hätte es der Bewegung von Flügeln bedurft. Diese aber habe der Junge nicht erwähnt. Darum vermutete Dr. Mackal, dass das Ungeheuer möglicherweise ein großer, noch immer unbekannter Verwandter des Flugdrachen (Draco volans) sei. Diese Tiere treten vor allem in Südostasien auf. Auf der Seite besitzen sie einen großen, flügelartigen Hautlappen, den diese mittels der stark verlängerten unteren Rippen spreizen, und auf diese Weise bis 100 Meter weit fliegen können.[80]

Auf der Suche nach weniger „exotischen" Erklärungen (leider kann sich der wissenschaftliche „Mainstream" noch immer recht schwer mit dem Gedanken an Überlebende der Urwelt anfreunden) haben sich auch Ornithologen mit den mysteriösen „Gleitern" befasst. Auf konventionelle Deutungen hoffend, hat man also zuerst nach bekannten afrikanischen Tieren gesucht, die möglicherweise mit einem Pterosaurier verwechselt werden könnten.

Vielleicht mag ja tatsächlich die eine oder andere Begegnung von „Flughunden“ (Pteropus) verursacht worden sein. Damit wird die größte Fledermausart tropischer Regionen bezeichnet, die es jedoch im besten Fall auf eine Spannweite von 1,25 Metern bringt. Ebenso gut wäre es auch möglich, dass noch unentdeckte Arten mit weit größeren Flügelspannweiten existieren, als es die Zoologen für möglich halten.

Andere Forscher vermuten zwei Vogelarten, die in den Sumpfgebieten Sambias und der benachbarten Länder heimisch sind und nach Möglichkeit mit einem Flugsaurier der Urzeit verwechselt werden können.

Die eine ist der „Schuhschnabel-Storch“ (Balaeniceps rex, auch Abu Markub). Dieser ist ein dunkler, zumeist graublauer Vogel mit einer Länge bis zu 1,40 Metern bei einer Spannweite seiner Flügel bis über zwei Meter. Diese Spezies ist jedoch sehr selten geworden. Es liegen auch keine Berichte vor, die über eine Aggressivität gegenüber Menschen sprechen. Ganz im Gegenteil: Von einem scheuem Naturell, vermeiden sie es tunlichst, in Konflikt mit dem Störenfried Mensch zu geraten.

Die zweite Art, die ebenfalls in den Sumpfgebieten der in Frage kommenden Länder lebt, ist der sogenannte „Sattelschnabel-Storch“. Der bringt es in manchen Fällen sogar auf eine Flügelspannweite von bis zu 2,50 Metern, und er besitzt einen langen roten Schnabel mit einem schwarzen Streifen. Im Gesicht zeigt sich ein gelber Fleck, der orangefarben umstreift ist. Im Gegensatz zum erwähnten Schuhschnabel – nomen est omen – besitzt der Sattelschnabel-Storch einen eher länglichen, dabei spitz zulaufenden Schnabel.

Womit beide Vogelarten nicht aufwarten können, sind die von jenen Augenzeugen, die mit dem „Kongamato“ schmerzlich zusammentrafen, in allen Fällen erwähnten, furchterregenden Zähne.[82] Zu allem Überfluss tragen die hier genannten Störche ein Federkleid, das der Kongamato nicht besitzt.

„Flugzeuggroße Vögel“

Bei allen Bemühungen um eine „natürliche“ Erklärung befürchte ich, dass wir an der Stelle mit konventionellen Erklärungsmustern nicht zum Ziel kommen. Ebenso sollten wir tunlichst vermeiden, den Augenzeugen – Eingeborene, Expeditionsteilnehmer und Forscher – Aberglauben oder ein miserables Sehvermögen zu unterstellen. Oder sie gar der bewussten Lüge zu bezichtigen, wie dies etliche Skeptiker handhaben. So einfach aber geht es nicht.

Hinzu kommt, dass derartige Kreaturen nicht allein auf dem afrikanischen Kontinent gesichtet werden. Sondern tatsächlich in den verschiedensten Regionen unseres Planeten. Zum Beispiel in Amerika. Ich hatte ja schon über mehrere Begegnungen in der „Neuen Welt“ berichtet, die allerdings noch aus dem 19. Jahrhundert stammten. Die modernen Zeiten des 20. und 21. Jahrhunderts machen da allerdings keine Ausnahme.

Über Illinois, dem an den Michigan-See angrenzenden nördlichen Bundesstaat der USA, wurden 1948 von vielen Augenzeugen „flugzeuggroße Vögel“ beobachtet. Leider konnte seinerzeit niemand von ihnen eine detaillierte Beschreibung liefern, da sich die Kreaturen zu weit von den Zeugen entfernt befanden. Ein Geschäftsmann, der im Mai 1961 mit seinem Sportflugzeug über den Hudson River im Osten der Vereinigten Staaten flog, wurde um ein Haar von solch einem Geschöpf gerammt: „Es war ein verdammt großer Vogel, und größer als ein Adler ... er sah eher aus wie ein Pterodaktylus aus prähistorischer Zeit“.[44]

Anfang des Jahres 1976 kam es im Südosten des Staates Texas, nicht weit von der mexikanischen Grenze entfernt, zu wiederholten Konfrontationen mit fliegenden Lebewesen, die an jene aus den Sümpfen Zentralafrikas erinnerten. Die erste Begegnung mit solch einer Kreatur hatten die damals 14jährige Jackie Davies und deren elfjährige Freundin Tracey Lawson am 1. Januar 1976 in Harlingen. Das ist eine Kleinstadt unweit der Sümpfe der Laguna Madre und der Laguna Salada. Der vermeintliche Vogel war etwa fünf Fuß –

zirka 1,50 Meter – hoch und etwa drei Fuß – 0,90 Meter – breit. Sein Kopf war kahl und hatte dunkelrote Augen; er war insgesamt von schwarzer Farbe und trug einen spitzen Schnabel von mindestens 15 Zentimetern Länge.

Die Eltern der jungen Zeuginnen standen der Schilderung der beiden zunächst äußerst skeptisch gegenüber. Aber am folgenden Tag gingen sie der Sache doch nach und fanden an der von ihren Töchtern beschriebenen Stelle tatsächlich fünf Spuren von ungefähr 20 Zentimetern Länge und vier Zentimetern Tiefe. Nachdenklich machte sie der Umstand, dass es einem Mann von beinahe 80 Kilogramm Gewicht nicht gelang, an jener Stelle einen Eindruck von vergleichbarer Tiefe zu hinterlassen.[44]

Knapp eine Woche später, am 7. Januar, begegnete dem Zeugen Alverico Guajardo im 30 Meilen entfernt liegenden Brownsville eine ganz ähnliche, wenn nicht sogar dieselbe Kreatur. Irgendetwas hatte seinen Campingwagen gerammt, deshalb verließ er den Van, um draußen nach dem Rechten zu sehen. Weil es bereits finster geworden war, schaltete er die Beleuchtung des Wagens ein. Was er dann im Lichtkegel seiner Scheinwerfer erblickte, wirkte wie ein Wesen aus einer fremden Zeit und Welt. Es maß über 1,20 Meter in der Größe, und starrte den vor Schreck zitternden Mann starr mit rotleuchtenden Augen an. Im Scheinwerferlicht erkannte der Zeuge fledermausähnliche Flügel sowie einen langen Schnabel. Die Farbe der Kreatur sei schwarz gewesen. Als sie vor dem grellen Scheinwerferlicht zurückwich, stieß sie markerschütternde Schreie aus, und Guajardo floh in Panik in ein benachbartes Haus.

Serie traumatischer Begegnungen

Die Region um die Städte Brownsville und Harlingen, die nur ein kleines Stück vom Golf von Mexiko entfernt ist, entwickelte sich in diesen ersten Wochen des Jahres 1976 wahrhaft zu einem „Hotspot" traumatischer Begegnungen mit unbekannten Ungeheuern. Wie jene Konfrontation, die einem Bewohner des 20 Meilen nördlich von Harlingen gelegenen Raymondville am 14. Januar widerfuhr. Nur mit einer großen Portion Glück vermochte Armando Grimaldo, so der Name des Geschädigten, dem ebenso plötzlichen wie unerwarteten Angriff zu entrinnen. Der hätte ohne weiteres auch tödlich enden können.

Armando saß an jenem Tag nichts ahnend im Garten seiner Schwiegermutter, als er ganz unvermittelt ein ungewohntes Geräusch vernahm, das ihn entfernt an den Flügelschlag von Fledermäusen erinnerte. Bevor sich die Ereignisse förmlich überschlugen, hörte er einen schrillen Pfeifton. Dann wurde es gefährlich. Ohne die geringste Warnung packte ihn etwas von hinten, und schon bohrten sich spitze Krallen schmerzhaft in Haut und Fleisch. Der Mann geriet in große Panik, und einzig mit dem Mut der Verzweiflung gelang es ihm schließlich, den unheimlichen Angreifer abzuschütteln. Als er sich nach ein paar Metern der Flucht umzudrehen wagte, erblickte er eine vogelähnliche Kreatur, mindestens so groß wie ein ausgewachsener Mensch. Die Flügel hatten eine Spannweite von drei, vielleicht sogar vier Metern. Das Gesicht des Angreifers beschrieb er jenem einer Fledermaus nicht unähnlich, aber mit Augen, die grellrot leuchteten. Die dunkle und lederähnliche Haut der Kreatur war vollkommen federlos.[83]

Auch die Flugsaurier aus dem Erdmittelalter waren räuberische, federlose Gesellen. Und ihr Jagdverhalten mag dem im Beispiel von Armando Grimaldo beschriebenen ähnlich gewesen sein.

Nach dieser zum Teil traumatischen Sichtungsserie vergingen sieben Jahre, bis nochmal eine ähnliche Kreatur im texanischen Süden von sich reden machte. Der Sanitäter James Thompson befand sich am 14. September 1983 mit einem Krankenwagen auf Dienstfahrt mitten auf dem Highway Nr. 100 bei Los Fresnos. Mit einem Mal bemerkte er über sich einen dunklen Schatten, der schnell an Höhe verlor. Er hielt das anfänglich für ein Modellflugzeug und vermutete, es würde jeden Moment landen. Es entpuppte sich aber rasch als ein lebendiges Wesen, das mit seinen großen Flügeln schlug und so wieder rasch an Höhe gewann. Es war von schwarzgrauer Farbe und besaß keine Federn. Der Sanitäter, der dem davonfliegenden „Ungeheuer“ nachblickte, war überzeugt, dass es sich eher um einen hautartigen Überzug handelte. Den Körper der Kreatur schätzte er auf eine Länge von zweieinhalb bis drei Metern, knappe zwei Meter mochte die Spannweite betragen haben. Das Geschöpf besaß so gut wie keinen Hals, einen Höcker am Hinterkopf sowie einen Beutel unter der Kehle. Interessant zu erwähnen ist, dass der Sanitäter die unheimliche Kreatur später als einen „pterodaktyloiden Vogel“ bezeichnete.[83] Nach dieser Sichtung wurde es dann allerdings ruhig um die geflügelten Monster von Texas.

Handelte es sich dabei in sämtlichen Fällen um ein und dieselbe, wie auch immer geartete Spezies? In nur einem einzigen jener Vorfälle glaubte der Zeuge Federn erkannt zu haben, während alle übrigen Augenzeugen nichts als glatte Haut sahen. Erscheint es denn überhaupt denkbar, dass alle Zeugen beim Anblick eines, wenn auch seltenen heimischen Vogels, so überwältigt waren, dass sie ohne jede Hemmung ihrer Phantasie freien Lauf ließen?

Am Fuße der Kuskokwim Mountains

In diesem Kontext sollte vielleicht nicht unerwähnt bleiben, dass man in Texas zahllose Versteinerungen von Pteranodonten fand, die vor 60 Millionen Jahren (zumindest nach geltender Lehrmeinung) von diesem unserem Planeten verschwunden sind. Im „Big Bend National Park“ grub man im Jahre 1972 die Überreste eines Flugsauriers mit einer Flügelspannweite von respektablen 16 Metern aus. Doch ob diese urzeitlichen Piraten der Lüfte dort endgültig und vollständig ausgestorben sind, darf zumindest bezweifelt werden. In ihren Dimensionen mögen sie zwischenzeitlich ein wenig geschrumpft sein, doch nicht in dem Schrecken, den sie verbreiten.

Zum Abschluss dieses Kapitels über geflügelte Ungeheuer der Urzeit, die es offenbar geschafft haben, dem großen Artensterben zu entkommen und dabei gewaltige zeitliche Abgründe zu überbrücken, möchte ich mit zwei Beispielen vom Beginn des 21. Jahrhunderts zeigen, dass ihnen dies bewundernswerte „Kunststück“ anscheinend auch im neuen Jahrtausend gelungen ist. Allen mahnenden Rufen zum Trotz, welche die Zerstörung der Natur und den damit verbundenen, massenhaften Untergang vieler Arten zum Inhalt haben. Auf dass man mich nicht missverstehe: Es liegt unendlich viel im Argen, wie die Spezies „Homo sapiens“ mit diesem ihrem Heimatplaneten umgeht. Dass aber im Gegenzug fast täglich neue Arten entdeckt und alte wiederentdeckt werden, sollte wenigstens positiv ins Gewicht fallen.

Selbst die Kälte im hohen Norden scheint für die Tiere kein Problem darzustellen. Am 15. Oktober 2002 berichtete die Tageszeitung „Anchorage Daily News“ über wiederholte Sichtungen gigantischer Kreaturen am Himmel über Alaska. Einwohner der Orte Togiak und Manokotak schilderten, dass sie „einen mächtigen Vogel“ sahen – viel größer als alles, was sie bis dahin an Gefiedertem beobachten konnten. Auch ein Privatpilot, der Anfang Oktober 2002 Fluggäste mit seiner „Cessna 207a“ nach Manokotak transportiert hatte, sah ein solches Ungeheuer der Lüfte. Er musste erschrocken feststellen, dass die Flügelspannweite jener Kreatur die seines Flugzeuges – die 35 Fuß beträgt, was mehr als zehn Metern entspricht – bei weitem übertraf.

Wissenschaftler, die zu den Sichtungen befragt wurden, zeigten sich unschlüssig. Doch herrschte wieder einmal Einigkeit darin, die gemachten Größenangaben in Zweifel zu ziehen, wie es meist beim wissenschaftlichen „Mainstream“ geübte Praxis ist. In der Bevölkerung zweifelt kein Mensch daran: In der Region westlich des Städtchens Dillingham, am Fuße der Kuskokwim Mountains, die sich zwischen dem gleichnamigen Fluss und dem mächtigen Yukon erstrecken, haben ungezählte Menschen riesige Kreaturen, Flugsauriern gleich, beobachtet.[84]

Ungeachtet der unverhohlenen Skepsis, die ihnen die offiziellen Vertreter der Wissenschaft entgegenbringen!

Die Nr. 1 vom Wienerwald

Für das zweite Beispiel müssen wir in unsere nahen Gefilde zurückblenden – in eine Region im Herzen Europas, die man wohl wirklich zuletzt als Refugium für Urwelttiere betrachten würde. In Anlehnung an einen bekannten Song des Wiener Liedermachers Wolfgang Ambros konnte ich mir obige Bezeichnung beim besten Willen nicht verkneifen.

Am Morgen des 19. August 2002 befand sich ein Mann aus Wien (der ungenannt bleiben wollte), der als Spezialist für Reptilien schon für mehrere Museen tätig war, in der Nähe der Gemeinde Wolfsgraben im Wienerwald, um Pilze zu suchen. Plötzlich fiel ihm auf einem in der Nähe gelegenen Hügel ein riesiger Schwarm ungewöhnlich großer Vögel auf. Ihre Anzahl schätzte der Zeuge auf über einhundert Tiere, und war einigermaßen verwundert, da im Spätsommer die Zeit für den Aufbruch der Zugvögel gen Süden noch lange nicht gekommen war.

Mit einem Mal löste sich eines dieser Tiere aus dem Schwarm und umkreiste den Mann mehrere Minuten lang. Aus dem Grund konnte er das Geschöpf eingehend beobachten und sich zahlreiche Details gut einprägen:

„Das Tier hatte einen langen, kahlen Schädel. Jedoch stach irgendetwas auffällig von seinem Hinterkopf hervor, das den Schädel ganz markant verlängerte. Dies sah ganz eindeutig nach einem Pterodaktylus aus und nicht nach einem Vogel. Der einzige Unterschied zu einem Flugsaurier war, dass das Tier Federn besaß. Es hatte auch einen langen Hals, und sein Körperbau ähnelte einem Pinguin inklusive der kurzen Beine. Brust und Bauch waren weiß, der Rest der Kreatur von schwarzer Farbe. Die Spannweite seiner Flügel mag annähernd zwei Meter betragen haben.[85]

Das Auftauchen solch „fliegender Ungeheuer“ mitten in Europa, vor den Toren Wiens, klingt unglaublich. Wäre es aber unmöglich? Woher stammte dann dieser ominöse Schwarm, der nie zuvor – auch einzelne Exemplare der unbekannten Tiere nicht – in unseren

Breiten beobachtet werden konnte? Befanden sich diese seltsamen „Vögel" auf der Durchreise? Ein Detail hierzu könnte eine Erklärung bieten: Im Sommer 2002 suchten verheerende Überschwemmungen mehrere Länder Europas heim. Wurden dadurch die urtümlichen Kreaturen aus ihrem natürlichen Lebensraum vertrieben?

Dies würde auch bedeuten, dass selbst mitten im dicht besiedelten Europa noch ein paar entlegene Refugien existieren, welche als ökologische Nischen für längst ausgestorben geglaubte Tierarten dienen. Was die nicht identifizierten Echsen und Schlangen des vorangegangenen Kapitels angeht, mag dieser Gedanke ja noch plausibel erscheinen. Aber Flugsaurier vom Typ des Pterodaktylus? Der Schluss wäre phantastisch und würde unser tradiertes Weltbild nachhaltig in seinen Grundfesten erschüttern. Aber hat sich im Frankreich des Jahres 1856 nicht etwas Ähnliches manifestiert, wie ich zu Anfang dieses Kapitels geschildert habe?

Es wird Zeit, den Luftraum über unseren Köpfen mit all seinen Rätseln und Mysterien zu verlassen. Begeben wir uns nun also in eine Welt zu unseren Füßen, in die lichtlosen Tiefen der Meere. Sie stellen mit Abstand die noch immer unergründlichsten aller Regionen dieses Planeten dar.

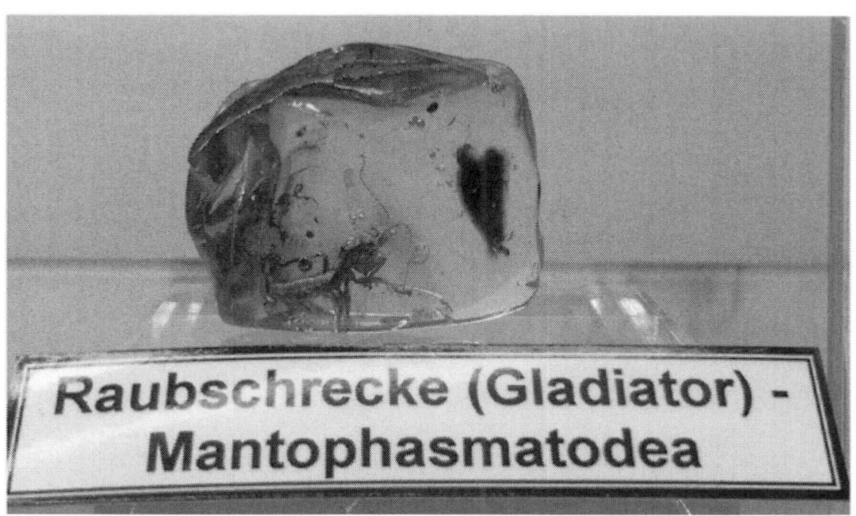

Abb. 1 (oben): Bis zu 45 Millionen Jahre alt sind Fossilien des Typs „Gladiator". Hier ein sehr schönes Exemplar in Bernstein. Ich fotografierte es in einem kleinen Museum an der Ostsee.

Abb. 2 (rechts mitte): Vergrößerung der oben in Bernstein eingeschlossenen Raubschrecke „Gladiator"

Abb. 3 (rechts unten): Der Name „Gladiator" soll an das martialische Aussehen dieser Insekten erinnern. Bis zur Entdeckung einer lebenden Population im Brandbergmassiv (Namibia) galt diese Art offiziell als seit 45 Millionen Jahren ausgestorben.

Abb. 4 (linke Seite, oben): Ein „lebendes Fossil“: Die Brückenechse, die noch heute in Neuseeland lebt.

Abb. 5 (linke Seite, mitte): Seit dem Sommer 2023 geht die Suche nach „Nessie“ weiter. Ist es eine Plesiosaurierart, die in dem See im schottischen Hochland viele Jahrmillionen überlebte?

Abb. 6 (linke Seite, unten): Viele der mysteriösen Tonfiguren aus der Region um Acambaro zeigen Menschen gemeinsam mit Dinosauriern.

Abb. 7 (rechts oben): Ortstermin in Acambaro: Der Autor hat eine aus fünf Teilen bestehende Saurierfigur wieder zusammengesetzt.

Abb. 8 (unten): Auf dieser steinzeitlichen Petroglyphe aus Utah ist ein Flugsaurer der Art Pteranodon zu erkennen.

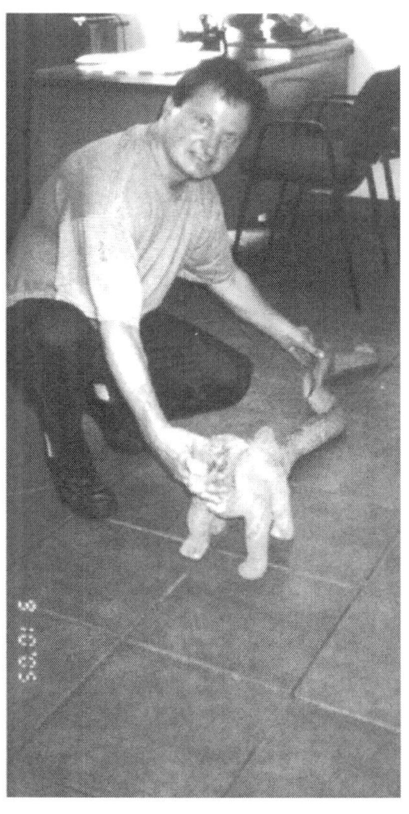

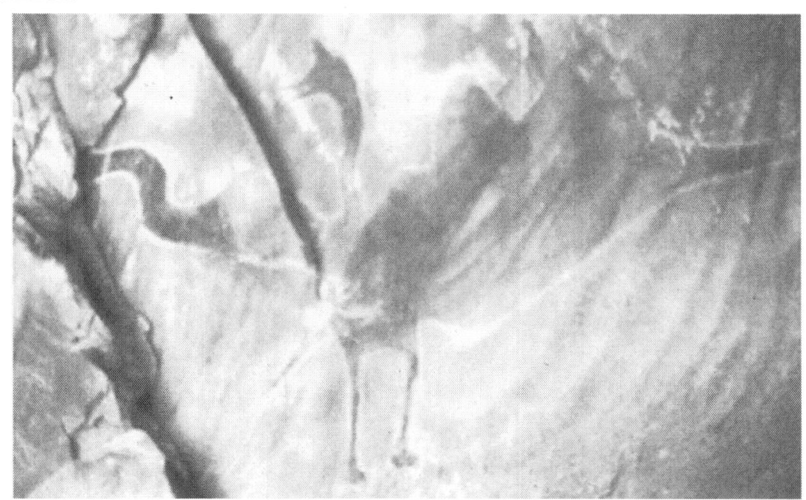

Abb. 9 (links): Den Helm dieser Figur schmückt ein Flugsaurier. Zu bewundern in einem kleinen Museum in Peking.

Abb. 10 (unten): Etwa 16 Meter maß jenes Schlangenungetüm, das ein Pilot der belgischen Luftwaffe 1959 über der Region Katanga im Kongo fotografierte.

Abb. 11 (rechte Seite, oben links): Das ist keine Schlange, sondern ein riesiger Regenwurm!

Abb. 12 (rechte Seite, oben rechts): Von einer Riesenschlange wurde dieses Opfer 2002 am Rio Araguaia (Brasilien) verschlungen und getötet.

Abb. 13 (rechte Seite, unten): In den Tiefen der Meere kommt es häufig zu Angriffen riesiger Kalmare auf Pottwale. Bei dem ungleichen Kampf bleibt meist der Pottwal der Sieger.

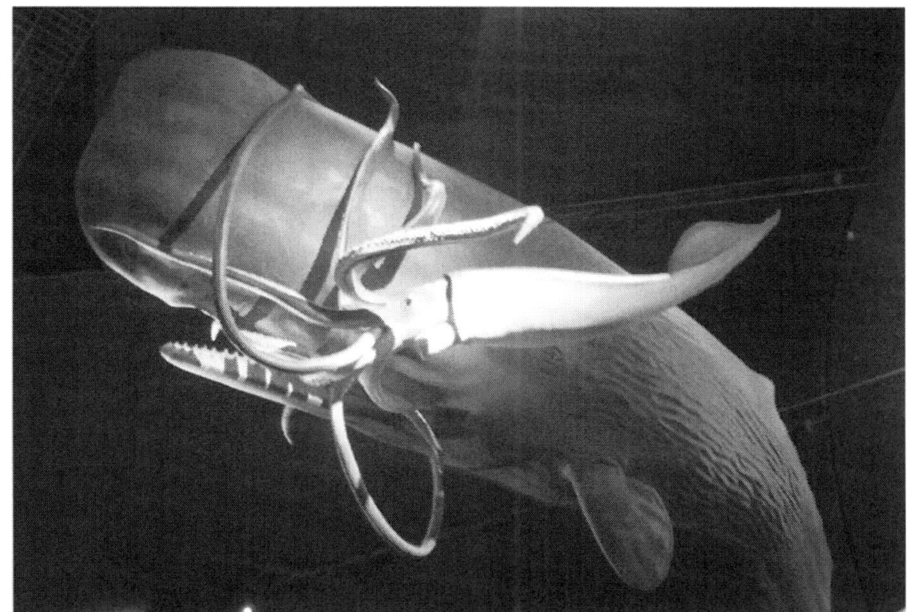

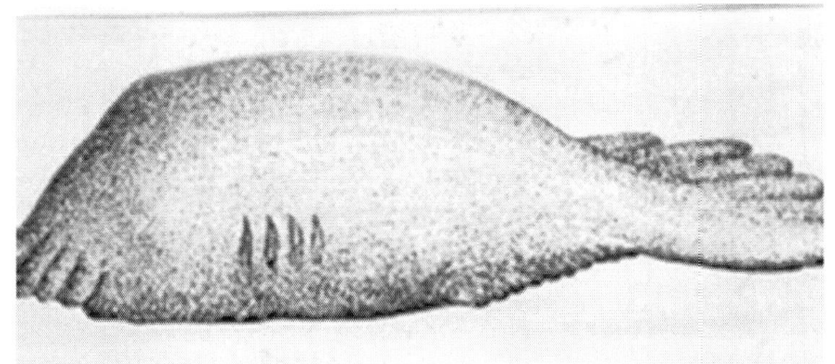

Abb. 14 (oben): Diese Kreatur wurde im März 1962 nach einem schweren Sturm an der Küste von Tasmanien angetrieben.

Abb. 15 (links): Der deutsche Afrika-Forscher Major Hans Schomburgk entdeckte mehrere bis dahin unbekannte Tierarten. Er war fest überzeugt von der Existenz lebender Saurier in Zentralafrika.

Abb. 16 (links unten): Dreizehiger Fußabdruck eines Dinosauriers (versteinert).

Abb. 17 (linke Seite, rechts unten): Dieser frische Dinosaurier-Abdruck wurde im Gebiet der Likouala-Sümpfe im Kongo gefunden – Ein gutes Indiz für das Überleben solcher urzeitlichen Tiere.

Abb. 18 (oben): Major Hans Schomburgk rüstete etliche Expeditionen in den Schwarzen Erdteil aus – eins seiner Ziele war das Auffinden überlebender Dinosaurier in Afrika.

Abb. 19 (unten): Ein Szenario, wie es seit über 200 Jahren aus dem Herzen Afrikas berichtet wird: Für die Vertreter der Kryptozoolgie steht die Existenz lebender Dinosaurier in dieser Weltgegend außer Zweifel.

Abb. 20 (oben): Amerikanische Expedition 1981: Roy Mackal und seine Kollegen Richard Greenwell und Marcellin Agnagna fahren auf ihrer Suche nach Mokele M'bembe den Ubangi-Fluss im Kongo hinauf.

Abb. 21 (unten): Foto aus einem Video, das eine japanische Expedition im Jahre 1987 aufnahm. Für 15 Sekunden taucht eine seltsame Kreatur auf der Oberfläche des Lac Telé auf, jedoch dann wieder unter. Von diesem See werden regelmäßig spektakuläre Begegnungen mit saurierartigen Kreaturen berichtet.

6. Tentakel des Todes

Schreckenskreaturen im Reich der ewigen Finsternis

Obwohl die beiden Hauptbeteiligten unverkennbar aus Plastik gefertigt waren, ist es ein recht beeindruckendes, archaisches Szenario. Es stellt den erbitterten Kampf von zwei Gegnern dar, wie sie unterschiedlicher kaum sein könnten. Die beeindruckende Montage hängt in einer Halle des „Ozeaneums" in der historischen Hansestadt Stralsund. Dies ist ein hochmoderner Bau gegenüber der Rügenbrücke, welche die gleichnamige Ostseeinsel mit dem Festland verbindet. Thema der Präsentation ist der Angriff eines Riesenkalmars auf einen Pottwal. Ein Kampf, geführt auf Leben und Tod. Denn der bis 20 Meter in der Länge messende Meeressäuger muss sich gegen einen kaum weniger gewaltigen Kopffüßer zur Wehr setzen, der sich mit seinen viele Meter langen Tentakeln, die mit zahllosen Saugnäpfen versehen sind, an diesem festgesetzt hat.

Bei derlei Konfrontationen, die sich in Meerestiefen bis zu zwei Kilometern abspielen, bleibt zumeist der deutlich massigere Pottwal der Sieger. Bis in die 1970er Jahre hinein wurden die Berichte über Riesenkraken und monströse Kalmare von Gelehrten in der Abgeschiedenheit ihrer Elfenbeintürme als „Seemannsgarn" abgetan. Dann fand man auf den Körpern erlegter oder natürlich verendeter Pottwale halbmeterdicke Abdrücke von Saugnäpfen – und tat sich fürderhin sehr schwer, von „mythischen Seeungeheuern" zu sprechen.[74]

Was das Zusammentreffen jener vielarmigen Ungeheuer aus den Tiefen des Meeres mit dem Menschen angeht, so sind die Kräfteverhältnisse schon etwas anders verteilt. Da tut man sich ungleich schwerer, siegreich aus einer Konfrontation herauszugehen. Vom verzweifelten Kampf der Besatzung eines Fischerbootes vor Neufundlands Küsten, wo schon zahlreiche Riesenkalmare an Land gespült und von Experten untersucht werden konnten, will ich noch berichten. Für den Moment aber sollen die lichtlosen Tiefen der Ozeane auf diesem Planeten im Mittelpunkt meiner Betrachtungen stehen. Dort unten verbirgt sich nämlich eine ebenso unerwartete wie phantastische Welt, die ihresgleichen sucht.

Mehr Licht, bitte!

Eigentlich sollte nichts unwahrscheinlicher sein, als Leben in den tiefen und tiefsten Regionen unserer Meere. Dringt doch das Licht der Sonne – auf der Erdoberfläche ist es die Garantie für alles organische Leben – nicht allzu weit hinab in die Tiefen. Eine genaue Untersuchung hierüber hat schon der legendäre Forscher Jacques Piccard (1922–2008) anlässlich seiner bahnbrechenden Tauchfahrten in die Tiefsee angestellt. Der berühmte Schweizer konnte ermitteln, wie viel von dem an der Oberfläche sichtbaren Licht welche Tiefen erreicht:

- Die Hälfte erreicht eine Tiefe von 35 Metern,
- ein Hundertstel eine Tiefe von 125 Metern,
- ein Tausendstel eine Tiefe von 170 Metern,
- ein Zehntausendstel eine Tiefe von 215 Metern,
- ein Hunderttausendstel eine Tiefe von 270 Metern,
- und nur ein Millionstel eine Tiefe von 320 Metern.[86]

Taucht man noch tiefer – das sprichwörtliche „Ende der Fahnenstange“ ist erst bei 11.000 Metern im Bereich des Marianengrabens erreicht –, befindet man sich buchstäblich im „Reich der ewigen Finsternis“. Lange Zeit vermutete man, dass wegen des Fehlens von jeglichem Licht, aber auch wegen des gewaltigen Drucks, ab einer gewissen Tiefe kein Leben mehr existieren kann.

Irren ist menschlich, denn das genaue Gegenteil ist der Fall. In den unergründlichen Abgründen der Ozeane, in den nach wie vor am wenigsten bekannten Regionen unserer Erde, tummelt sich eine Artenvielfalt, die es mit der Fauna auf der Erdoberfläche spielend aufnehmen kann. Die Kreaturen aber, die dem Leben in der Tiefsee angepasst sind, würden uns erscheinen wie Lebewesen von einem fremden Stern. Da gibt es zum Beispiel Tiere, die aussehen wie Pflanzen oder mythische Ungeheuer. Bizarre Fische, die Funken sprühen, blendende Scheinwerfer und gespenstische Lichtkaskaden aufleuchten lassen. Mit einer „Laterne", die er auf seinem Kopf trägt, vermag der Teufelsfisch seine Beute zu locken. Das Opfer wird geblendet, und bevor es noch begreifen kann, was passiert, befindet es sich bereits im Magen des Räubers.

In der Regel kommen diese seltsamen Geschöpfe niemals an die Meeresoberfläche, denn ihr Organismus ist einzig für die Druckverhältnisse ausgelegt, welche in so großen Tiefen herrschen. Kämen sie auch nur in die Nähe des Meeresspiegels herauf, dann würden sie auf der Stelle zerplatzen.[39]

Nur zögernd rückten die Biologen von ihrer lange Zeit vertretenen Meinung ab, dass in den tiefen Meeresgründen nur sehr wenig Leben existieren würde. Und wenn, dann allerhöchstens von sehr bescheidener Anzahl und Größe. Doch inzwischen hat man sich in den Kreisen der Forscher etwas ehrlicher gemacht. Da wird die Ansicht vertreten, dass man im Augenblick im besten Fall nur fünf bis zehn Prozent aller existierenden Lebensformen im Meer kenne. Was Berichte über Meerestiere mit prähistorischen Maßen betrifft, so teilten sie lange das Schicksal derjenigen, die sich um riesige Kraken, Seeschlangen und Ähnliches drehten: Nur die Ausgeburten einer maßlos übersteigerten Phantasie.

Nachdem immer mehr ernst zu nehmende Berichte über Sichtungen gewaltiger Kreaturen in den Ozeanen bekannt wurden, dürfte es mittlerweile auch den hartnäckigsten Skeptikern unter den Meeresbiologen schwer fallen, dafür weiterhin die Schublade „alles erstunken und erlogen" aufzumachen.

Dies fängt bereits bei den Quallen (zool. Medusen) an. Dies ist eine Klasse der sogenannten Hohltiere – einfach aufgebaute strahlig-symmetrische, gallertartige Geschöpfe mit zahlreichen Fangarmen, die fast zu einhundert Prozent aus Wasser bestehen. Sie sind auch bei weitem nicht so unspektakulär, wie dies auf den ersten Blick erscheinen mag. So manche giftige Art gibt es an den australischen Küsten. Und dramatische, teilweise tragisch verlaufene Konfrontationen mit außergewöhnlich großen Vertretern sprechen eine deutliche Sprache.

Tödliche Riesenqualle

In den Gewässern der Küste Süd-Kaliforniens und der benachbarten Halbinsel Baja California, die zu Mexiko gehört, wurde erst im Jahr 1997 eine bis dahin unbekannte Riesenquallenart entdeckt. Ihre gerillte, schwarzviolette Schirmglocke ist im Durchmesser mehr als einen Meter groß, während sich die Länge ihrer fransenartigen „Mundarme" auf nahezu sechs Meter beläuft. Diese neue Art wurde als eine Verwandte der sowohl im Atlantik als auch im Mittelmeer heimischen Kompassqualle identifiziert, und erhielt den wissenschaftlichen Namen „Chrysaora achylos" – auf Deutsch bedeutet dies so viel wie „Nebelqualle".[87]

Machen wir uns aber nichts vor: Im Vergleich zu jenem Monster, welches ein Vierteljahrhundert zuvor Angst und Schrecken auf einem Frachter verbreitete, und dabei ein Menschenleben forderte, ist die Nebelqualle Chrysaora achylos im wahrsten Sinn nur ein „kleiner Fisch".

Im Januar 1973 geriet der 1483 Bruttoregistertonnen schwere Frachter „Kuranda" nördlich von Australien in schwere See. Die Ladung verrutschte, und als Folge tauchte der Bug immer wieder unter die Wellen. Bei einem dieser Eintauchmanöver fing das Schiff eine unvorstellbar große Qualle auf. Diese bedeckte bei einem geschätzten Gewicht von ungefähr 20 Tonnen das Deck der „Kuranda" mehr als 60 Zentimeter hoch.

Ihre viele Meter langen, giftigen Tentakel reichten bis zum Steuerhaus hinauf. Einer davon berührte den Matrosen McGinnis. Der schrie vor Schmerzen auf und starb nur ein paar Minuten nach dem Stich. Der Kapitän und die übrige Mannschaft verschanzten sich in der Folge unter Deck, um der todbringenden Bestie zu entrinnen. In ihrer Panik funkten sie um Hilfe.

Auf ihren Notruf hin erreichte nach ein paar Stunden der Hochseeschlepper „Hercules" den Ort der Tragödie. Dessen zu Hilfe geeilte Crew wandte einen einfachen, aber sehr wirkungsvollen Trick an, um die Kreatur von Deck zu bringen. Trotzdem dauerte es zwei Stunden, bis der größte Teil der Qualle mithilfe von Hochdruckdampf von Bord des Unglücksschiffes gespült worden war.[74]

Keine Opfer zu beklagen gab es hingegen im Fall eines „Seepferdchens" gewaltigen Ausmaßes, das Marinesoldaten 1996 vor San Diego (Kalifornien) aus dem Wasser zogen. Der Kadaver, zweieinhalb Zentner schwer und sieben Meter lang, stellte sich später als Riemenfisch heraus – eine Spezies, welche in Tiefen zwischen 200 und 1000 Metern lebt. In ein paar Fällen wurde das bandwurmartige Geschöpf sogar bis zu 15 Meter lang.[88]

Kommen wir an dieser Stelle wieder zurück zu jenen Kreaturen, mit denen ich dieses Kapitel begonnen hatte. Bereits seit mehr als 2000 Jahren ranken sich die wildesten Geschichten um die Meeresbewohner, die auch menschliche Beute nicht verschmähen. Riesengroße Kraken, die ganze Schiffe mitsamt deren Besatzung in ihr nasses Grab ziehen. Bereits ihre bloße Erwähnung ließ zahllose Generationen von Seeleuten erschauern. Diese hatten auch allen Grund dazu, denn ihre Erlebnisse mit den Bestien waren oftmals aus dem Garn gesponnen, aus dem Tragödien gemacht sind.

An dieser Stelle muss ich noch ein wenig biologisches Fachwissen über die nicht unbedingt possierlichen Tiere loswerden. Es geht hauptsächlich um drei Tierordnungen, die alle zu den Kopffüßern oder Cephalopoden gezählt werden. Eine artenreiche, die Meere bewohnende Klasse der Weichtiere, mit einem deutlich vom Rumpf abgesetzten Kopf. Die Augen sind hoch entwickelt und für das Sehen in großen Tiefen bestens geeignet. Und der Mund mit zwei starken Kiefern, welche nicht selten den Schnäbeln von Papageien ähneln, wird von mehreren, meist dicht mit Saugnäpfen besetzten Armen umgeben.[38]

Schlag nach bei Homer

Drei dieser Cephalopodenarten bringen immer wieder Individuen von unglaublicher Größe hervor, die mit ihren urzeitlich anmutenden Dimensionen schon viel Angst und Schrecken verbreiteten. Auch sie zählen zu den „Lebenden Fossilien".

1. Die Kalmare. Diese sind schlanke, zehnarmige Geschöpfe, mit einem lang gestreckten Körper, sowie einem Paar dreieckiger Flossen am hinteren Ende. Sie sind meist mit großen Augen oder sogar mit Leuchtorganen ausgestattet, die ihnen in den lichtlosen Tiefen der Ozeane gute Dienste leisten. Eine wissenschaftliche Anerkennung fanden die Riesenkalmare der Gattung Architeuthis, welche bis zu 18 Meter lange Arme besitzen.
2. Die Tintenfische (auch Sepia genannt), zählen gleich den Kalmaren zu den zehnarmigen Kopffüßern. Sie besitzen einen ovalen, stark abgeflachten Körper, der von einem hinten unterteilten Flossensaum umgeben ist. Charakteristisch für den Tintenfisch ist die Angewohnheit, dass er bei Gefahr dem Atemwasser ein Sekret seiner Enddarmdrüse („Sepia") beimischt, wodurch das Wasser in wenigen Sekunden völlig getrübt wird und das Tier eine bessere Chance hat, seinen Verfolgern zu entkommen.
2. Die Kraken (der Begriff kommt aus dem Norwegischen) sind eine artenreiche Ordnung zweikiemiger Kopffüßer. Die acht Arme sind mit sehr starken Saugnäpfen versehen. Wegen der Zahl der Arme sind die Kraken gemeinhin als „Oktopus" bekannt.[38]

Hüten sollten wir uns dringend davor, die Kopffüßer zu unterschätzen. Es sind durch die Bank äußerst geschickte und hochintelligente Räuber der Meere. Ihre Handlungsweise zeichnet sich durch ein geradezu strategisch durchdachtes Taktieren aus. Bereits sprichwörtlich geworden sind die Versuche von Verhaltensforschern, in deren Verlauf die Tiere durch das Aufdrehen eines Schraubglases an ihre Nahrung gelangen.

Berichte über monströse Kraken und mit diesen verwandte Ungeheuer sind uns bereits aus dem antiken Griechenland bekannt – das liegt auch schon deutlich mehr als 2.000 Jahre zurück. Der berühmteste davon ist eingegangen in eine der wohl bedeutendsten epischen Dichtungen des klassischen Abendlandes, in die „Odyssee" Homers. Der alte griechische Dichter aus dem 8. Jahrhundert v. Chr. beschrieb das Ungeheuer Skylla, welches Seite an Seite mit dem Meeresstrudel Charybdis die Meerenge von Messina unsicher machte.

Als Odysseus auf seiner viele Jahre währenden Irrfahrt (die „Odyssee") diese Meerenge passieren musste, kostete ihn Skylla sechs seiner treuesten Gefährten. Das Untier wird geschildert als von furchtbarem Äußeren, mit zwölf Füßen und sechs Köpfen. Jene Skylla brachte ihr ganzes Leben mit dem hinteren Teil des Körpers gefangen in einem Felsen zu, und sie ergriff mit ihren langen Armen die Vorüberfahrenden, die sie dann auch gierig verschlang.[89] Noch heute ist das Bonmot „zwischen Skylla und Charybdis" eine Metapher für den Zwang, sich zwischen zwei Übeln entscheiden zu müssen. Der Beschreibung zufolge kann man auch spekulieren, dass Skylla womöglich ein besonders großwüchsiges Exemplar aus der Ordnung der Kraken gewesen sein könnte.

„... denn nun kommt der Krake"

In seiner „Naturgeschichte" berichtete der römische Schriftsteller und Historiker Plinius der Ältere (23–79 n.Chr.), dass ein unglaublich großer Krake in den Hof eines Fischhändlers in Carteja (im heutigen Andalusien) eindrang. Dort machte er sich daran, aus Fässern die in Salzbrühe eingelegten Fische zu plündern. So schilderte der Chronist das Vorgehen des Riesenkraken:

„Er kletterte auf einen Baum und stieg über hohe Zäune. Die Hunde bellten und riefen dadurch die Aufseher herbei. Sie erschraken sehr, der Krake war von außergewöhnlicher Größe und sah aus, als wäre er mit Meersalz überzogen, außerdem hatte er eine entsetzlich stinkende Ausdünstung. Das Untier schlug mit furchtbarem Schnauben die Hunde in die Flucht, peitschte diese mit den Enden seiner Fangarme und prügelte sie dann mit seinen dicken Armen wie mit Stöcken.

Schließlich schlug man dem Ungeheuer einige Harpunen in den Leib, wodurch man es endlich töten konnte. Die Fischer zeigten den Kopf des Tieres dem Lukullus, welcher damals Prokonsul (im alten Rom die Statthalter in den Provinzen[2]) in Betica war; der Kopf alleine hatte die Größe eines Fasses. Seine größeren Arme vermochte ein Mann kaum zu umfassen; sie waren 30 Fuß lang, ihre Saugnäpfe waren so groß wie Urnen. Das Tier hatte riesige Zähne, und was von ihm übrig geblieben war und aufbewahrt wurde, das wog 700 Pfund."[90]

Lange Zeit glaubten die Wissenschaftler, dass all diese Einzelheiten, die Plinius der Ältere von Lukullus´ Vertrauten Trebbius erfahren hatte, nur eine Erfindung sei. Doch kennen wir inzwischen zu viele gleich lautende Berichte, als dass man alles in das Reich der Fabel abschieben könnte.

Ein eifriger Sammler von Berichten über Meeresungeheuer war auch der einstige Bischof von Bergen, Erik Pontoppidan (1698–1764). In seiner „Naturgeschichte Norwegens", die außer auf Norwegisch auch in englischer Sprache erschien, schrieb er 1755:

„Die Fischer merken, dass auf einmal viele Fische da sind. Das Wasser wird immer seichter, und schließlich fliehen die Fischer, denn nun kommt der Krake. Aus der Flut erhebt sich eine weite, unebene Fläche. Sie steigt immer höher und so hoch, dass sie zehn Schritte über den Wasserspiegel ragt. Um ihren Umfang auszugehen, würde ein Mann zu Fuß eine halbe Stunde benötigen. In den Vertiefungen ist noch ein wenig Wasser zurückgeblieben, in dem Fische herumspritzen und hochspringen. Immer deutlicher tauchen Hügel und Berge aus dieser Insel auf. Aus dem Inneren erheben sich, riesigen Schneckenfühlern gleich, Arme, die viel stärker sind als der wuchtige Mastbaum von einem Schiff und so kräftig, dass sie ein Schiff mit hundert Kanonen an Bord angreifen und in den Abgrund zerren könnten."[91]

Dieser Bericht, den der berühmte deutsche Naturforscher und Zoologe Alfred Brehm (1829–1884), in seinem legendären sechsbändigen Werk „Illustrirtes Thierleben“[92] zitierte, wird natürlich nicht zu Unrecht in Zweifel gezogen. So gibt es Überlegungen, dass hier kein lebendes Tier, sondern vielmehr eine schwimmende Insel im Meer beschrieben wurde.[93] Auch mir erscheinen, ehrlich gesagt, die Größenverhältnisse in dieser Geschichte etwas übertrieben. Würde es doch bedeuten, dass der Krake eine Körperlänge besaß, welche sich über Hunderte Meter erstreckte.

Was soll man aber dann von der an vorangegangener Stelle beschriebenen, monströsen Qualle halten, die einem Besatzungsmitglied des Frachters „Kuranda“ 1973 das Leben kostete? Hatte man da auch nur eine „schwimmende Insel“ aufgegabelt? Klar ist es gut denkbar, dass unter Schrecken erregenden Eindrücken oft übertriebene Beschreibungen entstehen. Aber ob da tatsächlich, wie gern behauptet, in jedem Fall „aus einer Mücke ein Elefant gemacht“ wurde[43], das wage ich doch zu bezweifeln.

Horrormorgen in der Conception Bay

Ganz gewiss keine Mücke zum Elefanten machten drei Fischer aus St. Johns, dem Hauptort der kanadischen Neufundland-Insel, als sie kurz vor dem Morgen des 26. Oktober 1873 zum täglichen Fischfang ausliefen. Das Wetter war kühl und feucht, die ganze Gegend zudem in dichten Nebel gehüllt. Die drei Fischer Daniel Squires, Theophilus Piccot sowie dessen zwölf Jahre alter Sohn Tom bestiegen ein Dory – ein flaches Boot von etwa sechs Meter Länge –, und ruderten ein Stück hinaus in die Conception Bay, um ihre Netze auszuwerfen.

Bald fiel den Fischern etwas auf, das sie im ersten Augenblick für einen Algenteppich hielten, den die Wellen in die Bucht getrieben hatten. Doch als das Boot näher an die Stelle herankam, mussten sie erkennen, dass diese scheinbar formlose Masse nicht das war, was sie anfangs vermutet hatten.

Was da vor ihnen im Wasser dümpelte, war vielmehr glatt und glänzend, und von rötlich-violetter Farbe. Die drei dachten tatsächlich noch, ob es sich bei dieser ruhig dahintreibenden Masse um den Körper eines Meereslebewesens handeln könnte. Doch keiner von ihnen kam auf die Idee, dass ihnen die Begegnung mit einem Riesenkalmar unmittelbar bevorstand. So stieß einer der beiden erwachsenen Männer, ohne lang nachzudenken, mit einem Bootshaken in das seltsame Ding hinein.

Dies hätte er besser unterlassen. Denn urplötzlich verwandelte sich das Ding in einen Kranz aus acht langen, dicken Armen, besetzt mit zahllosen Saugnäpfen, die nun steil aus dem Wasser schossen. In deren Mitte befand sich ein langer, papageienähnlicher Schnabel und tellergroße Augen. Zwei der riesenschlangengleichen Tentakel, zwei Mal so lang wie die sechs weiteren Arme, fuhren jetzt durch das wild aufschäumende Wasser auf das Ruderboot zu. Gleich darauf hatte der gigantische Kalmar seine Beute mit einem der muskulösen Tentakel umschlungen, zog das Boot nebst Mannschaft unaufhaltsam zu seinem weitaufgerissenen Maul. Das Schicksal der drei schien besiegelt.

Als nächstes umklammerte das Ungeheuer deren Boot auch noch mit einem weiteren Arm und begann, es in die Tiefe zu ziehen. Das Ruderboot begann mit Wasser vollzulaufen. In voller Verzweiflung schlugen die drei mit ihren Rudern auf den Kalmar ein, und schöpften gleichzeitig mit einem Eimer das Meerwasser heraus. Beinahe hatten sie schon mit ihrem Leben abgeschlossen da ergriff der junge Tom Piccot ein Beil und hieb wie wild auf die Tentakel ein, die das Boot umschlungen hielten. Und es gelang ihm tatsächlich, diese abzutrennen, worauf das Ungeheuer von seiner Beute abließ. Als es auf das offene Meer hinaus schwamm, stieß es dicke Wolken einer tintenartigen Flüssigkeit aus.

An eine Fortsetzung des Fischfangs war an diesem Tag natürlich nicht mehr zu denken. So ruderte das Trio schnellstens an Land, wobei sich die abgehackten Arme des gigantischen Kalmars immer noch an das Boot geklammert hielten. Zurück im sicheren Hafen, präsentierten die drei die unanfechtbaren Beweise ihrer Begegnung mit dem für unmöglich Gehaltenen. Der Tentakel – oder was von diesem übriggeblieben war – maß noch immer gewaltige sechs Meter. Der andere Arm wurde von streunenden Hunden gepackt und fortgeschleppt, bevor er gemessen werden konnte.[94]

Der Verbleib des sechs Meter langen Stückes ist indes nicht ungeklärt. Der Fischer Theophilus Piccot hatte es als Souvenir für jenen Horrormorgen behalten wollen, verkaufte es dann aber an einen Zoologen namens Moses Harvey. Der erwarb übrigens ein paar Wochen später einen weiteren Riesenkraken, den man in einem Heringsnetz gefangen hatte.[74]

Dann kam es noch schlimmer

Geradezu sprichwörtlich ist das Szenario, in welchem sich die Schiffbrüchigen, nur noch an ein paar Planken geklammert, auf hoher See befinden. Umringt von hungrigen Haien, an ihren hoch aus dem Wasser ragenden Flossen gut zu erkennen. Wie furchtbar aber muss der Horror sein, den Monsterkraken und Riesenkalmare unter den auf Rettung hoffenden und hilflos im Meer treibenden Havaristen verbreiten mögen?

Im Verlauf des Zweiten Weltkrieges verschlug es oft Schiffe in abgelegene Meeresregionen. Zum Beispiel das Schiff der britischen Kapitänleutnants Rolandson und Davidson und von Leutnant R.E. Grimani Cox von der Indian Army. Im südlichen Atlantik wurde es von einem deutschen Kaperschiff unter japanischer Flagge aufgebracht und in Brand geschossen. Nachdem die Briten nur fünf Minuten Zeit hatten, ihre Rettungsboote zu besteigen, stand für die drei genannten Offiziere und neun weitere Matrosen gerade noch ein kleines Floß zur Verfügung. Nur ein paar von ihnen fanden darauf Platz, während sich die anderen im Wasser schwimmend anklammern mussten.

In den folgenden Stunden hatten die Schiffbrüchigen furchtbare Qualen durchzustehen. Sie waren der Hitze einer unerbittlichen Sonne ausgesetzt wie auch den Attacken großer Quallen, deren Nesselfäden nach den Worten von Leutnant Cox „wie eine Million Bienen“ stachen. Eine trostlose Situation, die sich über drei Tage hinzog. Dann kamen die Haie, und die holten sich die Verwundeten und Halbverdursteten. Das war aber noch nicht alles – denn es kam noch viel schlimmer!

Als die Haie mit einem Mal verschwanden, atmeten die Männer erleichtert auf. Doch zu früh gefreut: Neben dem Floß tauchte, wie aus dem Nichts, eine gewaltige Kreatur mit ebenso riesigen Tentakeln auf. Zunächst verhielt sie sich abwartend, als wolle sie die Lage sondieren. Doch urplötzlich streckte sie die Arme aus und packte einen der Matrosen auf dem Floß, den es wie ein Bär umarmte. Obwohl sofort einige Kameraden versuchten, dessen mannsdicken Fangarm zu lösen, wobei Leutnant Cox Verletzungen durch die Saugnäpfe erlitt, zog das Ungeheuer den sich mit aller Kraft Wehrenden langsam ins Wasser. Dieses eine Opfer aber schien ihm zu genügen, denn daraufhin machte es sich mit seiner Beute davon.

Zum Glück für die verbliebenen Havaristen tauchte das Wesen nach seinem Angriff nicht mehr auf. Dadurch kamen sie mit dem Leben davon, und konnten nach der Rettung durch ein spanisches Schiff von ihrem Horrorerlebnis berichten.[15]

Sogar ganz ohne Verluste kamen die Beteiligten eines Vorfalls davon, der sich zu Weihnachten 1989 auf den Philippinen ereignet hat. Am 24. Dezember dieses Jahres fuhren zwölf Erwachsene und ein erst zwei Wochen altes Baby mit einer großen Motoryacht ins offene Meer bei der Iligan-Bay knapp 800 Kilometer südlich von Manila hinaus. Die Nacht brach herein, da bekamen sie ganz plötzliche „Feindberührung“ mit einem riesigen Oktopus. Der griff das Boot an und warf es kurzerhand um.

Am folgenden Tag fanden Fischer die zwölf Erwachsenen mitsamt dem Säugling, die sich an das kieloben treibende Boot klammerten. Das Neugeborene war ins Wasser gefallen und hatte das Bewusstsein verloren; zum Glück konnte es wiederbelebt werden. Die Schiffbrüchigen waren mehr als 25 Kilometer von jener Stelle abgetrieben, an der sie ihre Begegnung mit dem angriffslustigen Untier hatten. Aus dem Meer geborgen wurden sie in der Nähe des Küstenortes Manticao. Nach den Angaben der örtlichen Polizei litten zwar alle an heftigen Sonnenbränden, doch waren sie sonst unverletzt geblieben. Und: Alle hatten sie die Attacke überlebt!

Sieger und Besiegte

Einer der Geborgenen, Agapito Caballero, schilderte den Verlauf dieser schicksalshaften Begegnung. Mit einem Mal begann das Wasser rund um das Boot gewaltig zu brodeln. Im Lichtkegel der Taschenlampen erblickten sie plötzlich einen riesigen Oktopus, dessen Größe Agapito Caballero mit der eines Rindes verglich. Sein Bruder Alfredo fügte noch hinzu, dass die Kreatur einfach die Yacht packte und alles umdrehte. Glücklicherweise tauchte der Oktopus nach diesem Angriff gleich unter. Gut möglich, dass er schon zu Abend gegessen hatte, denn entgegen üblicher Gepflogenheiten verzichtete er darauf, seine potentielle Beute in die Tiefe zu ziehen.[95] Im Kampf gegen derartige Gegner gibt es eben Sieger und Besiegte.

Zweifellos auf der Verliererseite befand sich dagegen die „Pearl" – ein 150 Tonnen schwerer Schoner, der 1874 von einem gewaltigen Tintenfisch zum Kentern gebracht wurde. Das Segelschiff lag im Golf von Bengalen, als das Ungeheuer auftauchte und, wie beim vorgehend zitierten Fall aus dem Jahr 1989, den Segler einfach umdrehte, als sei er ein Modellboot. Alle Besatzungsmitglieder fanden dabei den Tod. Die ganze Tragödie spielte sich nicht im Verborgenen ab. Das Ereignis wurde nämlich von den Matrosen an Bord des unweit davon ankernden Dampfers „Strathowen" bemerkt, die das Ganze für die Nachwelt dokumentierten.[96]

Vielleicht wäre dem 15.000-Tonnen-Frachter „Brunswick" ein ganz ähnliches Schicksal vorgezeichnet gewesen, wäre dem monströsen Angreifer nicht ein folgenschweres „Missgeschick" unterlaufen. Der Frachter war unter dem Kommando von Kapitän Grønningsaeter zwischen Hawaii und Samoa unterwegs, als er von einem riesigen Kalmar der Gattung Architeuthis überholt wurde. Das Ungeheuer machte kurz darauf kehrt und griff den Frachter mittschiffs an. Doch es bekam den Schiffskörper nicht zu fassen, glitt ab und geriet mitten in die Schiffsschraube, die ihn fein säuberlich in handliche Stücke zerhackte.[88]

Die „normalwüchsigen“ Vertreter der so artenreichen Gattung schmecken – als pikanter Meeresfrüchtesalat – recht gut. Wie das jedoch bei den Riesenkalmaren ist, entzieht sich verständlicherweise meiner Kenntnis. Ich kann damit leben.

Nun sollte man eigentlich meinen, dass auf unserem Planeten genügend Platz vorhanden sei. Doch scheinbar muss nicht selten einer der beiden Kontrahenten – der Mensch oder der monströse Kopffüßer – auf der Strecke bleiben, wenn sie sich auf offener Wildbahn begegnen. Womöglich sind sie sich gar nicht einmal so unähnlich, was ihre Intelligenz betrifft und ihren Jagdtrieb. Und zumindest beim Menschen führt Letzterer oftmals zum großen 'Showdown“: Dann schießt man mit Kanonen nicht nur auf Spatzen, sondern auch auf den ungeliebten Rivalen im nassen Element.

Drei Stunden Seeschlacht mit einem Tintenfisch

Es geschah am 30. November 1861. Die „Alecton“, ein französisches Kanonenboot, dümpelte bei ruhiger See und Prachtwetter etwa 120 Seemeilen nordöstlich der Insel Teneriffa, als der Schrei des Wachhabenden im Ausguck die bis dahin friedliche Stille zerriss.

Der Matrose hatte einen riesigen Körper, teilweise untergetaucht, auf der Wasseroberfläche dahintreiben gesehen. Auf der Stelle befahl der Kapitän, beizudrehen und sich der Kreatur zu nähern, um sie genau untersuchen zu können. Es stellte sich heraus, dass ein ungewöhnlich großer Tintenfisch von leuchtender, ziegelroter Farbe dort schwamm. Mit tiefschwarzen Augen, in die zu blicken sich die abergläubischen Matrosen fürchteten.

Gewaltig waren auch die Ausmaße dieser ungewöhnlichen Kreatur: Ihr Körper war an die sechs Meter lang, und die Tentakel besaßen mindestens noch einmal dieselbe Länge. Das riesige Geschöpf, das nach der Schätzung des Kapitäns mindestens zwei Tonnen Gewicht besessen haben musste, trieb an der Wasseroberfläche dahin. Es war jedoch noch unverkennbar am Leben.

Dem Kommandanten des Kanonenbootes war bewusst, dass in wissenschaftlichen Kreisen heftig um die Existenz solcher gewaltiger Tintenfische gestritten wurde. Zwar waren ein paar Jahre vorher, 1847 und 1854, an der dänischen Küste zwei verstümmelte Exemplare angespült worden. Doch nur für wenige Zoologen erschien es damals überhaupt denkbar, dass noch unentdeckte Spezies, und dies auch noch in solchen Dimensionen, existieren könnten. Deshalb stellte so eine Begegnung mit so einem lebenden Exemplar eine willkommene Gelegenheit dar, die leidige Streitfrage ein für alle Mal zu klären.

Da es sich bei der „Alecton" um ein gut ausgerüstetes Kriegsschiff handelte, beschloss der Kapitän schließlich, auf das mächtige Tier schießen zu lassen. Ganze Salven von Kanonenkugeln wurden von den Bordgeschützen abgefeuert, zusätzlich schleuderte man Harpunen auf die Kreatur. Doch zuerst hatte es den Anschein, als könnte überhaupt nichts dem weichen Fleisch des Tintenfisches anhaben. Und das war nicht alles: Das Tier schien sich nicht sonderlich um das feindselige Verhalten der Matrosen auf der „Alecton" zu stören. Mehrmals tauchte es unter die Wasseroberfläche, um regelmäßig wieder nach oben zu kommen.

Nach vollen drei Stunden Seeschlacht muss jedoch eine der abgefeuerten Kanonenkugeln lebenswichtige Organe des Tintenfisches getroffen haben. Plötzlich blutete die Kreatur stark, und Schaum begann an der Wasseroberfläche zu treiben. Darauf gelang es einem der Matrosen, eine Trosse mit einer Schlinge um den sich in Todeskrämpfen windenden Körper zu werfen. Als die Matrosen das Tier an Bord ziehen wollten, schnitt das Seil mitten durch den Körper und trennte Kopf und Tentakel ab. Der hintere Teil, der noch am Seil hing, konnte zwar an Bord gezogen werden. Doch er musste schnell wieder ins Wasser zurückgeworfen werden, weil die Verwesung schon zu weit fortgeschritten war und sich furchtbarer Gestank verbreitete.

So kehrte die „Alecton“ nur wenige Tage später nach Frankreich zurück. Aber leider ohne einen greifbaren und überzeugenden Beweis, der die vorgefasste Meinung der führenden Zoologen – „weil nicht sein kann, was nicht sein darf“ – endlich hätte widerlegen können.[97]

Nur widerwillig

Die endgültige wissenschaftliche Anerkennung solcher tentakelbewehrter Meeresbewohner musste noch einige Zeit auf sich warten lassen. Und selbst dann geschah dies denkbar widerwillig. Sie beruhte auf einem einzigen Zufallsfund vom Ende des 19. Jahrhunderts – der zu allem Überdruss auch noch für mehr als sechs Jahrzehnte in Vergessenheit geraten war.

Am 30. November 1896 fuhren zwei Jungen mit ihren Rädern am Anastasia Beach bei St. Augustine in Florida entlang. Bei dieser Gelegenheit entdeckten sie einen teilweise vergrabenen und schon stark verwesten, riesigen Kadaver. Der wurde nachfolgend von einem Dr. DeWitt Webb untersucht, einem an Naturgeschichte interessierten Arzt. Dr. Webb kam zu dem Schluss, dass es sich hier um einen Riesenoktopus handeln müsse. Allein der freiliegende Teil war sieben Meter lang und fünfeinhalb Meter breit. Einige Tage später fand man auch die Überreste der Fangarme, die noch immer zehn Meter in der Länge maßen.

In mehreren Schreiben machte Webb die Fachwelt auf den Fund aufmerksam. Ein Brief war an Professor A.E. Verrill gerichtet, Experte für Kopffüßer an der renommierten Yale-Universität von New Haven (Connecticut). Ohne den Kadaver überhaupt persönlich in Augenschein genommen zu haben, bezeichnete Verrill das Tier als Riesenkalmar, änderte aber bald seine Meinung und gab ihm den

Namen „Octopus giganteus". Nach seinen Berechnungen besaß die Kreatur zwischen 23 und 30 Meter lange Tentakel. Aber noch ein weiteres Mal musste sie ihre Identität wechseln, bevor endlich die Wahrheit ans Licht kam.

Nachdem der Yale-Professor die Gewebeproben untersucht hatte, die von Dr. Webb aus dem Kadaver herausgeschnitten worden waren, gab er bekannt, das Gewebe stamme von einem Wal. Wie er die seltsame Verwandlung des Gewebes – vom Kopffüßer zum Säugetier, das der Wal nun einmal ist – erklären wollte, wird wohl für immer sein Geheimnis bleiben. Danach geriet die Sache in Vergessenheit.

Und zwar so lange, bis dem Meeresbiologen Forrest Glen Wood 1957 ein uralter Zeitungsausschnitt aus dem Jahre 1896 in die Hände fiel. Darin wurde über das „Ungeheuer von St. Augustine" berichtet. Fasziniert davon, begann er sich genauer mit dem Fund zu befassen; es gelang ihm auch, alte Fotos, Berichte, Zeichnungen und Briefe aufzustöbern. Schließlich entdeckte er, dass die Smithsonian Institution in Washington sogar noch Proben des konservierten Gewebes aufbewahrte. Damit war die Chance auf eine Lösung des Rätsels sprunghaft gestiegen.

Zusammen mit dem Zellbiologen Joseph F. Gennaro von der University of Florida, dem es gelang, einige Gewebeproben von der Smithsonian Institution zu ergattern, machte er sich sofort an deren Untersuchung. Sie verglichen sie mit den Proben von bekannten Oktopoden und Kalmaren. Wie Gennaro feststellte, hatte die Struktur der Proben aus St. Augustine keine Ähnlichkeit mit dem Gewebe irgendeines bereits bekannten Kalmars oder gar eines Wals. Sie waren dagegen mit dem Gewebe bekannter achtarmiger Meerestiere nahezu identisch. Später führte der erwähnte Biochemiker und Kryptozoologe Roy P. Mackal Aminosäuren-Versuche bei den Proben durch, welche die Theorie untermauerten, dass es sich bei dem vor St. Augustine gefundenen Geschöpf tatsächlich um einen Oktopus gehandelt habe.[94,98]

„Blob“

Wenn Riesenkraken, Kalmare und Oktopusse Dimensionen zu erreichen in der Lage sind, die uns an den Riesenwuchs im Erdmittelalter erinnern, haben wir es doch mit Spezies zu tun, die wir in die bekannte Systematik einordnen können. Doch es gibt auch einige Beispiele für Lebensformen, die derart fremdartig erscheinen, dass wir ratlos vor ihrer mysteriösen Existenz stehen.

Im Mai 1988 stieß der Fischer Teddy Tucker mitten am Strand der Mangrove Bay auf der Insel Bermuda auf die Überreste einer unbekannten Kreatur. Sie maßen etwa acht Fuß (2,40 Meter) in der Länge, und waren von einer an Gummi erinnernden Konsistenz. Tucker machte mehrere Farbfotos von seinem Fund. Bevor dieser von der Flut wieder ins Meer zurückgespült wurde, schnitt er ein Stück ab – er beschrieb es, als ob man in einen Autoreifen schneiden würde – und schickte die Gewebeprobe an die Meeresbiologin Dr. Eugenie Clark von der Universität Maryland.

Analysen der Probe ergaben, dass sie aus Kollagen bestand – das ist ein zähes und fibröses Protein und gleichzeitig der Hauptbestandteil von Bindegewebe. Sie glaubte, dass es von einem kaltblütigen Wirbeltier wie etwa einem Fisch oder Reptil stammte. Die Beschreibung des angespülten Kadavers aber gab diesen Schluss nicht her. Einige Zoologen hingegen waren der Ansicht, dass dieses „Blob“ genannte Etwas aus der Mangrove Bay eher von einem Riesenkraken stammte denn von einem Wirbeltier. Doch letztlich bleibt die Identität jenes „Blob“ bis heute ungeklärt.[74]

Darüber hinaus weiß man nicht, ob es eine Beziehung zwischen diesem Fund und drei weiteren Kadavern gibt, die zwischen 1960 und 2001 an den Stränden von Tasmanien und Neufundland auf das Ufer geworfen wurden.

Im Juli 1960 tobten wahrhaft apokalyptische Stürme über dem Südosten von Australien, vor allem aber über der Westküste der Insel Tasmanien. Die Australien vorgelagerte Insel ist sowieso ein Eldorado für Biologen – denn dort tummeln sich Tiere, die auf der ganzen Welt beispiellos sind. Einige Tage, nachdem sich die Stürme gelegt hatten, machten sich Farmer Ben Fenton und dessen Männer auf die Suche nach versprengten Schafherden, die, so hoffte man, den Sturm überlebt hatten.

Sie ritten ein paar Kilometer von der Mündung des Intervention River entfernt am Strand entlang. Plötzlich stoppten sie, denn direkt vor ihnen lag ein seltsamer Kadaver. Das vom Sturm aufgewühlte Meer hatte ihn weit über die Flutgrenze hinaus ans Land gespült.

Es handelte sich um die Überreste eines vollkommen unbekannten Tieres, wie es noch kein Mensch zu Gesicht bekommen hatte. Ein Körper von ungewöhnlicher Form, sieben Meter lang und ungefähr sechs Meter breit, mit einer Dicke von knappen zwei Metern. Es besaß weder Augen noch Ohren, und wie sich später noch herausstellen sollte, auch kein Knochengerüst. Das weiße und faserige Fleisch der Kreatur war von einer dicken Haut umgeben. Sie war so fest dass man eine Stunde lang mit einer Axt darauf einhauen musste, bevor man an das Fleisch gelangte. Außerdem war die Haut durch einen flaumigen Haarpelz geschützt.

Kein Gummi, kein Fleisch, nichts Bekanntes

In den darauffolgenden Monaten blieb der Kadaver auf dem einsamen tasmanischen Strand liegen, bis sich im März 1962 die Behörden mit dem nach wie vor ungeklärten Fall befassten. Deshalb entsandte die Regierung eine Gruppe Forscher auf die Insel. Diese hatten zunächst erklärt, sie würden ein paar Wochen an Ort und Stelle bleiben, um das Rätsel aufzuklären. Dann aber reisten sie alle schon am nächsten Tag wieder ab, wahrscheinlich vertrieben von dem unbeschreiblichen Gestank, den der verwesende Kadaver verbreitete.

Und was kam bei der Aktion heraus? Später hieß es in einem knappen offiziellen Bericht nur lapidar, es handle sich um eine „Riesenkreatur". Ein wenig detaillierter drückte sich dazu der Biologe Bruce Mollison aus: „Sein Fleisch ist elfenbeinfarben und so ähnlich wie Gummi, weder durch Feuer noch durch verschiedene chemische Substanzen zerstörbar. Das ist auch kein Gummi, überhaupt kein Fleisch im herkömmlichen Sinn, noch nicht einmal Fruchtfleisch. Es ist schlicht etwas, das sich jeglicher Einordnung in ein Schema zu entziehen weiß."[48,99]

Dieser Fall, der es in der einschlägigen Literatur zu einem gewissen Bekanntheitsgrad gebracht hat, ist nicht der einzige geblieben. Kurz vor Weihnachten 1997 wurde gleichfalls in Tasmanien – am sogenannten Four-Mile-Beach – ein haariger und knochenloser Kadaver an Land gespült. Dieses „Ding" wog vier Tonnen und war gute sechs Meter lang.[87]

Ebenso wenig erfuhr die Welt über einen mysteriösen, formlosen Organismus, der im August 2001 an einem Strand in Neufundland angeschwemmt wurde. Die sieben Meter lange Kreatur wog zirka drei Tonnen und schien zwar so etwas wie ein Rückgrat und Rippen zu besitzen, aber keinen Kopf. Das seltsamste war ein Pelz von groben, weißen Haaren, der das rätselhafte Wesen vollständig bedeckte.[96]

„Nichts" oder „Etwas"?

Bei solchen bizarren Geschöpfen muss ich immer an eine alte Comic-Geschichte aus der Feder Walt Disneys denken, in welcher sich der geniale Erfinder Daniel Düsentrieb daran versucht, im Labor künstliches Leben zu erschaffen. Dazu füllt er einen Sud mit den wichtigsten chemischen Elementen organischen Lebens in ein leeres Ei, und lässt dieses von seiner betagten Henne ausbrüten. In der ganzen Zeit sinniert er schlaflos und bangend über der Frage, was dabei herauskommen mag: „Wird es etwas, was nach nichts, oder nichts, was nach etwas ausschaut?"

Fragen, ob der Comic-Zeichner vor über 60 Jahren in irgendeiner Weise von Objekten wie den hier beschriebenen inspiriert wurde, sind natürlich rein spekulativ und nicht mehr zu lösen.

Doch kehren wir an dieser Stelle wieder zurück zu diesen äußerst bizarren Lebensformen, die uns eine undurchschaubare Realität zuweilen beschert.

Im anglo-amerikanischen Sprachgebrauch kennt man für solche grotesken, formlosen Gebilde, die in der Regel tot, verwesend und „zum Himmel stinkend" an einsamen Stellen auftauchen, zwei Begriffe: „Globster" und „Blobster". Alles an ihnen ist mysteriös: Es ist kurz vorher noch lebendiges, aber nicht identifizierbares Fleisch, dessen Herkunft unlösbar scheint. Lästerliche, stinkende Dinge, die direkt aus einem Horrorfilm entsprungen scheinen, und sich dabei unserem rationalen Denken erfolgreich zu entziehen vermögen.

Gar manch ein phantasiebegabter Zeitgenosse nimmt in seiner Ratlosigkeit dann Zuflucht zu der Vermutung, dass Bizarrheiten dieser Art nicht von unserer Welt stammen können. Eine Erklärung, die wir trotz aller Fremdartigkeit wohl eher ausschließen dürfen. Aus den Tiefen des Weltalls würden viel eher technisch weit fortgeschrittene Intelligenzen zu uns kommen. Und wie wir bereits hinlänglich erfahren haben, bergen die unerforschten Gründe des Meeres ebenso wie unzugängliche Teile des Festlandes genügend Nischen für die unglaublichsten Lebensformen, die wir uns mit aller Phantasie vorstellen können.

Dem viel zitierten wissenschaftlichen „Mainstream" wäre mehr Phantasie dringend angeraten! Die Naturwissenschaften – hierzu zählt bekanntlich auch die Zoologie – vermitteln uns nur allzu oft den Eindruck einer Luxuslimousine, die auf einer schnurgeraden und breit ausgebauten Autobahn unterwegs ist. Doch zu beiden Seiten dieses prachtvollen, hellbeleuchteten Asphaltbandes dehnen sich wilde und unerforschte Landschaften voller Wunder und Mysterien. Es wäre notwendig, anzuhalten, abzubiegen und das Gebiet in seiner ganzen Breite zu erforschen.

Was das angeht, bin ich realistisch genug, einzusehen, dass sich die meisten Vertreter der Wissenschaften oft recht schwer tun mit Dingen und Vorfällen, die für sie wirken wie Einbrüche aus einer anderen Realität. Wie bei dem nachfolgenden Vorfall, der Menschen betraf, die zwar keine wissenschaftliche Bildung, sondern etwas weitaus wichtigeres besitzen: Und zwar das, was wir allgemein als „gesunden Menschenverstand“ zu bezeichnen pflegen.

Auflösungserscheinungen

In der Nacht des 26. September 1950 fuhren die US-Cops John Collins und sein Streifenkollege Joe Keenan durch einen Vorort der Stadt Philadelphia. Plötzlich sahen sie im Lichtkegel der Scheinwerfer, wie ein zitterndes, weißliches Etwas langsam zur Erde hernieder sank. Die beiden hielten sofort an, stiegen aus und suchten das umliegende Gelände nach dem mysteriösen Objekt ab. Sie brauchten nicht lange zu suchen und stießen gleich auf eine kreisförmige Masse von ungefähr zwei Metern im Durchmesser. In der Mitte war das „Ding“ 30 Zentimeter dick, am Rand jedoch verjüngte es sich auf sechs bis sieben Zentimeter. Im fahlen Licht ihrer Taschenlampen erschien es rötlich, und zitterte wie etwas Lebendiges. Als die Polizisten ihre Lampen ausmachten, ging ein schwacher rötlicher Lichtschimmer von dem unbekannten Etwas aus.

Die Beamten waren ratlos und alarmierten über Funk die Einsatzzentrale. Die schickte Verstärkung, und in wenigen Minuten waren ihre Kollegen Joe Cook und James Cooper mit ihrem Streifenwagen zur Stelle. Die vier Beamten berieten sich einige Minuten, was sie mit dem unheimlichen Ding anfangen sollten, als Cook den Vorschlag machte, es vom Boden aufzuheben. Die Kollegen waren darüber nicht allzu begeistert, doch nach kurzem Zögern versuchte es Collins. Zu seiner Überraschung hielt er ein paar Stücke einer gallertartigen Masse in der Hand, die sich sofort in ihre Bestandteile auflöste, durch die Finger glitt und nur noch eine Art geruchloser Schmiere hinterließ.

In nicht einmal einer halben Stunde, nachdem man sie fand, hatte sich diese zitternde Substanz aufgelöst und buchstäblich zu nichts verflüchtigt.[48]

Die vier Polizisten, die innerlich erschüttert am Ort des mysteriösen Geschehens zurückblieben, waren sich einer Sache gewiss: Es musste eine lebende Kreatur gewesen sein, die da unversehens vom Himmel gefallen war.

Was es jedoch war, dürfte schwierig zu beantworten sein. War es vielleicht „etwas, das nach nichts", oder war es „nichts, das nach etwas" ausschaut?

7. Der Schrecken jeder ehrlichen „Teerjacke“

Seeschlangen, Meeressaurier und dergleichen mehr

Im Gegensatz zu den nach so vielen Jahrzehnten noch existierenden Gewebeproben jenes Riesenoktopus, den die Wellen des Atlantischen Ozeans im November 1896 an den Strand von St. Augustine spülten, gibt es von ihnen leider noch keine vergleichbaren Überreste. Die Rede ist von den wohl geheimnisvollsten und interessantesten Seeungeheuern dieser Welt – den legendenumwobenen Seeschlangen. Selbst wenn man inzwischen kaum noch ernsthaft an der Existenz riesiger Kraken und Oktopusse zweifelt, ist das bei jenen Kryptoiden, die sich ebenfalls in den Ozeanen dieser Welt ihren Rückzugsraum erobert haben, ganz anders. Offiziell gibt es sie nämlich nicht.

Dabei wurden auch Seeschlangen über viele Jahrhunderte hinweg von Tausenden von Augenzeugen, darunter erfahrenen Seefahrern, Naturwissenschaftlern und Ozeanographen, beobachtet und teilweise unter Eid bezeugt. So mancher ehrlichen „Teerjacke“, wie man die Seeleute auch gerne bezeichnet, bereiteten sie den Schock ihres Lebens. Denn nicht selten war ihr Zusammentreffen auf den Meeren von unsagbarem Schrecken begleitet. Es war ein harter Weg, der letztlich zur Akzeptanz monströser Tentakelträger führte. Gleichsam dürfte auch bei den weit in die Vergangenheit zurückreichenden Geschichten über Seeschlangen ein realer Kern zugrunde liegen.

Bereits in der Bibel wird der „Leviathan“ erwähnt. Dies war eine sich windende, riesige Schlange, die im Meer gehaust hat. Im 4. Jahrhundert v. Chr. schrieb dann der griechische Naturforscher und Philosoph Aristoteles (384–322 v.Chr.) in seiner „Naturgeschichte der Tiere“ über große Schlangen vor der Küste Libyens: „Seeleute, die an der Küste entlang segelten, haben berichtet, dass sie die Knochen vieler Rinder sahen die offensichtlich von diesen

Schlangen gefressen worden waren. Und als sie noch weiter segelten, kamen die Schlangen heran, um sie anzugreifen. Einige stürzten sich auf eine Trireme (auch: Triere; im Altertum ein Kriegsschiff, das auf beiden Seiten drei Reihen Ruder besaß[2]), und warfen sie um.[100]

Die Missionare und Bischöfe der katholischen Kirche dürften sich ebenfalls gerne mit den geheimnisumwitterten Ungeheuern und Fabelwesen beschäftigt haben. Über den irischen Mönch und Missionar Columbanus (jenem verdanken wir bekanntlich den ersten Bericht über das Loch-Ness-Ungeheuer) habe ich mich ja bereits ausgelassen.[45,46]

Vor der Küste von Grönland

In neuerer Zeit stammen zahlreiche Berichte über rätselhafte Ungeheuer der Meere aus dem skandinavischen Raum. Im Jahre 1555 veröffentlichte der frühere Erzbischof von Uppsala, Olaf Mansson – besser bekannt als Olaus Magnus – in seinem Exil in Rom ein Buch über die Naturgeschichte der nordischen Länder. Hierin beschrieb er Seeschlangen von unfassbaren 60 Metern Länge, annähernd sechs Meter dick, die damals ungewöhnlich häufig von Seeleuten in den norwegischen Küstengewässern gesichtet worden seien. Schwarze Haare hätten von ihren Hälsen herabgehangen; auch die Schlangen selbst seien von schwarzer Farbe gewesen und hätten glänzende und flammende Augen besessen. Sie verschlangen Rinder, Schweine und Lämmer und machten auch vor Menschen nicht Halt.[44]

Knappe zwei Jahrhunderte später machte der norwegische Missionar Hans Egede (1686–1758), der später Erzbischof von Grönland wurde, eine kaum weniger furchterregende Beobachtung. Der Kirchenmann galt als Zeitgenosse mit einem scharfen Blick für Details, einem regen Interesse an Naturgeschichte sowie einem klaren Verstand. Man tut sich also schwer, ihm die Eigenschaft eines über jeden Zweifel erhabenen Augenzeugen streitig zu machen. Am

6. Juli 1734 hatte er auf einer Seereise nach Grönland ein Ungeheuer im Meer beobachtet, und ausführlich in nüchtern-sachlichem Ton darüber berichtet.

Nach der Schilderung in Hans Egedes Buch „Beschreibung Grönlands" war die Seeschlange zwar riesig, jedoch kein menschenfressendes oder feuerspeiendes Ungeheuer. Der Kopf der Kreatur reichte bis zur Spitze des Hauptmastes; es machte aber keinen Versuch, diesen zu verschlingen. Der Körper war so bauchig wie das Schiff, jedoch drei- bis viermal so lang. Der Geistliche charakterisierte die Seeschlange als ein Geschöpf mit paddelförmigen „Tatzen" sowie einem langen spitzen Maul, welches „gleich einem Walfisch" Wasserfontänen ausspie. Der Leib soll nicht mit Schuppen, sondern mit einem Panzer aus Muschelschalen bedeckt gewesen sein. Der hintere Teil war wie eine Schlange geformt, wobei der Schwanz annähernd eine Schiffslänge von der dicksten Stelle des Rumpfes entfernt lag. Als das Tier danach wieder untertauchte, warf es sich nach hinten, wobei sich der Schwanz gut sichtbar aus dem Wasser hob.[101,102]

Aufregung in Gloucester

Alles in allem macht die Beschreibung von Hans Egede nicht den Eindruck einer Sensationshascherei, sondern eines seriösen Augenzeugenberichtes. Trotzdem wurde sie von Skeptikern nicht als Tatsachenbericht akzeptiert, vielmehr einer Vorliebe dieses Kirchenmannes für das „Flunkern und Fabulieren" zugeschrieben.

Aller Skepsis zum Trotz nahmen im darauffolgenden 19. Jahrhundert die Begegnungen mit jenen geheimnisvollen Ungeheuern noch zu. Eine wochenlange Sichtungsserie hielt beispielsweise die Region um Cape Ann im US-Bundesstaat Massachusetts im Sommer 1817 in Atem.

Zwischen dem 6. und dem 23. August 1817 beobachteten an die einhundert glaubwürdige und gut beleumundete Zeugen ein riesiges Meeresungeheuer im Hafen von Gloucester oder unweit davon.

Alleine am 14. August erschien das Monstrum vor den Augen einer Gruppe von 20 bis 30 Menschen. Unter ihnen war Lonson Nash, der Friedensrichter von Gloucester, der später sogar einen Fragebogen ausarbeitete und unter Eid zahlreiche Zeugenaussagen aufnahm.

An jenem 14. August nahmen mehrere Boote die Verfolgung der Kreatur auf. Am späten Nachmittag stieß der Schiffszimmermann Matthew Gaffney auf das Untier, das ihn an eine echte Schlange erinnerte. Er näherte sich bis auf etwa zehn Meter, legte mit dem Gewehr an, und feuerte direkt auf den Kopf. Als routinierter Schütze war Gaffney sicher, genau getroffen zu haben, doch die Kreatur schien unverletzt. Ruckartig drehte sie sich um; dabei hatte es den Anschein, als wolle sie sich auf das Boot stürzen. Doch dann tauchte sie ab, schwamm unter dem Boot hindurch und tauchte auf der anderen Seite in ungefähr 100 Metern Entfernung wieder auf.[101,102]

Doch gegen Ende des Monats August 1817 verschwand die Seeschlange, von der sogar Biologen glaubten, sie sei zur Eiablage an diese Küste gekommen. In der lokalen Presse wurde ausführlichst über die Beobachtungsserie berichtet, und auch auf eine Sichtung in derselben Region aus dem Jahr 1746 hingewiesen.[103]

Obwohl, wie im Fall der Sichtungsreihe von Gloucester, alle Aussagen der Zeugen detailliert und übereinstimmend waren, weigerten sich die meisten Zoologen nach wie vor, die Existenz bislang unbekannter Spezies – auch noch mit solchen gewaltigen Dimensionen – auch nur vorsichtig in Betracht zu ziehen. Nur eine Handvoll Experten zeigte sich da aufgeschlossener. Wie beispielsweise der britische Zoologe Sir Joseph Banks (1743–1820), der gemeinsam mit dem berühmten James Cook um die Welt gesegelt war. Ebenso Constantin Samuel Rafinesque, der viel zur Erforschung von Flora und Fauna Nordamerikas beigetragen hat. Jener bekam sogar eine ordentliche Professur an der Universität von Kentucky. Zeit seines Lebens hatte er jedoch ein ganz besonderes Interesse an Seeschlangen, von deren Existenz er felsenfest überzeugt war.[44]

Da es aber auch angebliche Sichtungen von Seeschlangen gab, die sich im Nachhinein als plumper Schwindel erweisen sollten, überwog in der Bevölkerung zunächst einmal eine ausgeprägte skeptische Grundhaltung. Diese aber wurde im Herbst 1848 durch die Beobachtungen hoher Offiziere der britischen Marine tiefgehend erschüttert.

Zwischen Kapstadt und St. Helena

Die mit 20 Kanonen bewaffnete Fregatte H.M.S. Daedalus, ein stolzer Dreimaster aus den besten Zeiten des „Empire“, war auf dem Rückweg von Indien in die Hafenstadt Plymouth. Der Kapitän der Daedalus, Peter M'Quhae, galt als sehr erfahren, und hatte seit vier Jahren den Befehl über das 1828 gebaute Segelschiff. Der Weg von und nach Indien führte damals noch zwangsläufig um die Südspitze Afrikas. Denn bis zur Eröffnung des Suezkanals, der die Passage um runde 4500 Seemeilen verkürzt, sollten noch etwa 20 Jahre ins Land gehen.

Am 6. August 1848 machte die Daedalus flotte Fahrt zwischen dem Kap der Guten Hoffnung und St. Helena im Süd-Atlantik, als ein gewaltiges, schlangenähnliches Geschöpf ihren Weg kreuzte. Gegen 17 Uhr machten der Skipper und einige Mitglieder der Besatzung eine Beobachtung, die sie ihrer Lebtag nie wieder vergessen sollten.

Zwei Monate nach ihrer Rückkehr erschien am 9. Oktober 1848 ein kurzer, aber Aufsehen erregender Artikel in der „Times“ zu der Sichtung der Seeschlange. Die britische Admiralität – ein wenig beunruhigt darüber – fragte sofort bei Peter M'Quhae an, ob der Bericht auf Tatsachen beruhe. Die offizielle Replik des Kommandanten, die an Admiral Sir Walter H. Gage gerichtet war, wurde gleichfalls in der „Times“, in der Ausgabe vom 11. Oktober 1848, ungekürzt abgedruckt:

„H.M.S. Daedalus, Hamoaze, 11. Oktober 1848.

Sir, in Erwiderung Ihrer Anfrage bezüglich des Wahrheitsgehaltes des in der 'Times' veröffentlichten Artikels über diese Beobachtung einer riesigen Seeschlange von der H.M.S. Daedalus unter meinem Kommando habe ich die Ehre, Sie mit allen genauen Einzelheiten vertraut zu machen.

Es geschah am 6. August 1848 um fünf Uhr nachmittags, auf 24°44' südlicher Breite und 9°22' östlicher Länge. Der Himmel war bewölkt und es dämmerte schon, ein frischer Wind wehte von Nordwesten, und das Schiff hielt nord-nordöstliche Richtung, während es leicht backbord gierte, als der Kadett zur See Mr. Sartoris etwas sehr Ungewöhnliches sichtete. Sartoris machte auf der Stelle Meldung darüber beim wachhabenden Offizier, Lt. Edgar Drummond, der sich gemeinsam mit Mr. William Barrett und mir auf dem Achterdeck aufhielt. Die übrige Mannschaft war unter Deck beim Abendessen. Als wir darauf aufmerksam gemacht wurden, sahen wir, dass es eine gewaltige Schlange war, die den Kopf und einen Teil des Körpers stets etwa vier Fuß oberhalb der Wasseroberfläche hielt. Ihre Länge schätzten wir, indem wir uns die Rahen (die Querstangen am Mast von Segelschiffen; HH) des Hauptmarssegels im Wasser vorstellten, und kamen hierbei auf mindestens 60 Fuß (in etwa 18 Meter) außerhalb des Wassers.

Nach unseren Beobachtungen war keine wellenförmige Bewegung des Körpers, weder horizontal noch vertikal, feststellbar, die das Tier vorwärts trieb. Es schwamm rasch vorbei, doch so nah, dass – hätte es sich um einen meiner Bekannten gehandelt – ich dessen Züge leicht mit bloßem Auge erkannt hätte. Weder als es sich dem Schiff näherte, noch als es langsam unseren erstaunten Blicken enteilte, ließ es sich von seinem Kurs in Richtung auf Südwesten abbringen, den es entschlossen mit einer Geschwindigkeit von zwölf bis 15 Meilen in der Stunde hielt.

Der Durchmesser dieser Kreatur betrug etwa 15 bis 16 Inches (38 bis 40 Zentimeter) hinter ihrem für Schlangen so typischen Kopf, und ihre Farbe war dunkelbraun mit einem gelblich-weißen Hals. Während der 20 Minuten unserer Beobachtung machte dieses Geschöpf kein einziges Mal Anstalten, unter Wasser zu tauchen. Es hatte keine Flossen und so etwas wie eine Pferdemähne, oder wie ein Büschel Seetang, das über den Rücken gespült wurde."

Bewundernswerte Ferndiagnose

„Außer mir und den bereits erwähnten Offizieren haben noch der Bootsmann, der Quartiermeister wie auch der Steuermann die Seeschlange gesehen. Ich habe veranlasst, dass nach der Skizze, die ich unmittelbar nach dieser Sichtung zu Papier gebracht habe, eine Zeichnung angefertigt wird. Ich hoffe, dass sie rechtzeitig fertig wird um mit morgiger Post an den Lord´s Commissioner der Admiralität gesandt zu werden.

Gezeichnet, Peter M'Quhae, Kapitän."[104]

Die oben erwähnte Zeichnung wurde, mit Genehmigung des Kapitäns, in der „Illustrated London News" vom 28. Oktober 1848 gedruckt. Lieutenant Edgar Drummond, der im Bericht namentlich erwähnte, wachhabende Offizier, bestätigte die Angaben des Kommandanten in einem eigenen Bericht, der ein paar Tage später ebenfalls veröffentlicht wurde.

Die Reaktion der offiziellen Wissenschaft, von der aber kein einziger Vertreter an Bord der Fregatte gewesen war, ließ nicht allzu lange auf sich warten. Der Naturforscher Sir Richard Owen (wir sind ihm schon im Zusammenhang mit „Lebenden Fossilien" begegnet) schoss sich regelrecht auf den Kapitän ein. Er versuchte in seiner ebenfalls in der „Times" abgedruckten Replik die von zuverlässigen Zeugen gemachte Sichtung mit der „Erklärung" abzutun, Peter M'Quhae und seine Kameraden zur See hätten nichts anderes beobachtet als einen Seelöwen.

Eine bewundernswerte Ferndiagnose: Weil hier die Zeugen von einer geradezu unangreifbaren Glaubwürdigkeit waren, griff man auf das alte Totschlagsargument zurück, dass das alles nur auf Verwechslung beruhe. Kapitän M'Quhae jedoch gab zornig zurück, dass er als erfahrener Seemann sehr wohl den Unterschied kenne zwischen einem Seelöwen und einer Schlange. Sein Bericht führte indessen dazu, dass in der Folge in Großbritannien Beobachtungen von Seeschlangen nicht mehr lächerlich gemacht wurden.

Ironie des Schicksals: Nur ein paar Monate später kam es in jenen Gewässern des südlichen Atlantik zu einer weiteren Beobachtung dieser oder einer ähnlichen Kreatur. Im Dezember 1848 geriet der Segler „Pekin“ unweit vom Kap der Guten Hoffnung in eine Flaute, als ein Matrose ganz plötzlich ein ungewöhnliches Tier im Wasser bemerkte. Durch sein Fernglas konnte er Einzelheiten gut erkennen. Diese Kreatur glich einer riesigen Schlange, mit einem großen Kopf und zottiger Mähne.[44,101]

Was diese oft Angst erregenden Seeschlangen betrifft, wurde in der Geschichte der Seefahrt eher selten versucht, ihrer habhaft zu werden. Das ist durchaus verständlich, denn solche Versuche wären alles andere als ungefährlich. Das beweist eindrucksvoll das tragische Beispiel eines Schiffes und seiner gesamten Mannschaft, die genau diesen Versuch vier Jahre nach der Begegnung der H.M.S. Daedalus unternahm.

Die Rache der Seeschlange

Sanft dümpelte der Schoner Monongahela, ein Walfänger unter dem Kommando von Kapitän Seabury, am 13. Januar 1852 in der Dünung des Pazifischen Ozeans. Man wartete sehnsüchtig auf das Aufkommen von Wind, dem schon eine schwache Brise vorausging. Plötzlich meldete der Matrose im Ausguck etwas Seltsames eine halbe Meile voraus an backbord. Als der Kapitän sein Glas auf die angegebene Stelle richtete, sah er ein gewaltiges Tier wie im Todeskampf um sich schlagen. Wenn es ein Wal ist, dachte er, muss es ein Riesenexemplar sein, und ließ sogleich drei Boote zu Wasser.

Die Seeleute fuhren ganz nah an das Tier heran, und Seabury selbst jagte die Harpune in dessen Körper. Nun legten sich die drei Mannschaften mit aller Kraft in die Riemen. Einen Moment später tauchte ein drei Meter langer Kopf aus dem Wasser und griff die Boote an. Nach nur wenigen Sekunden waren zwei davon völlig zerstückelt. Da die Kreatur erst einmal tauchte, konnte die Mannschaft des dritten Bootes die Überlebenden retten.

Durch das Abtauchen des Untiers wickelte sich das lange Tau an der Harpune rasend schnell ab. Buchstäblich in allerletzter Sekunde konnte Seabury zur Seite springen. Er sah, dass das Seil nicht lang genug war, und knotete rasch ein zweites daran. Als das Geschöpf endlich in 300 Metern Tiefe zum Stillstand kam, war auch kaum mehr etwas vom Seil übrig.

Entweder hatte das Ungeheuer den Meeresboden erreicht, oder es konnte nicht mehr tiefer tauchen. Inzwischen war das Schiff herangekommen, und die Männer machten das Seilende daran fest, bevor sie an Bord gingen. Ein anderes Schiff, die Rebecca Sims auf dem Weg nach New Bedford in den USA, drehte bis auf wenige Kabellängen bei. Kapitän Seabury ging an Bord und berichtete Kapitän Samuel Gavitt, den er schon von früher kannte, von der Begegnung. Beide beschlossen spontan, dass die Rebecca Sims zur Sicherheit über Nacht in der Nähe bleiben solle, falls die Kreatur noch am Leben sei.

Am nächsten Morgen befahl Seabury alle Männer an die Winde, und man bot alle Kräfte auf, das noch immer straffe Seil hochzudrehen. Am Ende schien nur noch eine reglose Masse zu hängen. Dann tauchte das Ungeheuer aus dem Wasser auf. Die Seeschlange war eindeutig länger als der 35 Meter lange Schoner und hatte einen riesigen Körper mit einem geschätzten Durchmesser um die sieben Meter. An ihrem langen, drei Meter dicken Hals hing ein enormer Kopf, welcher dem eines Alligators glich. Das Geschöpf war schmutzig braun mit einem weißen, meterbreiten Streifen am Rücken. Es besaß weder Beine noch Flossen, konnte sich demnach nur durch Bewegungen seines langen Körpers sowie des Schwanzes fortbewegen. Letzterer hatte Höcker oder Knoten – vergleichbar dem Rücken eines Störs. Da man das Untier nicht an Bord hieven konnte, ließ Seabury den Kadaver längsseits ziehen, um ihn wie einen erlegten Wal zu zerstückeln.

Die Haut war deutlich härter als die von Walen und das Tier schien auch kein brauchbares Fett zu besitzen. So ließ Seabury nur den mächtigen Kopf abhacken, an Bord holen und in Salzlake einlagern. Der Kiefer der Kreatur war fürchterlich anzusehen: Darin saßen 94 etwa zehn Zentimeter lange Zähne. Diese waren wie bei Schlangen hakenförmig gekrümmt.

Doch bevor sich Seabury wieder dem Walfang widmete, verfasste er noch einen langen Bericht, und gab diesen dann dem Kapitän der Rebecca Sims mit, der direkt seinen Heimathafen ansteuerte. Und dieser Bericht ist alles, was von dem Walfangschiff und dem seltsamen Fang übrigblieb. Denn kurz darauf ging die Monongahela mit Mann und Maus unter. War es in einen furchtbaren Sturm geraten, oder hatte eine andere Seeschlange Rache genommen, wie manche dies tatsächlich vermuteten? Erst Jahre später wurden mehrere Trümmer des Walfangschiffes an der Küste der Aleuteninsel Unmak angespült.[105,106]

Das Ungeheuer vom Stinson Beach

Es wird nun Zeit, uns in näher liegende Jahrzehnte zu begeben – sonst könnte am Ende der Eindruck entstehen, Sichtungen von solchen überdimensionalen Kreaturen hätte es bestenfalls zu Zeiten der großen Segelschiffe gegeben. Auf diesen Aspekt werde ich etwas später noch eingehen, denn da scheint es tatsächlich irgendwie geartete Zusammenhänge zu geben.

Vor der Atlantikküste Brasiliens wurden in den ersten Dekaden des 20. Jahrhunderts immer wieder solche Geschöpfe registriert. Sonderbarerweise fanden diese Beobachtungen stets in den Sommermonaten statt.[107]

Auch in den nachfolgenden Jahrzehnten fanden häufig vergleichbare Sichtungen statt. Doch nach der Mitte des 20. Jahrhunderts gab es nachgerade eine Flaute, wurden Berichte über das Auftauchen von Seeschlangen zunehmend spärlicher. So fragte sich bereits der eine oder andere Forscher, ob seit jener Zeit die Ungeheuer endgültig ausgestorben seien. Immerhin hätten sie ja stolze 60 Millionen Jahre seit ihrem „offiziellen“ Verschwinden überlebt. In der oberen Kreidezeit tummelten sich monströse Seeschlangen in geradezu schreckenerregenden Dimensionen, welche die der in der Neuzeit beobachteten noch um Längen übertrafen.

Vereinzelte Beobachtungen wurden jedoch auch aus der zweiten Hälfte des 20. Jahrhunderts gemeldet. Zum Beispiel einmal mehr aus Norwegen, in dessen Gewässern die bizarren Riesenkreaturen schon in alten Zeiten fröhliche Urständ feierten.

Es war ein warmer und klarer Tag im August 1980 im kleinen Küstenort Gressviktangen, unweit von Grimstad und ungefähr 300 Kilometer südwestlich der Hauptstadt Oslo gelegen. In schätzungsweise 70 bis 80 Metern Entfernung vom Strand zog irgendetwas die Aufmerksamkeit einer dort stehenden Frau auf sich. Auf dem Wasser zeigte sich erst ein Höcker, dann zwei weitere, die einem schlangenartigen Tier gehörten. Zufälligerweise hatte die Zeugin ein Fernglas dabei, und als sie es auf das Geschöpf richtete, konnte sie deutlich dessen schwarzbraune Färbung erkennen. Eine ganze Weile lang beobachtete sie, wie die Schlange ruhig an der Meeresoberfläche dahintrieb, bis sie nach kurzer Zeit verschwand.

Später auf die eventuelle Möglichkeit angesprochen, ob dies nicht ein Hai oder ein Delphin gewesen sein könnte, lehnte sie ganz entschieden ab. Sie war sich gewiss: „Das konnte nur eine Seeschlange gewesen sein.“[108]

Eine Begegnung, die leicht hätte tragisch ausgehen können, erlebte Kapitän John Ridgway, der im Sommer 1966 gemeinsam mit seinem Kameraden, Sergeant Chay Blythe, in einem Ruderboot den Atlantik überquerte.

Kurz vor Mitternacht des 25. Juni schlief Sergeant Blythe, während Ridgway ruderte. Urplötzlich schreckte er durch ein Zischen auf und erblickte eine zehn Meter lange Schlange, die so hell schimmerte, als sei sie in Neonlicht getaucht. Drohend schwamm sie auf das Boot zu; dabei kam sie den Männern gefährlich nahe, tauchte aber kurz davor unter. Sie verschwand zum Glück in der Dunkelheit und den unermesslichen Weiten des Ozeans, und ließ sich nicht mehr blicken.[44]

Am frühen Nachmittag des 31. Oktober 1983 waren einige Arbeiter in der Nähe einer Klippe im kalifornischen Marin County damit beschäftigt, einen Abschnitt des Highway No. 1 auszubessern, der sich entlang der Westküste der USA zieht. Unter ihnen erstreckte sich der sandige Stinson Beach, dahinter lagen nur noch die endlosen Weiten des Pazifiks. Kurz vor 14 Uhr fiel der Blick eines der Sicherungsposten auf das Meer, wo sich mit beängstigender Geschwindigkeit etwas Riesiges auf den Strand zubewegte. Über Funk forderte der Mann seinen Arbeitskollegen Matt Ratto auf, mit seinem Fernglas das geheimnisvolle Objekt näher in Augenschein zu nehmen.

Ratto erkannte ein riesiges dunkles Geschöpf, gerade einmal 400 Meter von seinem Aussichtspunkt entfernt. Noch nie vorher hatte er so etwas gesehen: Es war an die 30 Meter lang und auf dem Rücken befanden sich drei Höcker. Für ihn war dies fraglos eine Seeschlange.

Während er das Tier noch beobachtete, hob es mit einem Mal den Kopf aus dem Wasser und schien um sich zu blicken. Dann machte es kehrt, sein Kopf tauchte unter und es schwamm zurück ins offene Meer. Der Lastwagenfahrer Steve Bjora, der auch Augenzeuge jenes Vorfalls wurde, schätzte die Geschwindigkeit dieser Kreatur auf 45 bis 50 Meilen in der Stunde, also 70 bis 80 Stundenkilometer.

Insgesamt hatten fünf Arbeiter das Szenario beobachtet, und ihre Beschreibungen hinsichtlich der enormen Länge des Tieres, seines schlanken Körpers und der dunklen Farbe stimmten völlig überein. Nur eine Sicherheitsinspektorin wollte sich nicht öffentlich zu dem Geschehen äußern, sie befürchtete jede Menge Spott und Ärgernisse. Aber ihre Tochter bestätigte, dass die Mutter das Tier tatsächlich beobachtet und ihrer Familie als Schlange mit vier Höckern beschrieben hatte. Ein weiterer Zeuge war der damals 19jährige Roland Curry. Er sah die Schlange vom Strand aus und berichtete später Reportern, er habe das Tier zwei Mal gesichtet. Von der ersten Beobachtung hatte er seiner Freundin erzählt; als diese ihn daraufhin für verrückt erklärte, sprach er nicht mehr darüber. Nachdem er das Ungetüm aber im Beisein von weiteren Zeugen zum zweiten Mal gesehen hatte, hegte er keinen Zweifel mehr an dessen Existenz.

In ruhigere Ecken zurückgezogen

Drei Tage nach dem Vorfall vom Stinson Beach entdeckte eine Gruppe von Surfern 650 Kilometer weiter südlich bei Costa Mese ein ähnliches Ungetüm. Wie ein Surfer namens Hutchinson sagte, war das Geschöpf nur drei Meter entfernt von seinem Brett aufgetaucht. Zunächst wollte Hutchinson nicht über diesen Vorfall sprechen, weil er das Ganze für „zu absurd" hielt. Als er aber von den Sichtungen im Marin County las, bestätigte er dass das Tier genauso ausgesehen hatte, wie von den Straßenbauarbeitern beschrieben: „Wie ein langer, schwarzer Aal".[109]

Auch wenn die Zahl der Sichtungen geheimnisumwitterter Seeschlangen und anderer Kryptoiden ab der zweiten Hälfte des 20. Jahrhunderts – und dies trotz enorm zunehmenden Schiffsverkehres auf den Weltmeeren und somit mehr potentieller Augenzeugen – gesunken ist: Ich glaube nicht daran dass sie im Begriff sind, von der Bühne des Lebens zu verschwinden. Dass sie im Gegensatz zu früheren Jahrhunderten heute seltener beobachtet werden, ist unumstritten. Aber die Ursachen dürften klar sein. In früheren Zeiten herrschten Segelschiffe vor, die die Meere beinahe lautlos durchpflügten, ohne die Umwelt über Gebühr zu schädigen. Als die ersten Dampfschiffe deren Plätze einzunehmen begannen, wurde seltener über Beobachtungen unbekannter Tiere auf hoher See berichtet. Die Kapitäne waren nicht mehr so sehr von der Gnade launischer Winde und Meeresströmungen abhängig. Sie mussten deshalb auch nicht mehr so oft von ihrem festgelegten Kurs abweichen. Moderne Motorschiffe aber verursachen permanent jede Menge Lärm, Abgase und Abwässer. Eine Mehrzahl der Meeresbiologen sieht darin sogar den Grund für das massenhafte Anlanden und Verenden von Walen an den Stränden in aller Welt. Der angesehene norwegische Forscher Thor Heyerdahl (1914–2001) brachte diesen Gedanken auf den Punkt:

„Zumeist durchpflügen wir das Meer mit brüllenden Maschinen und stampfenden Kolben, während das Wasser um den Bug schäumt. Und dann kommen wir zurück und sagen, da draußen auf dem Ozean gäbe es weit und breit nichts zu sehen".[110]

Wer wollte es jenen archaischen Kreaturen verübeln, wenn sie sich in ruhigere Winkel der 360 Millionen Quadratkilometer umfassenden Ozeane dieses Planeten zurückziehen? Man will um die Spezies Mensch, so gut es irgend geht, einen großen Bogen machen.

Der aufmerksame Leser mag inzwischen den konkreten Verdacht hegen, dass das vielzitierte, allumfassende Sauriersterben am Ende der Kreidezeit nicht alle dieser urtümlichen Kreaturen dahingerafft hat. Etliche ernst zu nehmende Hinweise legen den Schluss nahe, dass außer Flugsauriern, Riesenkopffüßern und Monsterschlangen auch Saurier wie etwa der Plesiosaurus überlebt haben. Die bis zu 14 Meter langen und im Wasser lebenden Echsen besaßen einen recht kleinen Schädel, einen langen Hals, kurzen Schwanz sowie paddelartige Gliedmaßen.[2]

Sie überlebten offenbar nicht nur in Binnenseen wie dem berühmt-berüchtigten Loch Ness in Schottland. Als ideale Rückzugsräume stehen ihnen in erster Linie auch die mehr als 70 Prozent der Erdoberfläche zur Verfügung, die von Ozeanen bedeckt sind. Und das trotz intensiver wirtschaftlicher Nutzung durch Fischerei und einer nicht anders als höchst kriminell zu bezeichnenden Umweltverschmutzung durch Tankerunfälle und dem inzwischen allgegenwärtigen Mikroplastik.

Ungeachtet der weltweiten Satellitenüberwachung ist aber nach wie vor eine große Anzahl ökologischer Nischen übriggeblieben. Auch wenn der Mensch noch immer seinen Traum nicht ausgeträumt hat, uneingeschränkte Kontrolle über seine Welt zu besitzen: Im Grunde weiß er nichts, und gegen die Natur ist er ein Zwerg.

„Alvin“ auf Tauchfahrt

Der Meeresbiologe Professor Dr. Alexej Jabolow aus Russland war schon vor Jahren davon überzeugt, dass sich in den Tiefen des Indischen Ozeans, ebenso wie im Südwestpazifik, Plesiosaurier erhalten haben. Dies sind jedoch nicht die einzigen Refugien. Auch in anderen Meeresgebieten wurden Exemplare dieser und verwandter Spezies gesichtet.[28]

Im Oktober 1969 befand sich das Tiefseetauchschiff „Alvin“ unter dem Kommando von Kapitän McCamis in der Tongue of Ocean. Dies ist ein über 2.000 Meter tiefer Meeresgraben zwischen der zu den Bahamas gehörenden Insel Andros sowie der Inselgruppe der Exuma Keys. Die Besatzung hatte den Auftrag, ein in der Region verlegtes Tiefseekabel auf mögliche Schäden zu inspizieren. Die „Alvin“ befand sich in einer Tiefe von 5.000 Fuß (etwa 1.500 Meter), als der Kapitän nochmals um gut 300 Fuß (90 Meter) tiefer tauchte, um eine unter einem Vorsprung gelegene Felsspalte zu erreichen. Dies war notwendig, weil das Tiefseekabel, dessen Verlauf sie folgten, die Felsspalte überquerte.

Plötzlich bemerkte McCamis eine verdächtige Bewegung am Meeresgrund. Hierzu gab er später zu Protokoll:

„Ich dachte, wir bewegten uns am Kabel entlang, und überprüfte, ob wir durch eine Strömung abgetrieben wurden. Dabei stellte ich fest, dass unser Tauchboot keine Fahrt machte, sondern vielmehr jenes gesichtete Objekt sich bewegte. Erst kam mir der Gedanke, dass das möglicherweise ein Markierungspfeiler war, vor allem wegen seines beträchtlichen Umfanges. Ich lenkte das Tauchboot in eine Kurve, um einen besseren Blick auf das Kabel sowie den Pfeiler, oder was immer es war, zu bekommen.“

Zu ihrer grenzenlosen Überraschung bekamen der Kapitän und seine Mannschaft einen dicklichen Körper mit Flossen, einem langen Hals und schlangenähnlichem Kopf zu Gesicht, dessen Augen sie direkt und unverwandt anstarrten. Das sonderbare Geschöpf sah aus wie eine riesige Echse mit Flossen, von denen es zwei Paar besaß. Es war erheblich länger als das Unterseeboot. Doch nach kurzer Zeit schwamm es aufwärts davon, wobei es der Besatzung der „Alvin“ den Rücken zukehrte.

Während der gesamten Beobachtung hatte sich dieses rätselhafte Geschöpf im Bereich der Außenkameras aufgehalten, die auf eine Entfernung von 15 bis 25 Fuß (4,50 bis 7,50 Meter) eingestellt waren. Kapitän McCamis beschlich ein ungutes Gefühl, so befahl er das sofortige Auftauchen des U-Boots. In der Nähe einer solchen Kreatur wollte er keinesfalls bleiben.

Pflichtgemäß machte er einen Eintrag in sein privates Notizbuch, dessen Inhalt normalerweise immer in das offizielle Logbuch übernommen wurde. Später hörte er, dass sein Bericht von der Marine, wahrscheinlich auf höheren Befehl, zurückbehalten wurde.

Da sich seine Begegnung rasch herumgesprochen hatte, suchte ihn der Forscher und Meeresbiologe Dr. J. Manson Valentine auf. Dieser war lange Jahre Ehrenkurator des „Museum of Science“ in Miami und als Forschungsassistent des „Bishop Museum“ in Honolulu tätig. Des Weiteren war er als aktiver Taucher bekannt. Nach den Beschreibungen von Kapitän McCamis brachte er das seltsame Meeresgeschöpf zu Papier. Das Ergebnis war atemberaubend – denn die fertige Zeichnung zeigte einen Plesiosaurus! Jeder einigermaßen an Paläontologie Interessierte weiß, dass die Plesiosaurier in der Jura- und Kreidezeit lebten, nach „offizieller“ Lehrmeinung in einem Zeitraum von 200 bis 60 Millionen Jahren vor unserer Zeit. Doch selbst bei mehrmaliger Nachfrage beharrte Kapitän McCamis hartnäckig darauf, genau solch ein Tier im Verlauf seiner Tauchfahrt mit dem Unterseeboot „Alvin“ im Oktober 1969 in der „Tongue of Ocean“ beobachtet zu haben.[111]

Riesenhai oder Plesiosaurus?

Nicht ganz so sicher wie der U-Boot-Kapitän waren sich die Experten bei einem „Fang“, der knappe acht Jahre später auf der anderen Seite der Welt eine Menge Wirbel verursachte. Dort ging der

Mannschaft eines japanischen Fischtrawlers ein Geschöpf an den Haken, das leider nicht mehr so quicklebendig war wie die Kreatur vor den Bahamas. Vor den Küsten Neuseelands betreiben die Japaner den Tintenfischfang in so großem Stil, dass in der Nacht die Lampen der Fischereiflotten auf Satellitenaufnahmen besser zu erkennen sind, als die Beleuchtungen der Großstädte. In diesen Gewässern hievte die Crew des Trawlers Zuiyo Maru am 25. April 1977 Unerwartetes an Bord.

Die sensationellen Einzelheiten wurden wenige Wochen später auf einer Pressekonferenz in Tokyo bekanntgegeben. Die hierbei anwesenden Medienvertreter glaubten ihren Augen und Ohren kaum mehr trauen zu dürfen. Der an Bord gehobene Kadaver, etwa zwei Tonnen schwer und zehn Meter lang, hatte keinerlei Ähnlichkeit mit irgendwelchen uns bekannten, lebenden Tiergattungen.

Stattdessen ähnelte das Geschöpf nach Ansicht einiger anwesender Biologen frappierend einem Plesiosaurus. Man führte den Journalisten Farbfotos vor, welche von der Besatzung des Trawlers nach dem Fang aufgenommen worden waren. Den Kadaver des Tieres, das zum Zeitpunkt des Fanges wohl bereits einige Zeit verendet war, warf man zurück ins Meer. Denn der stank nach Angaben der Fischer so entsetzlich, dass man befürchtete, dass der gesamte übrige Fang dadurch verdorben würde.

Meeresbiologen vermochten dieses „Monster" nach den Aufnahmen zunächst nicht einzuordnen. Einige sahen darin einen riesigen Seelöwen oder eine Meeresschildkröte. Die anderen neigten indes zur Annahme, dass es sich um einen bis zur Unkenntlichkeit verwesten Riesenhai handle.

Professor Fujio Yasudo von der Universität Tokyo erklärte hingegen nach ausführlichem Studium der Fotos, er könne mit Gewissheit nur sagen, dass es sich bei dem abgebildeten Lebewesen weder um einen Wal noch eine Robbe oder Schildkröte ohne Panzer, einen Delphin oder einen Hai handele: „Bei keiner dieser großwüchsigen Arten ist deren Rumpf so lang gestreckt." Körperbau und Ansatzpunkte der Flossen, führte der Experte weiter aus, seien vollkommen anders als bei Haien. Yasudo kam letztlich zu dem Schluss: „Wir kennen keinerlei lebendige Fischart, die dem vor Neuseeland mit dem Schleppnetz zutage geförderten Tier entspräche. Falls es sich um eine Haiart handeln sollte, dann ist sie der Wissenschaft unbekannt."

Dieselbe Ansicht vertraten auch die beiden Forscher Tomoda und Obata vom Museum für Naturwissenschaften in Tokyo, die in erstaunlicher Einmütigkeit bemerkten: „Das Tier, ganz egal ob es nun zu einer Haigruppe oder zu den marinen Reptilien zählt, stimmt mit keiner uns bekannten Gattung oder Art überein." Ihr Kollege in dem genannten Nationalmuseum, Professor Yoshinori Imaizumi, wurde noch konkreter. Er stellte sachlich fest, dass die Überreste „weder von einem Fisch noch von einem Wal oder einem anderen Säugetier" stammen. Seiner Überzeugung nach musste das Tier ein Reptil, höchstwahrscheinlich ein Plesiosaurus gewesen sein. Nach Imaizumis Ansicht war dies eine ebenso wichtige wie wertvolle Entdeckung für die Menschheit: „Sie scheint zu belegen, dass die Tiere doch nicht ausgestorben sind. Zudem kann nicht nur ein einzelnes Exemplar überlebt haben – es muss eine „ganze Gruppe existieren."[106,112,113]

Eine Sonderbriefmarke wert

Die internationale Presse nannte den Fund seinerzeit, in Anspielung auf die im schottischen Loch Ness vermuteten Tiere, scherzhaft „Nessie der Südsee".[114] Zu der Besatzung des Fischtrawlers Zuiyo Maru, wo die rätselhaften Überreste zu liegen kamen, gehörte der damals 39jährige Michihiko Yano, stellvertretender Produktionsleiter der Tyiyo-Fischereibetriebe. Er berichtete auf der genannten Pressekonferenz, der Kadaver habe etwa eine Stunde lang an Deck des Kutters gelegen. In dieser Zeit habe er das Tier fotografiert und genau skizziert.

Demnach hatte das Geschöpf einen 45 Zentimeter langen Kopf, der an einem eineinhalb Meter langen Hals saß. Der Schwanz maß zwei Meter, und dann waren noch paarige Flossen an der Vorder- und Hinterseite des Rumpfes. Die Wassertiefe am Fangort, ungefähr 50 Kilometer vor der neuseeländischen Stadt Christchurch, gab er mit 350 Metern an. Michihiko Yano vermutete, dass die Kreatur schon einen Monat lang tot gewesen sein musste. Das Tier stank nicht wie ein verwesender Fisch. Als man es an Bord zog, schnitt das Tau durch den Rumpf.[106,112,113]

Bei aller Uneinigkeit, welche die Experten an den Tag legten: Für die Postverwaltung im „Lande der aufgehenden Sonne" schien die Frage um die wirkliche Identität des geheimnisvollen Meeresbewohners bereits geklärt. Denn sie gab in der Folge eine gelungene Sonderbriefmarke aus, auf der das Skelett wie auch die Umrisse eines Plesiosauriers dargestellt sind.

Sechs Jahre nach dem Zufallsfang der Zuiyo Maru spülten die Wellen des Atlantischen Ozeans am „Bungalow Beach" – dieser liegt im westafrikanischen Staat Gambia – einen weiteren, ähnlich aussehenden Kadaver ans Ufer.

Am 12. Juni 1983 war ein gewisser Owen Burnham, der etliche Jahre seines Lebens in Westafrika verbracht hatte, und folglich mit der dortigen Tierwelt recht vertraut war, an dem erwähnten Strand mit seiner Familie unterwegs. Dort hatte das Meer einen beinahe fünf Meter langen Kadaver angespült, der an seiner Oberseite eine schwarze Färbung besaß, während die Unterseite heller schien. Die lange Schnauze des toten Geschöpfs enthielt 80 Zähne sowie zwei Nasenlöcher am Ende des Oberkiefers. Zudem waren deutlich zwei Flossenpaare zu erkennen.

Da Wale und Delphine Luftlöcher im Rückenbereich an Stelle von Nasenlöchern besitzen und auch nur ein vorderes Paar Flossen (die hinteren sind nur noch an rudimentären Knochen an dem zurückgebildeten Becken zu erkennen), kann das unbekannte Tier vom Bungalow Beach kein neuzeitlicher Vertreter der Walfamilie gewesen sein. Ebenso kann es noch nicht lange tot gewesen sein, denn dessen Überreste waren äußerlich noch nicht in Verwesung übergegangen, was in den Tropen normalerweise sehr schnell vor sich geht. Außer dem Umstand, dass eine der zwei Hinterflossen eingerissen war, zeigte das Geschöpf keine weiteren, äußerlich erkennbaren Verletzungen.

Auf der Basis aller Informationen, welche der britische Kryptozoologe Dr. Karl P.N. Shuker von Owen Burnham bekam, den er beiläufig als einen „extrem vertrauenswürdigen Augenzeugen" charakterisierte, stellte er zunächst eine Liste von insgesamt sechs möglichen Identifikationen auf. Darin waren Schnabelwal, Mosasaurus und Plesiosaurus, der Ur-Wal Archaeocetus sowie der Ichthyosaurus und der Thalattosuchier enthalten. Aber nur zwei Tierarten blieben schlussendlich als Erklärung übrig:

1. Der Thalattosuchier; dies ist die Bezeichnung für ein in den Ozeanen lebendes, fossiles Salzwasserkrokodil.
2. Ein Pliosaurier; dies ist eine Unterart der Plesiosaurier, der einen deutlich kürzeren Hals aufweist als diese.[106,115]

Berichte aus Russland

Dr. Shuker kam letztlich zu dem Schluss, dass es sich mit großer Wahrscheinlichkeit um einen Pliosaurus handle. Er bezeichnete den Fund aus dem kleinen westafrikanischen Land als eines der wohl herausragendsten Indizien, die wir bislang für die Existenz urzeitlicher, mariner Lebensformen besitzen.[106,115] Im Spätherbst des Jahres 2002 entdeckten Paläontologen des Karlsruher Naturkundemuseums in Mexiko die fossilen Reste eines geradezu gigantischen Vorläufers des Pliosauriers vom Bungalow Beach. Es handelte sich womöglich um die größten Raubtiere, die je auf Erden lebten, und die Längen bis zu 25 Metern erreichten. Bei diesem unweit des Ortes Aramberri im nordöstlichen Mexiko entdeckten Exemplar handelte es sich wahrscheinlich um ein Jungtier, das nach den Schätzungen der Paläontologen „nur" eine Länge von 18 Metern und ein Gewicht von etwas mehr als 50 Tonnen hatte. Die Karlsruher Paläontologen nannten es trotzdem das „Monster von Aramberri".[116]

Im Osten Sibiriens erstreckt sich das Land der Jakuten. Das ist ein Volk, das der türkischen Sprachgruppe angehört. Im dortigen Labynkir-See werden seit den 1950er Jahren immer wieder mysteriöse Ungeheuer gesichtet. Zu Zeiten der Sowjetunion wurden auch Expeditionen in die schwer zugängliche Region organisiert. Was daraus geworden ist, und ob sie schlussendlich zu konkreten Ergebnissen führten, darüber hörte man bei uns wenig. Die Moskauer Universität sandte im Herbst 1964 Wissenschaftler an einen anderen See: Den Khyeyr-See im Norden Russlands. Über das nur 150 Kilometer vom Eismeer entfernte und sehr einsame Gewässer raunten sich die Nomaden seit vielen Jahrhunderten unheimliche Geschichten zu. Mit dem Erfolg, dass die Einheimischen ängstlich die Seeufer meiden.

Als der Biologe Professor N. Gladkikh seine ersten Erkundungen der Ufer des Khyeyr-Sees unternahm, begegnete er dort wirklich einer geheimnisvollen Kreatur: „An der Wasseroberfläche zeigte sich eine unvermittelte, heftige Bewegung, dann sah ich das schauerliche Untier auftauchen, das einem Ichthyosaurus glich. Es hielt ein paar Minuten inne, dann aber schwamm es rasch ans Ufer und drang ans Festland vor."

Seine weitere Beschreibung, die später sogar in der Parteizeitung „Komsomolskaja Prawda" veröffentlicht wurde, lässt hingegen eher vermuten, dass er einer Art Plesiosaurus begegnet war. Aus dem Grund, da der Ichthyosaurus, der ebenfalls die Meere der Jura- und Kreidezeit bevölkerte, bei Weitem nicht so aussah, dass die folgenden Details auf ihn gepasst hätten: „Der kleine Kopf saß auf einem sehr langen, schlangenförmigen Hals. Sein schwarzer Körper war fast völlig von Schuppen bedeckt."[39]

Dies beschreibt ganz sicher keinen Ichthyosaurus, der durch seinen am Körper sitzenden Kopf und der haiähnlichen Flosse am Rücken leicht von anderen Schwimmsauriern zu unterscheiden ist. Zudem waren diese Fischechsen reine Wasserbewohner und konnten nicht an Land gehen. Übrigens hatten Gladkikhs Kollegen dessen Bericht anfangs keinen Glauben geschenkt. Doch nur wenige

Tage später sahen auch zwei weitere Forscher das Wesen, welches die Einheimischen so sehr in Angst und Schrecken versetzte.

Große Augen in fischartigem Kopf

Von einem anderen Untier erfuhr die Bevölkerung in Russland zum ersten Mal im Winter 1991/92 aus einem der abgelegensten Landesteile. Schauplatz war ein größerer See, unweit dem kleinen sibirischen Dorf Sharipovo. Den Beschreibungen der Dorfbewohner nach glich die Kreatur einer großen Schlange mit einem Kopf, dessen Größe dem eines ausgewachsenen Schafes entsprach. Die Länge betrug mindestens sechs Meter, und die leuchtend smaragdgrüne Färbung war von außergewöhnlicher Brillanz. Mit hoch über die Seeoberfläche erhobenem Kopf schwamm das bis heute nicht identifizierte Reptil über das Wasser dahin; sein Durchmesser entsprach etwa dem eines Baumstammes. Die Menschen waren darüber beunruhigt, dass das Geschöpf ab und an das Wasser verließ. Bei der Gelegenheit machte es an Land Abdrücke mit einer Tiefe, wie sie die Kufen eines schwer beladenen Lastenschlittens hinterlassen. Das Tier musste also ein beachtliches Gewicht besitzen![117]

Und um die Jahreswende 1996/97 wurde im Brosno-See bei Twer – die Stadt liegt 150 Kilometer nordwestlich von Moskau an der oberen Wolga – wiederholt ein unbekanntes Tier beobachtet. Von den Zeugen wurde es übereinstimmend als schlangenförmig beschrieben, mit einer Länge von etwa fünf Metern. Bemerkenswert seien die großen Augen in einem fischartigen Kopf gewesen.

Berichte über ähnliche Kreaturen in dem zehn Kilometer langen und bis 40 Meter tiefen Binnensee reichen zeitlich recht weit zurück, bis in die fünfziger Jahre des 19. Jahrhunderts. Indes war das Interesse der Wissenschaftler beschämend gering. Trotz wiederholter und gut bezeugter Beobachtungen durch viele Bewohner des direkt am See gelegenen Dorfes Benyok waren die russischen Zoologen nicht geneigt, dort genaue Untersuchungen anzustellen. Selbst ein – wenngleich etwas unscharfes – Foto, das von einer

Gruppe von Ausflüglern aus Moskau von jenem „Brosno-Ungeheuer“ gemacht wurde, änderte überhaupt nichts an der überheblichen Einstellung der Fachgelehrten.[117]

Erwarten diese Herrschaften denn allen Ernstes, ein solches Geschöpf frei Haus an den Seziertisch geliefert zu bekommen?

Das „Monster vom Van-See“

Auch der südlich des Berges Ararat gelegene Van-See in Ost-Anatolien (türk.: Van Gölü) soll in seinen Wassern eine unbekannte Lebensform beherbergen. Diese wird meist als eine „haarige Seeschlange“ mit dornartigen Fortsätzen am Rücken beschrieben. Und das seit mehr als einhundert Jahren, denn zum ersten Mal berichtete eine türkische Zeitung im Jahre 1889 darüber.[118]

Am 12. Juni 1997 wurde ein Video vorgestellt, das das Tier zeigen soll, wie es im See schwimmt. Aufgenommen hatte die nur ein paar Sekunden andauernde Sequenz der damals 26jährige Unal Kozak, Assistent an der Universität von Van. Auf dem Band – es soll von einigermaßen guter Qualität sein –, ist etwas Dunkles auszumachen, das relativ nahe zum Ufer schwimmt und daraufhin untertaucht. In der Zwischenzeit hat Unal Kozak schon mehr als 1000 Augenzeugen befragt, die das Seeungeheuer beobachtet haben. Er verfasste auch ein Buch, in welchem er eine Rekonstruktion des Tieres präsentiert. Es soll eine Länge von 15 Metern besitzen, weshalb die bekannten Vertreter der Fauna als Erklärung ausscheiden. Das Video wurde von Spezialisten der Universität Cambridge untersucht – die allerdings keinerlei Hinweise auf etwaige Manipulationen oder eine Fälschung entdeckten.[117]

Als die Nachricht von Kozaks Video die Runde machte, zeigte der berühmte französische Meeresforscher Jacques Cousteau lebhaftes Interesse, selbst im Van-See nach dem ominösen Geschöpf zu fahnden. Erste Vorbereitungen für eine Tauchfahrt wurden in Angriff genommen – leider sollte es so weit nicht mehr kommen. Ende Juni 1997 verstarb Cousteau im hohen Alter von 87 Jahren. Ein unersetzlicher Verlust für die Erforschung jener Bereiche, die über 70 Prozent der Erdoberfläche ausmachen.

Nach 1997 geriet besagtes „Monster vom Van-See" für etwas mehr als ein Jahrzehnt in Vergessenheit. Und zwar bis zum 19. September 2010, als der Bauunternehmer Behcet Koc zusammen mit vier Freunden für ein Picknick zum Van Gölü fuhr.

Dort erwartete ihn ein echter Schock: „Das Monster kam direkt auf uns zu, und es machte den Eindruck, dass es uns töten wolle. Wir hatten Todesangst. Es war rabenschwarz und hatte eine Art Zacken auf dem Rücken. Es hat sich schnell bewegt, als würde es im Wasser etwas suchen. Den Kopf hatte es ständig unter Wasser, wir konnten ihn aber sehen. Wohl wegen dem Lärm, den wir machten, ist es dann rasch wieder verschwunden. Es hat an verschiedenen Stellen Spuren hinterlassen, die deutlich zu sehen waren. Ich stand völlig unter Schock, und habe mich erst Tage danach wieder einigermaßen erholt."[118]

Wie es aussieht, wimmelt es hienieden nur so von urtümlichen Lebensformen, die wir längst ausgestorben glaubten.

8. Dichter Dschungel und nebelverhangene Gewässer

Auf der Suche nach den letzten lebenden Sauriern

In den vorangegangenen Kapiteln habe ich einen weiten Bogen gespannt: Von „lebenden Fossilien“ und Drachensagen aus grauer Vorzeit, von Urängste erregenden, gewaltigen Schlangenmonstern, Alpträumen mit Flügeln bis hin zu jenen Geschöpfen, die das nasse Element bevölkern. Kreaturen, die schon so oft von zuverlässigen Augenzeugen beobachtet wurden, dass an ihrer Existenz nicht mehr zu zweifeln ist. Und doch schwebt über allen – einem Schwert des Damokles gleich – die Ignoranz der wissenschaftlichen Allmacht, in unheiliger Allianz gepaart mit jenem größenwahnsinnigen Anspruch, wirklich die letzten Winkel unseres Planeten vollständig erforscht zu haben.

Wer sich mit oberflächlichen Erklärungsmustern nicht zufrieden geben will, für den ist die folgende Frage eigentlich logisch, legitim und längst überfällig: Wenn so viele eigentlich ausgestorbene Arten es geschafft haben, unvorstellbare Zeiträume zu überbrücken – warum sollten nicht auch die einen oder anderen Giganten aus dem Erdmittelalter ökologische Nischen zum Weiterbestehen gefunden haben? Ich spreche von den Tieren, unter deren mächtigen Schritten dereinst die ganze Erde erzitterte: Die Dinosaurier.

Wie bitte? Diese Frage werden – mit einem mehr oder weniger ausgeprägten Unterton zwischen Unverständnis und Empörung – ohne Frage manche Zeitgenossen stellen. Ganz besonders wohl jene Forscher in den Elfenbeintürmen der „exakten Wissenschaften“, denen es sicher nicht einfallen würde, sich in die „grüne Hölle“ noch immer unerforschter Regionen zu begeben. Wie das mancher Abenteurer, aber auch ein paar wenige Forscher getan haben, die gerne weiter blicken als nur bis zum Tellerrand unseres überkommenen Schulwissens. Ihre ablehnende Haltung untermauern sie mit dem Argument, dass nur wenige kleinere Tiere dem großen Artensterben am Ende der Kreidezeit entrinnen konnten. Nach vorherrschender Meinung entfesselt durch einen Meteoriteneinschlag, der eine weltweite Klimakatastrophe nach sich zog. Zwar habe es vorher immer wieder einmal Klimaschwankungen mit kühleren Phasen gegeben, aber der inzwischen im heutigen Mexiko verortete Asteroidenimpakt habe ihnen dann den Rest gegeben.[119]

„Liebling, ich habe die Dinosaurier geschrumpft"

Dank ihrer Kleinwüchsigkeit seien dann die wenigen Überlebenden, die sich – wie immer auch – verstecken konnten, nicht den Weg alles Irdischen gegangen, konnten sich somit weiterentwickeln. Da sich für alle größeren Spezies die Lebensbedingungen rapide verschlechterten, hätten kleinere Tiere die entstandenen Räume gefüllt. So funktioniert Evolution ...

Was ist dann aber mit den Krokodilen, den Waranen, den Riesenschildkröten und anderen Großreptilien, die damals schon zu den Weggefährten der Dinosaurier zählten? Sie haben den Sprung in unsere Zeit geschafft. Ich kann mich noch lebhaft an meinen ersten Besuch im Zoo von Peking erinnern, als ich dort – hinter schützendem Panzerglas – im Reptilienhaus ein Salzwasserkrokodil aus dem Norden von Australien bestaunte. Das gigantische Geschöpf maß locker acht Meter in der Länge! Seine Schulterbreite betrug gut einen Meter. Nach der obigen Logik hätte es überhaupt nicht existieren dürfen mit seinen wahrhaft urzeitlichen Dimensionen. Es hätte sich, um dem großen Sterben zu entgehen, buchstäblich erst „gesundschrumpfen" müssen.

Allein die Tatsache, dass man bis heute – mit Ausnahme von ein paar aufgefischten oder angespülten Kadavern – noch keinen Vertreter der erdmittelalterlichen Fauna lebend fangen konnte, ist noch lange kein Beweis gegen das Überleben einiger Saurier. Auch große Landtiere vermögen, was Tarnen und Täuschen betrifft, so einiges Erstaunliches zu leisten. Man kann es als einen Beweis dafür werten, dass beileibe nicht nur der Homo sapiens mit der „Flamme der Intelligenz“ erleuchtet ist.

Wie lange sich zum Beispiel die großen Warane auf der Insel Komodo ihrer Entdeckung zu entziehen vermochten[38,39], oder die inzwischen in mehreren Unterarten bekannten, urtümlichen Quastenflosser[29,30,31,32], habe ich bereits in einem vorangegangenen Kapitel dargestellt. Das Okapi wurde bis zu dessen offizieller Anerkennung als „verspäteter Aprilscherz“ angesehen. Zu Beginn des Jahres 1997 fingen Fischer im Kinabatangan-Fluss im Norden von Borneo einen Hai mit schwarzen Augen und stumpfer Nase. Der kleine Räuber, der nur einen knappen halben Meter lang ist, zählt zur Familie der auf Borneo einst heimischen Flusshaie. Bis zu diesem Zeitpunkt konnte man ihn nur in fossilem Zustand in einem Wiener Naturkundemuseum bestaunen.[117]

Und da gibt es – nicht wenige – Vertreter der hehren Wissenschaften, die die mögliche Existenz überlebender Saurier des Mesozoikums kategorisch ausschließen. Wären sie sich jedoch der Tatsache bewusst, dass die Geschichte der Wissenschaft gleichzeitig die Geschichte zahlloser Irrtümer ist – sie würden keine derartige Entschiedenheit mehr an den Tag legen! Wie lange wurde zum Beispiel die unumstößliche „Wahrheit“, dass die Erde eine Scheibe sei, von den Gralshütern des Wissens geradezu mit Klauen und Zähnen verteidigt? Andersdenkende wurden – so sie Glück hatten! – zum Gespött gemacht und als Spinner abgetan. Weitaus häufiger aber wurden sie von der „heiligen“ Inquisition gnadenlos verfolgt. Zum Schluss wartete der Scheiterhaufen auf jene unglücklichen Delinquenten. Und wie steht es um die „Erkenntnis“ dass alles, was schwerer ist als Luft, nie und nimmer fliegen könnte? Die Liste ist endlos lang, und man könnte locker ein eigenes Buch damit füllen. Das soll aber nicht meine Intention sein, deshalb komme ich an dieser Stelle schnell zurück zum eigentlichen Thema.

Über gewaltige, urzeitliche Geschöpfe existieren eine Menge Berichte glaubwürdiger Augenzeugen. Viel zu viele, um sie noch länger als reine Phantasieprodukte übergehen zu können. Oder als die

Abwandlungen von alten Sagen und Volksmärchen. Genauer betrachtet, dürften auch diese einen wahren Kern besitzen.

Dampferfahrt über den Victoria-See

Ein Erdteil, der selbst im 21. Jahrhundert noch eine Anzahl großer, weitgehend unerforschter Regionen besitzt, ist Afrika. Zum jetzigen Zeitpunkt gibt es alleine im Kongobecken und in den ausgedehnten Sümpfen Zentralafrikas Landstriche, mit einer Fläche, die noch größer ist als jene der Benelux-Länder zusammengenommen. Wegen ihrer Undurchdringlichkeit wurden diese bis zum heutigen Tag noch nicht erforscht. Eingeborene Stämme, die am Rande dieser nach wie vor weißen Flecken auf den Landkarten unseres Wissens leben, berichten seit vielen Generationen über gewaltige Geschöpfe, die man ohne viel Phantasie in die Gruppe der Dinosaurier einordnen kann. Wie sonst könnten Eingeborene, die überhaupt keine Ahnung von Paläontologie haben, so treffende und detaillierte Beschreibungen längst ausgestorben geglaubter Kreaturen abgeben?

Der erste Europäer, der sich mit derartigen Fragen beschäftigt hat, war der legendäre Jäger, Abenteurer und Elfenbeinhändler Alfred Aloysius Horn; in die Literatur und Filmgeschichte ist er als „Trader Horn“ eingegangen. Der Afrikareisende erzählte, er selbst habe wiederholt die monströsen Spuren eines riesigen Reptils zu Gesicht bekommen. Später hätte er bei verschiedenen Stämmen in Kamerun gehört, es handle sich um ein Ungeheuer mit Namen „Jaco-Nini“, das in den unzugänglichen Sümpfen im Innern des Landes hause.[39]

Eine noch ungleich dramatischere Schilderung verdanken wir dem britischen Politiker und Afrikaforscher Sir Clement Hill (1845–1913), der selbst ein saurierartiges Geschöpf anlässlich einer Dampferfahrt über den Victoria-See sichtete. Noch ganz unter dem Eindruck eines über die Maßen erschreckenden Vorfalls vertraute er seinem Reisetagebuch an:

„Ich stand auf dem Deck des Dampfers, der über den See fuhr. Bezaubert betrachtete ich die wunderbare Landschaft, als sich ganz plötzlich aus dem Wasser ein Tier erhob, das mir vollkommen unbekannt war. Zuerst erschien ein kleiner Kopf, der am Ende eines überaus langen Halses saß; dieser ging seinerseits in einen scheußlichen Rumpf über. Immer mächtiger begann sich dieser lange Hals zu erheben, bis er letztendlich die Höhe des Schiffes erreicht hatte und sich diesem näherte. Nun versuchte das Tier den Posten am Bug zu packen. Und erst im allerletzten Augenblick bemerkte der Neger die drohende Gefahr und lief vor Entsetzen laut schreiend davon.“[39]

Der Vorfall rief die britischen Kolonialbehörden auf den Plan. Im Zuge einer rasch eingeleiteten Untersuchung durch den englischen Gouverneur konnte festgestellt werden, dass dem in der betreffenden Region ansässigen Stamm der Bagandache dieses Ungeheuer von zahlreichen Begegnungen her absolut vertraut war. Die Eingeborenen hatten ihm den Namen „Lukwata“ gegeben. Das Geschöpf war auch jenen Stämmen leidlich bekannt, die unweit der Sümpfe am Oberen Nil siedelten. Ebenso verschiedenen Gruppen, die im Grenzgebiet der heutigen Staaten Uganda, Tanzania sowie Kenia wohnen. Einige von ihnen beten die mysteriösen Geschöpfe als einen „Fleisch gewordenen Geist des Bösen“ an. Sie bedachten diese Tiere mit den Namen „Chipekwa“ und „Mokele M'bembe“, wobei sie ihnen – wenigstens in früheren Zeiten – mit Sicherheit auch regelmäßig Opfer dargebracht haben.

Massaker an Krokodilen und Flusspferden

Menschliche Opfer natürlich. Über die gerade erwähnte Heimsuchung, die unter dem Namen „Mokele M'bembe“ bekannt wird, werde ich etwas später noch in aller Ausführlichkeit berichten.

Im Jahr 1910 sammelte der amerikanische Schriftsteller Edgar Beecher Bronson ähnlich lautende Berichte. Zu jener Zeit hörte der deutsche Forscher Leutnant Paul Gratz, der erstmalig den afrikanischen Kontinent mit dem Dampfschiff vom Indischen Ozean bis zur Kongomündung durchquerte, von einem vergleichbaren Untier. Es solle im Bangweolo-See im heutigen Sambia leben – derselbe See ist uns bereits im Zusammenhang mit dort lebenden Flugsauriern begegnet –, und fürchterliche Blutbäder unter den Krokodilen angerichtet haben.

Ein weiterer, zu Lebzeiten recht aktiver Afrikaforscher war der bereits erwähnte Major Hans Schomburgk. Der hatte als Offizier noch am Burenkrieg von 1899 bis 1902 teilgenommen. Auch entdeckte er mehrere Tierarten, so etwa das Zwergflusspferd in Liberia. Bis kurz vor seinem 80. Geburtstag fuhr er noch immer auf Forschungsreisen in seinen geliebten, Schwarzen Kontinent. Major Schomburgk war aufgefallen, dass in besagtem Bangweolo-See keine Flusspferde mehr lebten. Von örtlichen Stämmen erfuhr er schließlich, dass die Tiere von dem Ungeheuer fast vollständig ausgerottet worden waren. Auch von anderen Eingeborenenstämmen, die 800 Kilometer weiter westlich lebten, und niemals mit den am Bangweolo-See lebenden in Berührung gekommen waren, vernahm er dieselbe Erklärung. Ein wahrhaft schrecklicher Ruf, der dem rätselhaften Untier da vorauseilte.

Als Hans Schomburgk wieder zurück in Deutschland war, legte er seine Aufzeichnungen dem angesehenen Jäger, Tierhändler und Forscher Karl Hagenbeck (1844–1913) vor. Dieser gab Schomburgk zur Antwort, er habe während seiner Tierfangexpeditionen stets von ähnlichen Ungeheuern erzählen gehört und daraus gefolgert, dass es sich um dieselbe Spezies handeln müsse.[120]

Die entsprechenden Aussagen waren alle übereinstimmend. Irgendein Dinosaurier, möglicherweise ein Brontosaurus, ein gedrungener Riese von graubrauner Farbe, mit einem winzigen Kopf auf einem langen und äußerst beweglichen Hals. Dieses Tier ernährt sich wahrscheinlich vorwiegend von Pflanzen, greift aber auch Flusspferde und Krokodile an, allerdings ohne sie zu verschlingen. Verschiedene Felszeichnungen, auf denen solche Ungeheuer abgebildet sind, fand man in den Ländern der Region. So zeigen die Malereien in einer Höhle bei Mpika in Sambia Tiere, die keinem heute lebenden ähnlich sehen – dagegen Dinosauriern mit langem Hals und kleinem Kopf.[74]

Durch die packenden Reiseerinnerungen von Schomburgk angeregt, rüstete Karl Hagenbeck eine Expedition aus. Sein Plan war es, einen dieser mysteriösen Saurier – denn ganz sicher handelt es sich um eine ganze Anzahl von ihnen – einzufangen. In diese Expedition, die er unter der Leitung seiner besten Tierfänger ausschickte, investierte er eine beträchtliche Summe Geldes. In diesem Kontext sei zu bedenken, dass ein versierter Geschäftsmann (lassen wir einmal eine gewisse Begeisterung für das Abenteuer außen vor), so ein Risiko kaum eingehen würde, hätte er nicht stichhaltige Gründe und ein gewisses Maß Hoffnung auf Erfolg. Leider sollte er sein hehres Ziel nicht erreichen: Tropenkrankheiten und Überfälle feindseliger Eingeborener zwangen bald zur Umkehr.[120]

Vom Fieber geschüttelt

In jenen Jahren veröffentlichte der Südafrikaner F. Gobler, ein bewanderter Großwildjäger, in der Kapstadter Zeitung „Cape Argus“ eine gut recherchierte Serie über diese Ungeheuer sowie deren wiederholtem Auftauchen in den Sümpfen von Dilolo (Angola), im Victoria-See und im Mweru-See Rhodesiens, dem heutigen Simbabwe. Und obgleich diese Beiträge mit einigen einigermaßen scharfen Fotografien bebildert waren, blieben die Zoologen, um deren Meinung befragt, auffallend zurückhaltend.[121]

Der erwähnte Afrikareisende Hans Schomburgk bekam nur die Auswirkungen der Massaker zu Gesicht, die von den Monstern der Vorzeit an Krokodilen und Flusspferden angerichtet wurden. Aber mindestens eine Begegnung aus dem Jahr 1932 ist aktenkundig geworden, als eines der Ungeheuer bei seiner blutrünstigen Mahlzeit beobachtet werden konnte.

In jenem Jahr begegnete dem Schweden J.C. Johanson, welcher an einer Safari am Rand des zentralafrikanischen Sumpflands teilnahm, ein saurierartiges Geschöpf. Das Tier, dessen Länge Herr Johanson auf ungefähr 16 Meter schätzte, hatte ein ausgewachsenes Nashorn getötet und sich über seine Beute hergemacht. Was dann geschah, konnte er erst Tage später schildern:

„Ich war völlig verwirrt. Erst nachdem ich mich vom ersten Schrecken etwas erholt hatte, griff ich zur Kamera. Ich hörte, wie die Knochen des Nashorns unter den gewaltigen Zähnen des Sauriers barsten. In dem Augenblick, als ich auf den Auslöser drückte, sprang das Ungeheuer ins tiefere Wasser. Das Erlebnis schockierte mich. Völlig erschöpft sank ich hinter einem Busch zusammen, wo ich mich versteckt hatte. Dann wurde mir schwarz vor Augen. Ich muss wie ein Wahnsinniger ausgesehen haben, als ich endlich unser Lager erreichte. Wie wild schwenkte ich die Kamera vor meinen Jagdkollegen hin und her und stieß unartikulierte Laute aus. Acht Tage lang wurde ich von einem starken Fieber geschüttelt und war fast die ganze Zeit bewusstlos.“[121]

Auf der Jagd nach Mokele M'bembe

Seit annähernd 250 Jahren kennt man mittlerweile die nicht verstummen wollenden Berichte über gewaltige, unbekannte Tiere im Herzen von Afrika. So berichtete der französische Priester Abbe Proyart anno 1776 in einem Werk über Zentralafrika, es gebe anhaltende Gerüchte über ein seltsames Tier, das in den Sümpfen dieser Region sein Unwesen treiben soll:

„Missionare fanden im Wald die Spuren eines Tieres, das sie zwar nicht sehen konnten, das aber monströs gewesen sein muss. Auf dem Boden sahen sie Abdrücke von Klauen, die in etwa einen Meter Umfang besaßen. Die Anordnung der Abdrücke wiesen darauf hin, dass jenes Tier gegangen und nicht etwa gelaufen war; der Abstand betrug zwei bis zweieinhalb Meter.“[74]

Diese Beschreibung deutet auf eine Kreatur hin, deren Größe sich irgendwo zwischen der eines Nashornes und einem Elefanten bewegte. Doch einerseits besitzen diese zwei Vertreter von Afrikas

„Big Five“ – mit diesem Namen sind die fünf größten Tiere der Fauna des schwarzen Kontinents gemeint – keine Klauen. Darüber hinaus beharrten die Eingeborenen unbeirrt darauf, dass es keineswegs Elefanten oder Nashörner waren, welche für die mysteriösen Spuren verantwortlich seien.[74,122]

In den Anfangsjahren der großen Expeditionen in die Wildnis Afrikas hatten die Forschungsreisenden schon genügend ernstere Probleme mit bekannten Tieren und feindlich gesonnenen Stämmen zu bestehen. Auch mit für sie neuen Tropenkrankheiten. Aus den Gründen konnten sie den „abgefahrenen“ Schilderungen nicht die Aufmerksamkeit widmen, die diesen zugekommen wäre. Sie hielten all das nur für Produkte einer ausufernden Phantasie örtlicher Eingeborener und deren weit verbreiteten Aberglauben. Trotzdem brachten die Forschungsreisenden, ihrer Chronistenpflicht genügend, die ersten Meldungen über unidentifizierbare, riesige Fußabdrücke von ihren gefahrvollen Reisen mit nach Europa.

Das wohl bekannteste dieser urzeitlichen Tiere, von denen bis zum heutigen Tag noch immer die Rede ist, bezeichnen die lokalen Eingeborenen als „Mokele M'bembe“. Der Name stammt aus der Lingala-Sprache und kann auf verschiedene Weise übersetzt werden: „Der, der den Fluss aufhält“, „welcher die Spitzen der Palmen isst“ oder „halb Gott, halb Tier“. Hin und wieder hört man auch die Umschreibung „das Fleisch gewordene Böse“; es mag die große Furcht der Menschen vor dieser gewaltigen und nicht ungefährlichen Kreatur ausdrücken.[122]

Mokele M'bembe soll seine Heimat in den noch immer fast unzugänglichen Sumpfregionen von Likouala, die durchzogen sind von zahlreichen Flüssen, sowie im Lac Tele in der Volksrepublik Kongo haben. Diese noch weitestgehend unerforschten Sümpfe in Zentralafrika haben sich seit dem Ende der Kreidezeit, also dem „offiziellen“ Zeitpunkt des Aussterbens der Dinosaurier, so gut wie überhaupt nicht verändert. In diesen gut 60 Millionen Jahren ist das besagte Gebiet weder von geologischen Kräften noch durch die

Einwirkung des Menschen nennenswert beeinflusst worden. Wenn also eine Population dieser Saurier bis in unsere Tage überlebt haben könnte, dann wäre als Lebensraum ein Sumpfland wie dieses am wahrscheinlichsten.[74]

Im Laufe der vergangenen eineinhalb Jahrhunderte haben sich zahlreiche Forscher, Abenteurer und Wissenschaftler – allesamt angestachelt durch die Hoffnung, tatsächlich noch auf lebende Dinosaurier zu treffen – auf die Jagd nach dem rätselumwobenen Mokele M'bembe gemacht. Im Anhang zu diesem Buch präsentiere ich eine – nicht vollständige – Liste der Expeditionen, die eigens zu diesem Zweck ausgesandt wurden.

Sauriers Lieblingsmahl

Bereits seit den 1880er Jahren, kurz nachdem das Königreich Belgien einen großen Teil des Kongo als Kolonie für sich beanspruchte, werden Expeditionen zu diesem Zweck unternommen. Im Jahre 1913 leitete dann der Offizier des kaiserlich-deutschen Heeres, Freiherr von Stein zu Lausnitz, die erste richtige Forschungsreise nach dem Likouala-Distrikt, der zu jener Zeit noch zur deutschen Kolonie Kamerun gehörte. Was er dabei über die mysteriöse Kreatur in Erfahrung bringen konnte, verraten seine detaillierten Aufzeichnungen:

„Dieses Tier soll eine glatte, bräunlich-graue Haut besitzen, und ungefähr die Größe eines ausgewachsenen Elefanten, mindestens aber die eines Nilpferdes. Es soll einen langen und recht beweglichen Hals haben, sowie einen einzigen sehr langen Zahn. Manche meinen auch, es handele sich um ein Horn. Der eine oder andere erwähnte auch einen langen und muskulösen Schwanz, etwa dem eines Alligators vergleichbar.

Einbäume dort ansässiger Negerstämme, die ihm zu nahe kamen, wurden versenkt. Es heißt, das Tier greift Boote an und tötet die Besatzungen, allerdings, ohne diese zu fressen. Man sagt, es lebe in Höhlen, welche der Fluss an scharfen Biegungen aus den lehmigen Ufern herausgewaschen hat. Des Tages soll es an Land klettern, um nach Nahrung zu suchen. Es ernährt sich angeblich rein pflanzlich. Dieses widerspricht einer möglichen Erklärung des Tieres als Mythos. Man hat uns sogar die Lieblingsspeise gezeigt: Eine Art von Liane mit großen weißen Blüten, milchigem Saft und apfelähnlichen Früchten."[39,123,124,125]

Gemeint ist damit die bei den Eingeborenen Malombo genannte Kletterpflanze Landolphia mannii, deren Geschmack herb-süßlich ist. Botaniker wissen, dass diese Liane bereits zur Kreidezeit in der Region heimisch war.[74] Doch lassen wir hier noch einmal den Offizier des kaiserlichen Heeres zu Wort kommen:

„Am Ssombo-Fluss hat man uns zu einem Pfad geführt, welchen das Tier im Vorübergehen gezogen hatte; er bestand offensichtlich noch nicht lange, und führte auch an den beschriebenen Pflanzen vorbei. Spuren von Elefanten, Flusspferden und anderen Tieren machten eine genauere Untersuchung unmöglich."[39,123,124]

Aus dem Norden des heutigen Simbabwe kam der Bericht eines Engländers, der über 20 Jahre am Bangweolo-See im angrenzenden Staat Sambia gewohnt hatte. Der Mann schilderte, wie der Großvater eines Stammeshäuptlings jener Gegend ein Ungeheuer mit einer glatten, dunklen Haut und einem Horn auf dem Kopf erlegt hatte. Die Geschichte war unter der ortsansässigen Bevölkerung weit verbreitet. Sogar ein britischer Kolonialbeamter vermochte den Wahrheitsgehalt zu unterstützen: Er erblickte am Seeufer überdimensionale Trittspuren, die eines der mysteriösen Tiere im weichen Boden hinterlassen hatte.

Und der französische Großwildjäger Le Page, der im Jahr 1920 aus dem Kongo zurückkehrte, berichtete, er habe in einem Sumpf ein merkwürdiges Geschöpf von ungefähr acht Metern Länge angetroffen. Die Kreatur sei sogar auf ihn losgegangen, wobei es ein angsterregendes, schnaubendes Geräusch hören ließ. Le Page habe „wie wild" auf das Untier geschossen, und als es nicht stehenblieb, musste er fluchtartig das Weite suchen. Als das Ungeheuer nach einiger Zeit die Verfolgung aufgegeben hatte, drehte sich der Jäger um, und beobachtete es noch eine Zeitlang mit seinem Fernglas. Seiner Beschreibung nach war dieses Tier viel länger als alle bekannten Tiere in Afrika, mit einem langen, spitz zulaufenden Schädel, einem kurzen, gebogenen Horn zwischen den Nasenlöchern und einem schuppigen Höcker auf seinen Schultern. Die Vorderfüße schienen kompakt wie die eines Pferdes, und die Hinterfüße in Klauen gespalten zu sein.[125,126]

Unterbrochene Nachforschungen

Es war ebenfalls im Jahre 1920, als die Smithsonian Institution in Washington D.C. eine 32köpfige Expedition in den Urwald des Kongo schickte. Sechs Tage schon waren die Männer in der weglosen Wildnis unterwegs, als die afrikanischen Fährtenleser urplötzlich, entlang einem Flussufer, auf riesige Fußabdrücke stießen. Kurz darauf vernahm die Gruppe ein „unheimliches Brüllen, das keine Ähnlichkeit mit der Stimme irgendeines bekannten Tieres hatte", und aus einem unerforschten Sumpf herüberhallte. Leider endete die Expedition in einer Tragödie. Während einer Zugfahrt durch überschwemmtes Gebiet entgleiste die Lokomotive, kippte um und riss dabei die Waggons mit sich. Dabei wurden vier Teilnehmer zu Tode gequetscht; sechs weitere Forscher erlitten teilweise lebensgefährliche Verletzungen.[124]

In den darauffolgenden Jahren wurde es, abgesehen von einer Expedition im Jahr 1932, an der der amerikanische Forscher und Kryptozoologe Ivan T. Sanderson teilnahm, ein wenig ruhiger um die ominösen Kreaturen im Kongo-Urwald. Die Nachforschungen waren unterbrochen. Vor allem in den Jahren des Zweiten Weltkriegs musste man ganz andere Herausforderungen bestehen. Das galt besonders für jene Nationen, die zuvor das Gros an Forschern gestellt hatten. Und in den Nachkriegsjahren machten Unabhängigkeitskämpfe, die so manches schwarzafrikanische Land erschütterten und einen hohen Blutzoll forderten, weitere Nachforschungen erst einmal unmöglich. In den vormaligen Kolonien war man nicht allzu gut auf die Weißen zu sprechen.

So dauerte es bis in die 1970er Jahre, bis man sich erneut daran machen konnte, nach der Wahrheit hinter den Berichten über lebende Saurier im Herzen von Afrika zu suchen. Der Herpetologe und Krokodilexperte James H. Powell jr. leistete wichtige Pionierarbeit, als er sich 1976 auf den Weg in die „Hölle von Likouala" machte. Vier Jahre später kehrte er dorthin zurück – mit ihm kam der Biologe Dr. Roy Mackal. Powell gelang es, mit Bewohnern der Dörfer rund um den Lac Telé zu sprechen. Dabei konnte er eine ganze Anzahl teilweise aufregender Berichte über Begegnungen aus jüngerer Zeit Sammeln.[127]

So berichtete beispielsweise der Schullehrer Mambombo Daniel, im Jahr 1977 ein Exemplar des Mokele M'bembe beobachtet zu haben. Das Tier habe seinen Kopf samt dem langen Hals aus einem Fluss gestreckt. Nach seinem Bericht ähnelte es einem Brontosaurier, von dem man ihm ein Bild gezeigt hatte. Mambombo Daniel hatte die Kreatur aus nur zehn Metern Entfernung beobachtet. Sie war von grauer Farbe und besaß einen Hals, der so dick war wie ein menschlicher Oberschenkel.[78,123]

Allen Zeugen gemeinsam war, dass sie beim Blick auf eine solche Kreatur große Angst bekamen. Aber ist es nur ein Gerücht, dass es schon Unglück bedeutet, wenn man auch nur zugibt, einem dieser geheimnisumwobenen Ungeheuer begegnet zu sein? Bei einem Fall gab es sogar Todesopfer zu beklagen: Einer der befragten Augenzeugen, der Fischer Pascal Motete, konnte sich noch lebhaft daran erinnern, dass um das Jahr 1959 herum aufgebrachte Dorfbewohner einen dieser Saurier getötet hätten. Um die Ungeheuer fernzuhalten, hatten sie einen Damm errichtet, den eines der Tiere jedoch zu durchbrechen drohte. Mit einer Falle und Speeren wurde das Reptil dann getötet.

Ein Fest wurde gefeiert, und das Fleisch am Lagerfeuer gebraten. Allerdings mit fatalen Folgen: Die Dorfbewohner, die an dem „Festessen" teilgenommen hatten, verstarben ausnahmslos unter unsäglichen Schmerzen.[127] Fraglos war das Fleisch dieser Kreatur so giftig, dass aus dem zunächst fröhlichen Jagdfest eine echte Henkersmahlzeit wurde. Wir wissen, dass der Biss eines Komodo-Warans gleichfalls tödlich enden kann. Bestimmte Giftstoffe im Speichel der urzeitlichen Echsen lassen ein gebissenes Beutetier in kürzester Zeit verenden. Dasselbe gilt natürlich auch für Menschen.

An den Ufern des Lac Telé

Doch zurück zu den Ungeheuern in den Sümpfen des Kongo. Ein Eingeborener kam im Jahr 1980 aufgeregt in eine Urwaldmission. Dort berichtete er, wie er auf ein fremdes Tier gestoßen war, als er sein Boot um eine Flussbiegung lenkte. Er beschrieb die Kreatur als rotbraun, mit einem gut zwei Meter langen Hals und einem schlangenähnlichen Kopf. Das Tier stand im Wasser, darum war sein riesiger Rücken nur zum Teil zu erkennen. Als man dem Mann in der Folge künstlerische Darstellungen von Dinosauriern präsentierte, identifizierte er dieses Tier ohne zu zögern als brontosaurierartig.

Beinahe zur gleichen Zeit begegnete ein junges Mädchen, das mit ihrem Kanu in Ufernähe auf dem Lac Telé ruderte, auch so einem Untier. Ihr Boot schien auf ein Hindernis aufgelaufen zu sein. Als sie darauf versuchte, es wieder flott zu bekommen, spritzte plötzlich überall Gischt auf, und eine riesige Kreatur tauchte aus dem Wasser. Nachdem sich das zu Tode erschrockene Mädchen später wieder etwas beruhigt hatte, beschrieb sie das Untier als „so groß wie vier Elefanten“. Sogar Fußabdrücke konnte sie ihren Eltern und weiteren Dorfbewohnern zeigen, die sie an den Ort ihrer unheimlichen Begegnung führte.[128]

Der Biologe Roy P. Mackal aus Chicago, der im Jahr 1980 mit James Powell gemeinsam im Kongo forschte, kehrte bereits 1981 wieder zurück. Dieses Mal mit seinen Kollegen Justin Wilkinson und Richard Greenwell sowie dem Zoologen Marcellin Agnagna vom Zoo der kongolesischen Hauptstadt Brazzaville. In einem großen Einbaum mit Außenbordmotor wollten sie auf dem Fluss Likouala-aux-Herbes bis zum Lac Telé vordringen.

Als die Nebenarme des Flusses zu flach wurden und sogar mit einem Kanu kein Durchkommen mehr war, mussten sich Roy Mackal und seine Kameraden teilweise zu Fuß im hüfthohen Wasser ihren Weg durch die Sümpfe bahnen. An den Nerven zehrende, lebensgefährliche Begegnungen mit giftigen Schlangen wie der Gabunviper oder Mambas, erschwerten ihr Vorankommen zusätzlich. Die drückende Hitze, eine hohe Luftfeuchtigkeit und bluthungrige Moskitoschwärme taten ein Übriges.

„Dank“ solch unwirtlicher Bedingungen gelang es ihnen nicht, ihr mitten im dichten Dschungel liegendes Ziel, den Lac Telé, zu erreichen. Immer wieder aber stießen sie auf die Fährten eines gewaltigen Vierfüßlers, wie abgebrochene Zweige und eine Vielzahl an Fußabdrücken.

Nahe Begegnungen

Und dann gab es schließlich so etwas wie eine Beinahe-Begegnung mit dem Ungeheuer. Lassen wir hier Roy Mackal über das berichten, was sich bei seiner 1981er Expedition zutrug:

„Während wir uns flussabwärts auf dem ‚Likouala-aux-Herbes' bewegten, wurden sich die Beteiligten allmählich einer beinahe unmerklichen Veränderung der Landschaft oder auch der Stimmung bewusst (...) Es gab ein alles durchdringendes Gefühl, dass man dabei war, rückwärts in eine Zeit zu reisen, als diese Welt noch jung war, vielleicht ein Garten Eden ...

Als der Einbaum unserer Expedition eine Flussbiegung passierte und sich dem rechten Ufer näherte, wo sich große Bäume bis zu zehn Meter hoch über den Fluss erhoben, sahen wir alle Malambo, die vorgebliche Nahrung von Mokele M'bembe. Zu unserer Linken wurde der Vorhang des Urwaldes abrupt von einer sonnenbeschienenen und mit Elefantengras bewachsenen Lichtung unterbrochen. Eine kleine Savanne, wo sich das Ufer überraschenderweise etwa eineinhalb Meter über der Oberfläche des mächtigen Flusses erhob. Der Flussrand lag unterhalb dieser Böschung im

Schatten. Dann war plötzlich ein lautes 'Plop' zu vernehmen. Eine Welle von einem Viertelmeter Höhe, die direkt von dieser im Schatten liegenden Stelle ausging, spülte über den Einbaum. Hysterisch schrien die Pygmäen ‚Mokele M'bembe! Mokele M'bembe!' Das Tier, das so plötzlich aufgetaucht war, war nirgendwo mehr zu sehen. Wir fanden nur einen seichten Vorsprung, direkt unterhalb der Flussoberfläche, der jäh bis auf eine Tiefe von siebeneinhalb Metern abfällt. Das Tier hatte vermutlich auf diesem Vorsprung gestanden. Das plötzliche Auftauchen des Einbaums und der Lärm des Motors hatten es erschreckt."[129,130]

Mehr Glück schien Mackals kongolesischem Kollegen, dem Zoologen Marcellin Agnagna, zugedacht gewesen zu sein. Der hatte bereits im April 1983 eine eigene Expedition in die Sümpfe von Likouala sowie zum Lac Telé unternommen – den er dann auch tatsächlich erreichte. Nach seiner Rückkehr aus der Region gab Agnagna bekannt, ein Exemplar des Mokele M'bembe für die Dauer von 20 Minuten beobachtet zu haben.

Mit zwei Gefährten befand er sich am Ufer dieses von Urwald umgebenen Gewässers, als einer der beiden ganz unvermittelt aufschrie, er sehe ein seltsames Tier im Wasser. Sofort wateten alle drei ins seichte, ziemlich trübe und schlammige Wasser; dabei kamen sie dem Tier bis auf gut 200 Meter nahe. Das Geschöpf hatte seine Augen auf die Männer gerichtet, machte jedoch keine Anstalten, die Flucht vor ihnen zu ergreifen.

Es besaß einen breiten Rücken wie auch den für diese Ungeheuer offenbar typischen kleinen Kopf auf langem Hals. Auf etwa fünf Meter Länge sahen sie das Wesen deutlich aus dem Wasser ragen. Bevor es nach ungefähr 20 Minuten wieder untertauchte, konnten die drei Männer den Kopf und Hals ausgiebig beobachten. Leider hatte Agnagna zu diesem Zeitpunkt schon sein ganzes Filmmaterial verbraucht. Als er später noch einmal mit einem Kanu zu der Stelle im See hinausfuhr – nun war er mit einer Videokamera ausgerüstet – war ihm das Glück nicht mehr hold. Denn das Ungeheuer tauchte nicht mehr auf.

Auch der Biologe vom Zoo in Brazzaville, der tagtäglich mit Tieren zu tun hat, identifizierte die Kreatur als ein riesiges saurierähnliches Reptil. Er konnte auch definitiv ausschließen, dass es sich um ein großes Krokodil, eine Pythonschlange oder um eine Riesenschildkröte gehandelt hat.[131] Aber: Was mag dann hinter dem von ihm beobachteten Tier gesteckt haben?

Eine Riesenechse? Oder doch ein Dinosaurier?

Dr. Roy Mackal, der engagierte Biologe aus Chicago, der schon häufiger Expeditionen in die Urwälder des Kongo unternommen hat, machte sich ausführlich Gedanken darüber, welcher Art Mokele M'bembe wohl angehören mag. Das scheue, aber dank zahlreicher zuverlässiger Zeugenaussagen dem „Dunstkreis des Obskuren" lange entstiegene Dschungeltier misst, einschließlich Schwanz und Hals, zwischen fünf und zehn Metern. Es läuft auf vier offenbar kurzen Beinen mit Klauen, was man deutlich an den durchschnittlich 30 Zentimeter großen Fußabdrücken erkennen kann. Es ernährt sich wohl von Pflanzen, obgleich ihm immer wieder Angriffe auf Vertreter der örtlichen Fauna nachgesagt werden.[130,132] Dem deutschen Offizier Major Hans Schomburgk war Anfang des 20. Jahrhunderts aufgefallen, dass in dem wiederholt erwähnten Bangweolo-See keine Flusspferde mehr lebten; andernorts gab es denn auch regelrechte Massaker unter den Krokodilen. Und die gehören nun aber definitiv nicht zu den typischen „Schlusslichtern" in der natürlichen Nahrungskette.

Unsere Schulwissenschaft kennt auch keine Säugetierart, der angesichts solcher charakteristischer Merkmale Mokele M'bembe zugerechnet werden könnte. Alle bisherigen Beschreibungen, die im Lauf von zweieinhalb Jahrhunderten gesammelt wurden, deuten viel eher auf einen „kleinen" Dinosaurier hin. Die Bezeichnung ist natürlich relativ zu sehen – setzt man einmal Knochenfunde aus jüngerer Zeit entgegen, die auf Längen von bis zu 40 Meter schließen lassen.[60] Eventuell könnte es sich auch um eine bis zum heutigen Tag unbekannte Echsenart von ungewöhnlicher Größe handeln. Obgleich in der uns vertrauten Natur keine Echsenart bekannt ist, die wenigstens halbwegs mit den Details von einem Mokele M'bembe in Einklang zu bringen wäre. Zu allem Überdruss kommt auch noch das Problem, dass das ganze Thema nach wie vor äußerst kontrovers diskutiert wird. Wenigstens solange bis die skeptische Wissenschaft über ein Exemplar verfügt, welches sie untersuchen oder sogar sezieren kann.[123]

Zwar konnte eine japanische Expedition 1987 eine sonderbare Kreatur im Lac Telé vom Flugzeug aus filmen, die für 15 Sekunden an der Seeoberfläche blieb. Doch der Streifen ist unscharf und verwackelt. Darum argumentieren Skeptiker, es könne ebenso eine Schlange gewesen sein. Oder um zwei Männer auf einem Boot. Der vordere würde aufrecht stehen, wie es in Afrika durchaus üblich ist. Dies finde ich eher unwahrscheinlich; in dem Fall wären die Japaner Zeugen eines tragischen Unglücks geworden, wie ein Boot mit zwei Menschen darauf unterging. Zudem wären hier wenigstens Versuche der hypothetischen Opfer erfolgt, schwimmend das Ufer zu erreichen – oder wild um sich zu schlagen. Zu sehen auf dem nicht unumstrittenen Film der japanischen Expedition.

Skeptiker argumentieren ebenfalls gern, dass in den Sümpfen weder die Kadaver noch Skelette von Sauriern gefunden wurden. Allerdings kann man hier entgegenhalten, dass der überwiegende Teil dieser Region – alleine die Likouala-Sümpfe besitzen eine Ausdehnung von ungefähr 150.000 Quadratkilometern – immer noch nicht erforscht und von kaum eines Menschen Fuß betreten worden ist. Man kennt bei großen Tieren die Angewohnheit, sich an entlegene Orte zurückzuziehen, wenn sie ihr Ende nahe fühlen. Beinahe schon sprichwörtlich sind die wilden Geschichten über verborgene „Elefantenfriedhöfe", die ganze Scharen von gierigen Elfenbeinjägern und anderen Glücksrittern in den Schwarzen Kontinent gelockt haben.

Die meisten fossilen Überreste von Sauriern aus dem Erdmittelalter wurden übrigens in Afrika gefunden. So förderten zum Beispiel die Ausgrabungen, welche der Paläontologe Edwin Hennig während der Jahre 1909 bis 1911 im damaligen Deutsch-Ostafrika unternommen hat, große Mengen versteinerter Saurierskelette zutage.[133] Und längst sind auch nicht mehr alle Zoologen und Forscher unisono der Ansicht, es sei á priori unmöglich, dass Tierarten, welche vor Millionen Jahren unsere Erde beherrschten, in ökologischen Nischen zu überleben vermochten.

„Das Tier, auf dessen Rücken Planken wachsen"

In den Reihen der Kryptozoologen gibt man dieser Option sowieso eine viel größere Chance und beruft sich auf die mittlerweile unzählbaren „Lebenden Fossilien", denen die konventionelle Schulwissenschaft am Anfang stets kritisch bis ablehnend gegenüberstand.

Der wiederholt erwähnte Biologe Dr. Roy Mackal sowie dessen Kollegen vermochten in der geheimnisumwitterten Likouala-Region nicht nur zahlreiche Augenzeugenberichte und Fährten von Mokele M'bembe zusammenzutragen. Dort sollen sich noch etliche weitere, bislang unbekannte Tierarten tummeln. Anders als „Nessiteras rhombopteryx" – vulgo Nessie genannt – bekamen diese zwar noch keinen wissenschaftlichen, lateinischen Namen zugeordnet. Dafür tragen sie durchaus phantasievolle Bezeichnungen, die ihren Ursprung in den Sprachen und Dialekten der dortigen Eingeborenen haben.

So zeichnet sich „Emela N'touka" durch ein beachtliches krummes Horn auf dem Kopf aus, das ihn in einigen Details dem Mokele M'bembe ähnlich sehen lässt, doch fehlt ihm der typisch saurierhafte, lange Hals. Er ernährt sich zwar überwiegend ebenfalls von Pflanzen, soll aber auch schon Elefanten, Flusspferde und Büffel getötet haben. Wenn es sich um einen Saurier aus dem Erdmittelalter handeln sollte, der überlebt hat, so könnte er am ehesten eine Reihe Ähnlichkeiten mit dem „Nashornsaurier" Monoclonius oder dem Centrosaurus besitzen. Die Paläontologen zählen diese zur Familie der „ornithischen Dinosaurier". Beide Arten trugen ein Horn auf ihrem Schädel.[130]

Richtig spannend aber wird es, wenn ein Tier, das von den Eingeborenen „Mbielu-mbielu-mbielu" genannt wird, tatsächlich in den zentralafrikanischen Sümpfen haust. Die Übersetzung der lautmalerischen Bezeichnung heißt so viel wie „das Tier, aus dessen Rücken Planken wachsen"[130]

Wie bizarr! Doch so ein Tier hat während der Jura- und der Kreidezeit tatsächlich auf dieser Welt gelebt. Es war nämlich der Stegosaurus, ein schwerfälliger, gepanzerter Dinosaurier, der zwar mit seinen im Durchschnitt fünf Metern Länge eher etwas bescheiden wirkte. Dafür sah er umso grotesker aus: Dessen unübersehbares „Markenzeichen" waren gewaltige dreieckige Knochenplatten, die er auf seinem Rücken trug. Am Schwanzende besaß er vier kräftige Verteidigungsstacheln, mit denen er jedem Angreifer furchtbare Verletzungen zufügen konnte.[68]

Der Stegosaurus war einer von wenigen Dinosaurierarten, bei denen man in der Steißbeinregion eine Art „zweites Gehirn" entdeckte. Dies war ein Nervenzentrum, das viel größer war als das eigentliche Gehirn im winzigen Schädel. Die Paläontologen vermuten, dieses „hintere Gehirn" habe vor allem dazu gedient, die Bewegungen des mächtigen Schwanzes zu koordinieren. Ebenso denkbar wäre aber auch, dass dieses hintere Nervenzentrum auch andere Funktionen des „normalen" Gehirns unterstützt, oder gar gänzlich übernommen hat.[37,67]

Der Stegosaurus war – sogar in mehreren Unterarten – im Afrika des Mesozoikums weit verbreitet. Besonders reiche Fossilienfunde gelangen 1909 bis 1912 bei den Ausgrabungen am sogenannten „Tendaguru-Hügel" im damaligen Deutsch-Ostafrika. Zudem fand man dort zahlreiche Skelette des mit dem Stegosaurus nah verwandten Kentrurosaurus, der dort in großen Herden von bis zu 50 Tieren lebte.[37]

Es hat beinahe den Anschein, als würden sich in den entlegenen Sumpfgebieten Zentralafrikas auch Stegosauriden tummeln. Dies bedeutet eine echte Kampfansage an die Naturwissenschaften, ein zu eng gewordenes Weltbild ein für alle Mal revolutionär zu erweitern und bislang Undenkbares zu denken!

Horrorschlangen und Monsterkrokodile

Als wohl geheimnisvollstes Geschöpf soll „Ngumamonene" dort ihr Unwesen treiben. Ein offenbar einem Alptraum entsprungenes Schlangenmonster, unfassbare 55 bis 60 Meter lang, welches einen gezackten Kamm auf dem Rücken trägt. Sie würde selbst jene räuberischen Riesenschlangen im Amazonasurwald sehr bescheiden aussehen lassen, über die ich schon berichtete.

„Ngumamonene" wurde zum ersten Mal 1961 von einer Frau gesichtet, die, nichts Böses ahnend, ein Bad im Mataba-Fluss nahm. Zuerst tauchten in 15 Metern Entfernung ein schlangenartiger Kopf und Hals auf, worauf sich die Frau fast zu Tode erschreckte. Ihre Schreie alarmierten die Dorfbewohner, die alles stehen ließen, und sofort zum Fluss hinunterstürzten. Sie und die vor Angst schlotternde Frau konnten das Ungeheuer noch eine halbe Stunde lang beobachten, wie es im Wasser schwamm. Die Kreatur tauchte dabei nie ganz auf, aber den Zeugen fiel der erwähnte Kamm auf dem Rücken auf, und sie sahen auch eine für Schlangen typische gespaltene Zunge. Das Baden im Fluss war den Dorfbewohnern hierauf für längere Zeit verleidet.

Zehn Jahre nach dieser Begegnung, im November 1971, sah der katholische Missionar Ellis im selben Fluss ein ganz ähnliches Monster. Mister Ellis hatte die Schlange dabei beobachtet, wie sie den Mataba-Fluss überquerte und dann im angrenzenden Dschungel verschwand. Er hatte nur einen ungefähr zehn Meter langen Teil gesehen; ein Mehrfaches dieser Länge muss unter Wasser verborgen gewesen sein. Auch in diesem Fall war deutlich ein gezackter Rückenkamm zu erkennen gewesen.[128,130]

Aus dem Likouala-Gebiet haben uns Beobachtungen von riesigen Schildkröten – „Ndendeki" genannt – mit einem Durchmesser zwischen dreieinhalb bis fünf Metern erreicht. Wie auch „Mahamba“ genannte Monsterkrokodile, deren Länge stolze 15 Meter erreichen soll. Vielleicht können die es mit Mokele M'bembe aufnehmen – denn „normale“ Krokodile und Flusspferde sollen ja dort deutlich dezimiert worden sein. Sind auch sie Vertreter einer urweltlichen Spezies, oder haben wir es „nur“ mit einem Ausreißer in Sachen Riesenwuchs zu tun? Der populäre deutsche Urweltexperte Wilhelm Bölsche (1861–1939) berichtete über ausgestorbene Süßwasserkrokodile, die ebenfalls respektable Längen von 15 Metern erreicht haben.[37]

Das erinnert an eine Episode aus den Tagen des Ersten Weltkrieges. Da brachte die Versenkung des britischen Dampfschiffes „Iberian“ durch das deutsche Unterseeboot „U-28“ ein Ungeheuer dazu, unfreiwillig aus den Tiefen des Meeres aufzutauchen. Der überaus groteske Vorfall wurde vom Kommandanten und den Offizieren des auf Sehrohrtiefe operierenden „U-28“ beobachtet.

Das Unterseeboot hatte seine Torpedos auf die Iberian abgefeuert und auch präzise getroffen. Kurz nachdem das Schiff untergegangen war, gab es unter Wasser plötzlich eine zweite Explosion. Nur ein paar Sekunden später schoss zwischen den Wrackteilen ein riesiges, urzeitlich aussehendes Meerestier 20 bis 30 Meter hoch in die Luft. Dabei krümmte und wand es sich wie toll. Die Länge des Ungeheuers betrug ungefähr 20 Meter, und seine Gestalt erinnerte an die eines Krokodiles. Es hatte vier Beine mit mächtigen Füßen und auch Schwimmhäute zwischen den Zehen. Den Abschluss bildete ein langer Schwanz, der nach hinten spitz zulief. Leider konnte die Besatzung des U-Bootes kein Foto von dem Ungeheuer machen, da dieses bereits nach einer halben Minute versunken war.[102]

Alte Xhosa-Legenden und neue Rätsel

Zum Ende meines Streifzuges durch den noch immer an Mysterien so reichen „Schwarzen Kontinent“ möchte ich kurz den Blick auf den Süden richten. Berichte vom Ende des 20. Jahrhunderts drehten sich um ein Tier, das im Umzimhlava-Fluss in der zu Südafrika gehörenden Transkei sein Unwesen trieb. Die internationale Nachrichtenagentur „Reuters“ meldete im April 1997, dass die verängstigten Einwohner des kleinen Dorfes Bisho immer wieder von einer großen, menschenfressenden Kreatur erzählten. Sie beschrieben sie als seltsame „Kreuzung aus Fisch und Pferd“.

Ob unglaubhaft oder nicht, gab der damals amtierende Landwirtschaftsminister der östlichen Kap-Provinz, Ezra Sigwela, amtlich bekannt, dass diese unbekannte Kreatur bereits sieben Menschen verschlungen hätte. Da offenbar Menschenleben zu beklagen waren, kündigte er an, eine offizielle Untersuchungskommission an diesen sinistren Ort zu schicken, um herauszufinden, ob an den ganzen Geschichten wirklich etwas dran sei.

Was sich auch immer dahinter verbergen mag – es haust mit Sicherheit schon länger an dieser Region. Denn bereits in den uralten Überlieferungen der Xhosa, einem Bantu-Volk in Südafrika, werden die unseligen Eskapaden dieses als „Malambo“ bezeichneten Untiers geschildert.[117]

Gleichfalls aus lange vergangenen Zeiten stammen die Legenden der Zulu. Sie erzählen von einem Ungeheuer, das am Fuß der über einhundert Meter in die Tiefe stürzenden Howick-Fälle im südafrikanischen Kwa-Zulu-Natal sein Refugium gefunden haben soll. Das Geschöpf, dessen Beschreibung frappierend an die Lebewesen im schottischen Loch Ness erinnert, hat gegen Ende des 20. Jahrhunderts am Kap für reichlich Aufregung und reißerische Schlagzeilen gesorgt.

Nach der Legende übt dieses schreckliche Ungeheuer mit kleinem Kopf auf langem Hals eine regelrechte magische Anziehungskraft auf unvorsichtige Menschen aus, die sich daraufhin ins Wasser begeben, um spurlos zu verschwinden. Noch heute werden Besucher von diesem Ort angezogen, in der Hoffnung, einen Blick auf den geheimnisumwobenen Bewohner des Howick River werfen zu können. Im Juni 1996 gelang eine Reihe – wenn auch leicht verschwommener – Aufnahmen, die ein großes Tier mit langem Hals, einem winzigen Kopf und massigem Körper erkennen lassen. Und es ist nicht allein: Denn an der Seite des geheimnisvollen Wesens schwimmen drei kleinere Tiere.[117]

Wann wird der Tag kommen, an dem wir endlich eine lebendige Bestätigung der vielen Zeugnisse über archaische Riesenechsen, und dergleichen mehr nicht nur in Afrika, zu Gesicht bekommen? Ohne Zweifel wäre dies ein Schock für all jene, deren Weltbild so eng geworden ist, dass kein Platz vorhanden wäre für solche Funde und Entdeckungen, die die Skeptiker immer in das Reich der Fabel verwiesen haben.

Das folgende Zitat des großen deutschen Physikers Max Planck (1858–1947) passt geradezu grandios in diesen Kontext:

„Die Wahrheit triumphiert nie.

Ihre Gegner sterben nur aus."

9. Unheimliche Begegnungen im Outback

Wenn „Baumstämme“ lebendig werden

Mittlerweile gibt es so unglaublich viele Berichte über außergewöhnliche Tiere, dass selbst der konservativste Zoologe hellhörig werden sollte. „Hinaus ins Unbekannte“ müsste daher die Devise lauten, will man nicht derselben krassen Fehleinschätzung anheimfallen, wie sie orthodoxe Wissenschaftler gegen Ende des 19. Jahrhunderts mit voller Überzeugung vertraten. Nach wie vor aber gilt, dass wir noch ganz weit davon entfernt sind, alle Lebensräume unseres Planeten vollkommen erforscht zu haben. Uns bleibt allenfalls eine vage Ahnung, welch phantastische Entdeckungen noch immer auf uns in abgelegenen Regionen warten. Und zwar auf allen Kontinenten.

Neben den Regenwäldern am Amazonas und den weglosen Sümpfen des Kongobeckens gibt es noch etliche weitere „Kandidaten“, die als ökologische Nischen für überlebende Urzeitmonster in Frage kommen. Eine davon ist die „Gran Sabana“. Dies ist eine Region im Grenzgebiet der Länder Venezuela, Brasilien und Guyana. Sie liegt zwischen dem zweiten und siebten Breitengrad, sowie vom 60. bis 70. Längengrad im Norden Südamerikas. Das Gebiet zeichnet sich durch sehr viele charakteristische Tafelberge – „Tepuis“ genannt – aus, welche einsamen Inseln gleich über dem endlosen Regenwald thronen.

Die Bezeichnung „Tepui“ stammt aus der Sprache der dortigen Indianer, und bedeutet so viel wie das „Haus der Götter“. Es sind gigantische Felsklötze, die ihre Umgebung bis zu 2000 Meter überragen. Mit einer herkömmlichen Bergausrüstung sind sie unbezwingbar, man kann sie einzig mit dem Hubschrauber erreichen. Mit den Likouala-Sümpfen, der Vu-Quang-Region Indochinas, Teilen von Australien und Papua-Neuguinea zählen die erwähnten Tepuis zu den letzten unbetretenen weißen Flecken auf den Landkarten der

Erde. Geradezu prädestiniert für die Suche nach den Vertretern einer als untergegangen geltenden Tierwelt.

Dass sich dort tatsächlich einige für lang ausgestorben angesehene Arten sowohl der Fauna als auch der Flora ihre letzten Refugien verteidigen konnten, berichtete schon in den 1970er Jahren der französische Autor Robert Charroux (1909–1978).[134] Der fasste die Ergebnisse einer Expedition der beiden Forscher David Nott aus Liverpool, und Charles Brewer Carias aus Caracas zusammen. Die Aufmerksamkeit der beiden Männer wurde erregt durch die Entdeckung von zwei Vulkankratern; jene liegen zwischen der Sierra Maigualida und dem Orinoco, der Lebensader dieser ganzen Region. Dies geschah im Jahre 1964, als der venezolanische Pilot Harry Gibson den Landstrich überflog.

1.000 Meter in die Tiefe

Seit vielen Millionen Jahren sind diese beiden Vulkane, die sich nicht weit von den Quellen des Rio Cáura und des Rio Ventuari – zwei Nebenflüsse des Orinoco – befinden, nicht mehr aktiv. Aus diesem Grund erhofften sich auch Biologen, Geologen und Archäologen Aufschlüsse über eine längst von der Erdoberfläche verschwundenen Flora und Fauna. Tatsächlich brachten die Mitglieder der Expedition Carias-Nott, die im Januar 1974 in einen der genannten, an die 300 Meter tiefen und annähernd 400 Meter durchmessenden Krater abgestiegen waren, viele unbekannte Pflanzenarten wie auch mehrere seit dem Erdmittelalter ausgestorben geglaubter, kleiner Tiere mit. Außerdem stellten sie fest, dass beide Krater durch einen ungefähr eineinhalb Kilometer langen, unterirdischen Gang miteinander verbunden sind.[134]

So viel an dieser Stelle zu der Expedition Carias-Nott, deren Ergebnisse in den wissenschaftlichen Kreisen des südamerikanischen Landes so lange unterdrückt wurden, bis sich niemand mehr daran erinnern konnte. Das tat aber dem Forscherdrang von einigen unerschrockenen Außenseitern keinen Abbruch, in dieser Ecke der Welt ebenfalls nach den Resten einer untergegangenen, urzeitlichen Tierwelt zu suchen.

So führt uns der Weg wieder zu den eingangs erwähnten Tafelgebirgen zurück, die sich hoch über dem Regenwald meist wolkenverhangen unseren Blicken entziehen. An dieser Stelle muss ich weiter ins Detail gehen, und die geradezu phantastischen Voraussetzungen, die diese Tepuis bieten, etwas klarer herausarbeiten. Sie überragen den Regenwald oft um mehr als einen Kilometer, deshalb überrascht es auch nicht, dass da oben ein völlig anderes Klima herrscht als ringsumher. Der Welt höchster Wasserfall, der Salto Angel – er wurde 1939 von dem amerikanischen Piloten J. Angel entdeckt[2] – stürzt sich vom Auyan-Tepui fast 1.000 Meter in die Tiefe.

Wer würde bezweifeln wollen, dass es sich bei diesen urtümlichen Felsklötzen, deren Oberfläche nicht selten hunderte Quadratkilometer misst, um wirklich „steinalte" Formationen handelt? Wie alt sie tatsächlich sind, war bis vor wenigen Jahrzehnten noch ein ungelöstes Rätsel. Der harte Sandstein, der zu 95 Prozent aus reinem Quarz – mit dem Härtegrad 7 auf der Härteskala nach Mohs – besteht, enthält keine Fossilien, die man zur Datierung heranziehen könnte. Zum Erstaunen der Geologen ist das Gestein dieser Inselberge frei von jeglichen Lebensspuren, und so blieb die Frage nach ihrem Alter lange unbeantwortet.

Doch dann stieß man in einer dieser Felseninseln, dem Roraima-Massiv, auf besondere Gesteinseinschlüsse, die einstmals glutflüssig waren und aus den tieferen Schichten der Erde in die Risse und Spalten des Sandsteins gepresst worden waren. Darin erstarrten sie dann. Diese sogenannten Erstarrungsgesteine tragen eine Art eingebauter Uhr in sich, die den Zeitpunkt ihrer Verfestigung anzeigt. Sie enthalten nämlich radioaktive Elemente, die mit bestimmter Geschwindigkeit zerfallen. Zum Beispiel Uran.

Vereinfacht ausgedrückt, zerfällt von einer beliebigen Menge Uran-238 alle 4,5 Milliarden Jahre genau die Hälfte; dabei wird sie zu Blei sowie einem kleinen Anteil Helium umgewandelt. Jener Zerfall begann aber nicht erst mit dem Erstarren des glutflüssigen Tiefengesteins. Sondern schon mit der Entstehung unserer Erde, und der zur gleichen Zeit erfolgten Ausbildung der Elemente. Das alles soll vor etwa 4,5 bis 5 Milliarden Jahren geschehen sein, als unser Sonnensystem noch „in den Kinderchuhen“ steckte.

Wüst und leer

Doch erst im Augenblick des Erstarrens wurden die genannten Zerfallsprodukte im Gestein festgehalten und können gemessen werden. Man braucht dann nur noch auszurechnen, welcher Anteil Uran im Gestein sich zu Blei umgewandelt hat, um die Zeit seit der Erstarrung ermitteln zu können.[135] Im Fall jener erwähnten Sandsteineinschlüsse können wir von einer Erstarrung vor zirka 1,8 Milliarden Jahren ausgehen. Bereits zu jener Zeit muss der Tepui-Sandstein existiert haben – tatsächlich dürfte er jedoch noch um einiges älter sein.

Und dies ist sensationell! Denn Sandstein zählt ja nicht zu den magmatischen, aus dem glutflüssigen Erdkern ausgeworfenen Ergussgesteinen. Er musste sich vielmehr erst sekundär aus den Sedimenten der Verwitterungsprodukte anderer Gesteine bilden, die schon lange vor ihm existierten.

Das benötigt schier unermessliche Zeiträume, und es ist so gut wie unmöglich, die „Lebensgeschichte“ dieser Tepuis lückenlos zu dokumentieren. Ihren Beginn vermuten die Geologen vor annähernd zwei Milliarden Jahren, als die Landmassen noch völlig anders über den Planeten verteilt waren. Zum Beispiel lagen Nord- und Süddeutschland separat voneinander auf zwei Erdteilen, während Südamerika und Afrika eine einzige, zusammenhängende Landmasse bildeten. Ein Blick auf den Globus verrät, dass beide Erdteile noch heute wie bei einem Puzzle fast perfekt ineinanderpassen. Hier wie dort fanden Geologen identische Gesteinsarten. Alle Kontinente waren damals wüst und leer; nicht die primitivsten Lebensformen waren auf dem Land zu finden. Diese sollten erst rund 1,3 Milliarden Jahre später das Festland erobern. Einzig das Meer, so die Paläontologen, beherbergte damals die allerersten, einfach aufgebauten Mikroorganismen.[136]

Dennoch gab es bereits damals ein Werden und Vergehen. Es war die Bildung und Zerstörung von Landschaftsformen. Gebirge erhoben sich; diese wurden wieder von Wind, Wasser und den immensen Temperaturunterschieden zwischen Tag und Nacht abgetragen. Genau das geschah auch mit einem namenlosen Bergmassiv, dessen Gestein zu Sand zerrieben und in eine Ebene geweht wurde. Es war das Rohmaterial für den Sandstein, der eines Tages die Tepuis im Süden des heutigen Staates Venezuela bilden sollte. Und nun wird auch verständlich, warum keinerlei Fossilien darin zu finden sind.

Im Laufe von vielen Millionen Jahren verfestigte sich der Sand zu hartem Felsgestein und überdauerte auf diese Weise unvorstellbare Zeiten. Dann entstanden im Wasser die ersten mehrzelligen Organismen, erste Pflanzen eroberten die Oberfläche der Erde. Jahrmillionen später stiegen die ersten Amphibien aus dem Meer, entwickelten sich Reptilien und bildeten das mächtige Sauriergeschlecht, unter deren Füßen die Erde erzitterte.

Möglicherweise verlief die Evolution des Lebens auf diesem Planeten auch etwas anders. Vieles deutet darauf hin, dass genetische Veränderungen „von außen“ gesteuert wurden, worüber ich in mehreren meiner Bücher geschrieben habe, doch dies nur am Rande.[8,35,36]

Über lange Zeit bewahrt

Vor geschätzten 250 Millionen Jahren stießen diese driftenden Kontinente wieder zusammen, und bildeten den „Superkontinent“ Gondwana. Als dieser den Aufstieg der Dinosaurier erlebte, ruhten die inzwischen buchstäblich „steinalten“ Sandsteinschichten unverändert im Boden. Und als der Superkontinent Gondwana vor ungefähr 160 Millionen Jahren ein weiteres Mal auseinanderbrach, und dabei der südamerikanische Teil langsam in westlicher Richtung abdriftete, wurde zwar auch die Sandsteinformation zweigeteilt, doch beide Teilstücke blieben einigermaßen intakt.

Irgendwann, während der Verschiebung der Landmassen, wurde die Sandsteinplatte durch gewaltige tektonische Aktivitäten in die Höhe gehoben. Dadurch entstand ein ausgedehntes Hochplateau mit einer Ausdehnung, die über das heutige Venezuela hinaus bis an die Atlantikküste reichte. Dort, wo Risse und Brüche auftraten, setzten die Kräfte der Erosion ein und teilten das ehemalige Plateau in mehrere Tafelberge. Je länger die Kräfte von Wasser und Wind an ihnen nagten, desto weiter rückten ihre senkrecht abfallenden Wände auseinander. Daher ist die Gran Sabana seit dem Ende der Kreidezeit diese von Tepuis geprägte Landschaft. Fast einzigartig auf dieser Welt, denn es gibt nur ganz wenige Regionen, die ihr Gesicht über so lange Zeit bewahren konnten. Unglaublich: Es ist eine Landschaft, die beinahe ebenso alt ist wie alles Land auf diesem Planeten.[137]

Und seit etwa 60 bis 70 Millionen Jahren, seit dieser Sandstein aus der Tiefe empor befördert wurde, sind die Tepuis isoliert. Als hätte die Welt dort oben, auf den Hochplateaus, nichts mit dem Regenwald gemein, der sie umgibt, sind sie durch hohe Felsbarrieren voneinander getrennt. Eine Steilwand von einem Kilometer und mehr bedeutet für die meisten Tiere ein unüberwindliches Hindernis. Einmal abgesehen von Vögeln und flugfähigen Insekten. Und auch wer diese Barriere überwinden könnte, wäre mit einer weiteren, vielleicht noch drastischeren Herausforderung konfrontiert. Dort oben herrscht nämlich ein völlig anderes Klima.

Während es in den umliegenden Regenwäldern subtropisch oder tropisch feucht ist mit Durchschnittstemperaturen von 27 Grad Celsius, herrscht auf den Tepuis ein weitaus ungemütlicheres Klima mit mittleren Temperaturen um die zehn Grad. Auch ist die Einstrahlung der Sonne um vieles extremer. Dazu gibt es häufige Regenschauer wie auch orkanartige Stürme. Kurz gesagt: Die Lebensbedingungen in den Regenwäldern unten sowie oben auf den

Tepuis sind so unterschiedlich, dass ein Austausch von Lebensformen ganz und gar unmöglich erscheint. Abgeschiedenen Inseln im weiten Ozean gleich, sind die Tepuis völlig auf sich gestellt. Der Vergleich mit den im Jahr 1535 entdeckten Galapagos-Inseln drängt sich geradezu auf, welche westlich von Ecuador im Pazifik liegen. Ebenso wie dort existieren auch auf den Tafelbergen endemische Spezies, die einzig an diesem Ort und sonst nirgendwo auf der Erde vorkommen.[137]

Was die Galapagos-Inseln weltweit bekannt gemacht hat, sind weniger „neue" und nur dort vorkommende Tierarten. Vielmehr die uralten, andernorts längst ausgestorbenen Meeresechsen. In der Evolutionsforschung nennt man dies einen „Relikt-Endemismus" – Restbestände früherer Arten, die dank einer abgeschirmten Biosphäre wie auch dem Fehlen natürlicher Feinde nicht von der großen „Bühne des Lebens" vertrieben worden seien. Wer vermag sich vorzustellen, was sich auf den noch immer unberührten Tepuis des Gran Sabana noch alles erhalten haben könnte? Die Biologen rechnen damit, dass nicht nur 80 Prozent aller Arten auf den Tepuis endemisch sind. Auch soll jeder Tepui seine eigene Flora und Fauna besitzen.

Saurier im „Valle encantado"?

Kukenam, Roraima, Apakara, Padapui und wie sie alle heißen: Sie alle bergen große Geheimnisse, die es noch zu lüften gilt. Zudem gibt es Hinweise darauf, dass auch dort noch Überlebende aus der Zeit der großen Saurier hausen. Die meisten kommen vom Auyan-Tepui, der durch den beinahe einen Kilometer tief zu Tal stürzenden Salto Angel zum Begriff nicht nur bei den Gelehrten geworden ist. Am Fuße des erwähnten Auyan-Tepuis, wo der wilde Rio Carrao einem Burggraben gleich den dampfigen Regenwald vom Hochplateau trennt, lebte viele Jahre lang der in Lettland geborene Einsiedler und Tepui-Forscher Alexander Laime. Dieser galt als einer der besten Kenner des Auyan-Hochplateaus; er soll in der Nähe seiner

Hütte, die auf einer winzigen Insel im Rio Carrao lag, einen gut verborgenen Aufstieg zum Tepui gefunden haben, den er natürlich geheim hielt. Aufsehen erregte er mit seiner Behauptung, er hätte dort oben in der wolkenverhangenen Einöde saurierähnliche Tiere beobachtet.

Ort seiner Sichtungen war das „Valle encantado", oder übersetzt das „liebliche Tal", ganz oben auf der von Flüssen und Canyons durchzogenen Hochebene. Bei einer seiner zahllosen Exkursionen hatte Laime in gerade einmal 25 Metern Entfernung auf einem großen Stein im Wasser, das an besagter Stelle zu einem tiefen Becken erweitert ist, seltsame Lebewesen gesehen. Drei von ihnen saßen dort und sonnten sich ganz offensichtlich. Sie besaßen Flossen wie Seehunde, sowie eine glatte, dunkle Haut, aber kein Fell. Ganz besonders fiel Alexander Laime auf, dass die Tiere einen langen und nach oben gereckten Hals mit kleinem Reptilienkopf besaßen.

Ihre Ähnlichkeit mit den Plesiosauriern, welche vor Jahrmillionen die Gewässer der Jura- und der Kreidezeit bevölkerten, war unverkennbar. Höchst penibel hielt Alexander Laime die von ihm geschätzten Maße der Tiere fest: Er ermittelte eine Körperlänge von 80 Zentimetern, an die sich noch ein etwa 40 Zentimeter langer Hals anschloss. Die Schulterhöhe – ohne die Flossen gerechnet – betrug etwa 20 Zentimeter. Leider konnte er keine Fotos machen. Als er seine Kamera zur Hand nahm, gingen die Tiere ins Wasser. Einzig der Hals lugte noch heraus, dann tauchten die Geschöpfe unter und waren verschwunden. Später hätte er sie noch einmal gesehen, jedoch aus größerer Entfernung.[137,138]

Von Fossilienfunden aus der ganzen Welt wissen die Paläontologen recht genau um die Größe der Plesiosaurier: im Erdmittelalter erreichten sie Längen bis zu 14 Metern. Auch andere in moderner Zeit beobachtete Exemplare oder mutmaßliche Kadaver waren deutlich länger. Was soll man dann von den auf dem Auyan–Tepui gesehenen Tieren halten, die es gerade einmal auf gut einen Meter brachten? Hat der einsame Forscher sie etwa mit bekannten Tieren, wie zum Beispiel dem Fischotter, verwechselt?

Die logischste Antwort auf diese Frage wäre, dass die einstmals so großen Reptilien in dem begrenzten Lebensraum – Auyan Tepui besitzt eine Fläche von ungefähr 700 Quadratkilometern – einzig in „geschrumpfter" Form zu überleben vermochten.

Dreizehige Spuren im Sand

Anfang der 1990er Jahre begab sich ein Fernseh-Team des ZDF zu den „Inseln über dem Regenwald", um eine Reportage für die bekannte Vorabendserie „TERRA-X" zu produzieren. Bei den Dreharbeiten versuchte das Fernsehteam, noch mehr Hinweise auf das mögliche Überleben vorzeitlicher Reptilien auf den Tepuis zu finden. So berichtete der venezolanische Expeditionsleiter Armando Michelangeli, während eines Hubschrauberfluges über den Auyan-Tepui ebenfalls drei dieser Tiere gesichtet zu haben. Inmitten eines kleinen Sees auf dem Tepui hätte er so etwas wie konzentrische Wellen bemerkt, mit „etwas Schwarzem" in deren Zentrum. Daraufhin habe er drei saurierähnliche Geschöpfe erkannt. Auch der Pilot des Hubschraubers sah die erwähnte „Saurierfamilie" und vermochte die Angaben des Bergführers zu bestätigen.[137]

Auf den 700 Quadratkilometern des Auyan-Tepuis gibt es Seen und Flüsse – ein ausgedehntes Netz von Gewässern also, das den vorsintflutlichen Kreaturen als Zuflucht dienen könnte. Fragen wirft jedoch die hypothetische Nahrungskette auf. Wovon sollen sich größere Reptilien dort oben ernähren? Man findet Hunderte von großen, krötenähnlichen Fröschen auf dem Plateau. Wer jagt die Schlangen, die giftigen und die ungiftigen? Seltsamerweise findet man kaum Fische in den Gewässern der Hochebene. Deshalb kommen keine Fischotter als Erklärung in Betracht, welche die Zeugen irrtümlich für Saurier gehalten hätten. Eine gleichsam verbreitete wie unsinnige „Erklärung", die Skeptiker nur allzu gerne ins Feld führen.

Immerhin konnten die Filmemacher und ihre Helfer eine Reihe von Spuren und Hinweisen sichten. An einer Stelle der dichten Vegetation entdeckten sie eine schmale Öffnung sowie niedergetretene Pflanzen. Außerdem frische Spuren mit Abdrücken von Krallen, die keiner der Teilnehmer identifizieren konnte. Mehrere Meter weit und mit großer Anspannung verfolgten sie diesen Pfad und stießen auf eine Art Nest: Eine Mulde im Boden, ungefähr einen Meter im Durchmesser, und mit getrocknetem Laub ausgepolstert, wie es den Anschein hatte.

Wenige Tage später stieß man auf dreizehige Spuren im Sand, gemeinsam mit der Schleifspur eines Schwanzes. War das ein auf den Hinterbeinen jagendes Reptil?

Wenn es dem Fernsehteam dieses Mal auch nicht gelungen war, den lebenden Beweis oder wenigstens unwiderlegbares Filmmaterial von den Hochplateaus mitzubringen, so konnten sie den bis dato bekannten Augenzeugenberichten doch neue Indizien hinzufügen. Denn tatsächlich hatten sich die Hinweise verdichtet, dass auf dieser und anderen „Inseln" hoch über dem Regenwald, die schon seit Millionen von Jahren ihr eigenes Leben führen, Kreaturen der Vorzeit überlebt haben könnten.[137]

Vielleicht war es mehr als eine großartige Vision, gepaart mit einem sicheren Gespür für das Geheimnisvolle und Unbekannte, das den berühmten englischen Autor Sir Arthur Conan Doyle dazu veranlasste, seinen inzwischen mehrfach verfilmten Roman-Klassiker über die „Verlorene Welt" auf einem dieser nach wie vor geheimnisumwitterten Tepuis spielen zu lassen.[139]

Altertümliche Tier- und Pflanzenwelt

Nach der Expedition zu den Tepuis über den Regenwäldern der Gran Sabana wurde es erst einmal wieder ruhiger um diesen geheimnisvollen Lebensraum lebender Fossilien. Erst im Herbst 2023 strahlte das Zweite Deutsche Fernsehen – wieder in dessen Reihe „TERRA-X" – eine Reportage über eine aktuelle Expedition dorthin aus. Leider stand die Suche nach offiziell ausgestorbenen Kreaturen nicht mehr auf dem Programm. Mit Hubschraubern wurden Unmengen an Ausrüstungsgegenständen nach oben gebracht; tückische Stürme verlangten den Piloten all ihr Können ab. Doch sind die Höllenlärm verursachenden Fluggeräte unverzichtbar, vor allem wegen der Unzugänglichkeit der Hochplateaus. Denn der von Alexander Laime benutzte Aufstieg wurde bisher nicht gefunden. So minimieren die unentbehrlichen Helikopter jede Chance einer Sichtung jener scheuen Geschöpfe.

Auf eine besondere Region unserer Welt bin ich bislang noch nicht detaillierter eingegangen, was ich nun aber nachholen will. Denn auch auf dem australischen Kontinent leben offenbar immer noch Kreaturen von saurierhafter Größe. Die undurchdringlichen Weiten des fünften Kontinents bieten ihnen die hierfür nötigen ökologischen Nischen. Dies sind allen voran die ausgedehnten Wälder im nördlichen Queensland und auch weiter südlich in den Bundesstaaten New South Wales sowie Victoria.[140] Ähnlich sieht es im Norden aus: Einige Teile der „Northern Territories" sind noch so gut wie unerforscht, und große Bereiche darin auch für die Öffentlichkeit nicht zugänglich.[141]

Bei den Bewohnern von „Down Under" haben jene wilden und von der Zivilisation abgelegenen Gebiete ihre eigene Bezeichnung: Es ist das „Outback".

Australien ist ja, was die Existenz außergewöhnlicher Tiere und lebender Fossilien betrifft, schon von Haus aus eine veritable Fundgrube. In geologischen Zeitbegriffen gemessen, trennte der Kontinent sich vor rund 60 Millionen Jahren, an der Grenze von der Kreidezeit zum Tertiär, von der großen asiatischen Festlandmasse. Wir verdanken es diesem Umstand, dass wir noch heute eine unvergleichbare, altertümliche Tierwelt finden, die andernorts auf der Erde längst ausgestorben ist. Die Vertreter dieser einmaligen Fauna, wie Schnabeltiere, Lungenfische und verschiedene Beuteltiere, konnten in dem isolierten Ökosystem ohne große Weiterentwicklung überleben.

Vor zwei Jahrzehnten fand man in einem Nationalpark in New South Wales, nur eine Autostunde von Sydney entfernt, einen Wald, dessen Pflanzen sich seit dem Erdmittelalter nicht mehr verändert haben. Allen voran die Wollemi-Pinie, die vorher nur als Fossilienfund in Sedimentschichten aus der Zeit der großen Dinosaurier bekannt war. Nach Aussagen der Wissenschaftler war das, „als hätte man einen kleinen Dinosaurier gefunden“. Anders als ein Tier kann ein Baum aber nicht einfach davonlaufen oder sich verstecken – und trotzdem war diese Pinie den Wissenschaftlern bis zu dem Zeitpunkt völlig unbekannt.[40,141]

Wenn also eine Baumart unglaubliche 60 Millionen Jahre überdauern kann, wer gibt uns dann das Recht, dasselbe bei den tierischen Vertretern jener Zeit so kategorisch auszuschließen?

Holzfällers Alptraum

Denn dieses „Kunststück“ glückte offenbar auch einer Waranart, die eine Länge bis zu zehn Meter erreichen soll! Dass sie ihre gerade mal halb so langen Vettern auf der kleinen Insel Komodo damit mühelos in den Schatten stellt, ist klar. Offiziell wird die Existenz solcher Giganten auf australischem Boden vehement in Frage gestellt, denn was der wissenschaftliche Mainstream für unmöglich erachtet, das hat gefälligst auch nicht zu existieren.

Doch gibt es auch in diesem Fall viele detaillierte Berichte glaubhafter Zeugen, dass man die Kreaturen nicht so einfach ins Reich der Fabel verweisen kann. Überdies erscheint es sicher, dass die Monsterwarane Australiens eine einheimische Art sind – und keine am falschen Ort aufgetauchte oder in der Neuzeit ins Land eingeschleppte Exemplare einer fremden Fauna. Wie das bei dem Nil-Waran in Nordamerika der Fall ist.[123]

Last but not least kennt man die uralten Mythen der Ureinwohner, der Aborigines. In Ermangelung einer Schrift ausschließlich mündlich weitergegebene Überlieferungen, welche von seltsamen Ungeheuern erzählen. Ein paar davon könnten sich tatsächlich auf urzeitliche Kreaturen beziehen. Die Aborigines selbst bestehen darauf, dass es sich dabei um wahrhaftige Geschöpfe aus Fleisch und Blut handelt.[141]

Bis vor im geologischen Sinn „kurzer“ Zeit, in der nur eine Million Jahre zurückliegenden Quartärperiode, lebte tatsächlich noch eine gigantische Echsenart in Australien. In der Paläontologie heißt sie „Megalonia prisca“. Diese fossile Echsenart brachte es auf Längen von über sieben Metern.[140] Könnten die in unseren Tagen gesichteten Riesenwarane überlebende Exemplare von „Megalonia“ sein? Für die Suche nach ihnen scheint die nähere Umgebung des Städtchens Cessnock im Bundesstaat New South Wales ein echter „Hot Spot“ zu sein, wie dies auf Neudeutsch heißt. Denn gewaltige Reptilien mit einer Länge bis zu zehn Metern treiben in den ausgedehnten und dichten Wäldern ihr Unwesen, die die benachbarten Wattagan Mountains fast zur Gänze bedecken.

Leider beschränken sich diese furchterregenden Biester nicht nur darauf, in den schwer zugänglichen Anhöhen herum zu spuken. Hin und wieder treibt es sie bis fast in die Städte hinein, um den Menschen einen gehörigen Schock zu versetzen.

Tony Harris aus dem nördlich von Sydney gelegenen Küstenort Newcastle befand sich eines Tages im Jahr 1974 auf einer Orangenplantage bei Quorrobulong, das an den westlichen Ausläufern der Wattagan Mountains liegt. Auf einmal glaubte er seinen Augen nicht mehr trauen zu dürfen: Gelähmt vor Entsetzen musste er zusehen, wie sich ein schätzungsweise neun Meter langes und eidechsenartiges Reptil an den Früchten gütlich tat. Als der gefräßige Alptraum mit seiner vitaminreichen Mahlzeit fertig war, trollte er sich einfach ins benachbarte Unterholz.[142]

Gegen Ende des folgenden Jahres, am 27. Dezember 1975, erblickte ein Farmer im Buschland hinter seinem Anwesen, etwas außerhalb von Cessnock gelegen, einen gewaltigen Waran, dessen Länge er auf mindestens zehn Meter schätzte. Die Höhe dieser furchtbaren Kreatur betrug ungefähr einen Meter. Das Tier besaß vier kräftige Beine, einen 60 Zentimeter langen Hals und einen 90 Zentimeter langen Kopf. Die Haut war grau und gesprenkelt mit dunklen Streifen.[142]

Berichte über Sichtungen solcher Reptilienmonster in dieser Region Ostaustraliens datieren zurück bis in die 1830er Jahre. Speziell Holzfäller, die in den Wäldern der Wattagan Mountains arbeiteten, sahen sich nicht selten mit den archaischen Echsen konfrontiert. Für die Arbeiter war es buchstäblich der Fleisch gewordene Schrecken, doch sie berichteten zumeist hinter vorgehaltener Hand von ihren Erlebnissen. Im 20. Jahrhundert hatte dann die Stunde der Massenmedien geschlagen. So konnte nicht ausbleiben, dass sich Reptilienjäger, Forscher und Scharen von Neugierigen von den wilden Geschichten um die Waranmonster faszinieren und anlocken ließen.

Ein Baumstamm bekommt Beine

Anfang des Jahres 1979 war der Herpetologe (das ist die Bezeichnung für einen Reptilien-Spezialisten) Frank Gordon mit seinem allradgetriebenen Wagen auf einem schwierig zu befahrenden Track tief in den Wattagans unterwegs. An einer etwa zwei Meter tiefen Böschung auf seiner rechten Seite hielt er an. Dort begann er abwärts zu klettern, da er in einem Tümpel nach Wasserlurchen suchen wollte.

Nachdem Frank Gordon mehr als zwei Stunden ohne Erfolg in dem sumpfigen Terrain herumgestapft war, gab er schließlich auf und kehrte zum Wagen zurück. Eben eingestiegen, bemerkte er auf der rechten Böschung neben sich etwas, das er im ersten Augenblick für einen mächtigen Baumstamm hielt. Obwohl dieser ihm zwei Stunden zuvor beim Verlassen des Fahrzeuges nicht aufgefallen war, dachte er sich anfangs noch nichts dabei. Doch als er den Motor startete, bekam der angebliche „Baumstamm“ plötzlich vier kräftige Beine und spurtete mit rekordverdächtiger Geschwindigkeit davon, um nur Sekunden später im dichten Wald zu verschwinden. Der sichtlich schockierte Herpetologe erklärte später, dass sein Land-Rover, dessen Länge gute fünf Meter betrug, gegenüber der riesigen Kreatur beinahe wie ein Spielzeugauto wirkte.[142]

Die Farbe der Riesenechsen ist meistens grau, was sie in ihrer natürlichen Umgebung schwer erkennbar macht. Oft werden die träge daliegenden Geschöpfe mit einem Baumstamm verwechselt. Wenn dieser sich dann plötzlich zu bewegen beginnt, ist der Schreck natürlich gewaltig.

Ein ganz ähnliches Erlebnis mit solch einem „lebenden Baumstamm“ hatten zwei Farmer, die ebenfalls auf einer unbefestigten Straße in den Wattagan Mountains unterwegs waren. An einem frühen Morgen im Jahre 1975 waren die beiden mit dem Geländewagen auf dem Weg durch die Wälder, als sie plötzlich anhalten mussten, weil ein umgestürzter Baum den Weg versperrte. Sie waren gerade aus dem Auto gestiegen und machten sich daran, mit vereinten Kräften den Baumstamm von der Straße zu heben, als dieser ihnen freundlicherweise die Arbeit abnahm. Langsam erhob er sich, überquerte die Piste und verschwand im angrenzenden Busch. Die Straße war gut sechs Meter breit, und da Kopf und Schwanz der Kreatur vom hohen Gras am Straßenrand verdeckt waren, musste das Tier noch ein gutes Stück länger gewesen sein.[142]

Nordwestlich von Cessnock, an den Ausläufern der Wattagan Mountains und in sumpfigem Terrain, liegt die Kleinstadt Singleton. Auch aus dieser Region kennt man seit langer Zeit Berichte über die riesigen Echsen, die in den dortigen Sümpfen leben. Bereits seit dem Ende des 19. Jahrhunderts gibt es dort, am Ende eines Tales gelegen, eine kleine Farm. Sie ist nur über eine Schotterpiste, die mitten durch den Bergwald führt, zu erreichen. Über die Jahre verschwanden dort regelmäßig Rinder und Pferde auf mysteriöse Weise – manche direkt von der Koppel oder der Weide weg. Einige von ihnen hat man später wieder gefunden – doch in einem schauderhaften Zustand!

Sie waren in die umliegenden Sümpfe und Wälder gezerrt worden, grausam zerstückelt und teilweise aufgefressen. Wie es aussah, von gewaltigen Reptilien, deren Spuren man rund um die grässlich zugerichteten Kadaver verstreut fand. Hier herrschten Grauen und Entsetzen.

Bis in die frühen 1950er Jahre hinein war die besagte Farm bewohnt und bewirtschftet. Doch dann verließen die letzten Besitzer das Anwesen unter ungeklärten Umständen. Hinter vorgehaltener Hand wurde gemunkelt, dass die Leute von den unheimlichen Geräuschen geheimnisvoller monströser Kreaturen in Angst und Schrecken versetzt worden waren, die in der Nacht aus den Wäldern drangen. Die schon zuvor äußerst angespannte Situation habe sich schließlich dramatisch zugespitzt, als die Familie den rückwärtigen Bretterzaun niedergerissen fand. Die Frage nach den Verursachern ließ keine Zweifel, denn rund um das Haus wimmelte es von großen Reptilienspuren.[40]

Kann nicht sein, was nicht sein darf?

Der australische Archäologe Rex Gilroy, Jahrzehnte lang Direktor des „Mount York Natural History Museum" und als solcher auch weit über die Grenzen Australiens bekannt, befasste sich über viele Jahre mit den Ungeheuern auf dem fünften Kontinent. Für Gilroy stand immer fest, dass die Kreaturen nicht nur in den Wattagan Mountains beheimatet sind. Seine Nachforschungen haben ergeben dass man den Tieren ebenso in mehreren Regionen Ostaustraliens begegnet ist. Vom Moruya-Distrikt im äußersten Süden New South Wales' bis zu den Blue Mountains sowie der Region um die Stadt Capertee westlich von Sydney. Auch aus dem Lamington National Park, den Regenwäldern im nördlichen Bundesstaat Queensland und sogar von der benachbarten Insel Neuguinea, die noch immer in weiten Teilen unerforscht ist, kamen zahlreiche Sichtungsberichte.

Gilroy ist sicher, dass die vielen Augenzeugenberichte auf mehr als eine waranähnliche, kryptoide Reptilienart deuten. Die „kleinste" davon, die immerhin noch eine stolze Länge von sieben bis acht Meter erreichen soll, bewohnt einige Teile der Blue Mountains. Am verbreitetsten scheint die Art zu sein, die es auf eine Länge zwischen neun und zehn Metern schafft – dies ist gut das

Doppelte der Länge der Komodo-Drachen – und nicht selten Rinder und andere Weidetiere reißt. Darüber hinaus soll es noch eine weitere, deutlich größere Art geben. Zwar kennt man bis heute keine Berichte, dass diese Urzeitkreaturen auch Menschen angegriffen hätten. Doch diese Möglichkeit kann man nicht wirklich mit letzter Sicherheit ausschließen. Besonders wenn es um Personen geht, welche in den in Frage kommenden Regionen bei den Behörden als verschwunden geführt werden.

Die übereinstimmenden Beschreibungen der in diesen Gegenden beobachteten Riesenreptilien stimmen am ehesten noch mit einer Spezies überein, die ich schon kurz erwähnt habe, die aber als ausgestorben gilt: „Megalonia prisca“. Die ältesten, bekannten Fossilien dieser Art reichen bis ins Eozän zurück; dies ist die zweitälteste Periode des Tertiärs vor etwa 55 bis 50 Millionen Jahren. Was übrigens auch beweist, dass diese saurierähnlichen Kreaturen das große Massensterben zum Ende des Erdmittelalters um einige Millionen Jahre überstanden haben.

Ist es denkbar, dass derartige Urechsen sogar bis in die heutige Zeit überlebt haben, obwohl die Paläontologen und Zoologen in trautem Einklang und gebetsmühlenartig das Gegenteil behaupten? Oder kann nur einmal mehr nicht sein, was nicht sein darf?

Deutlich länger als ein Pick-Up

Die Wissenschaftler sind indessen so fest von ihrer Position überzeugt, dass Megalonia prisca nur noch in versteinerter Form vorkommt, dass sie nicht einmal entfernt in Betracht ziehen, den vielen Sichtungsberichten ernsthaft nachzugehen. Ungeachtet der qualifizierten und detaillierten Beschreibungen durch Amateurforscher, Farmer und Waldarbeiter bleibt diese Spezies auch weiterhin auf der offiziellen Liste jener Tierarten, die längstens von der Erdoberfläche verschwunden sind.

Der Farmer Mike Blake aus Cessnock hat jeden Glauben daran verloren, dass Megalonia ausgestorben sei. Im Jahr 1974 befand sich Blake auf der Veranda seines Farmhauses; davor stand sein Pick-Up geparkt. Ohne jede Warnung kam eines dieser Ungeheuer um das Hauseck geschlichen und postierte sich direkt zwischen seinem Pick-Up und der Veranda. Sichtlich schockiert, „klebte" der Farmer an seinem Stuhl und war vollkommen unfähig, sich zu bewegen. Das Geschöpf blickte ihn längere Zeit interessiert an, dann drehte es sich um und verzog sich bedächtig über eine angrenzende Pferdekoppel ins nahe Unterholz. Das Tier war viel länger als das Fahrzeug des Farmers, das seinerseits mehr als fünfeinhalb Meter maß.[142]

Nicht nur rund um Cessnock, das nördlich von Sydney ein kleines Stück landeinwärts der Gold Coast liegt, wurden jene Kreaturen wiederholt gesichtet. Immer wieder gibt es vergleichbare Beobachtungen an den Ausläufern der Blue Mountains, in der Region um das Städtchen Capertee. Bei einer dieser Sichtungen inspizierte ein Farmer zu Pferd seine Viehherde. Aus nur 100 Meter Distanz musste er ebenso entsetzt wie hilflos zuschauen, wie eine dieser gewaltigen Echsen große Fleischbrocken aus einer soeben getöteten Kuh herausriss und verschlang. Das Szenario spielte sich auf einer Viehweide ab, die an ein dichtes Waldstück angrenzte.

Der unbewaffnete Farmer ritt daraufhin sofort heim, um sein Gewehr zu holen und der Bestie den Garaus zu machen. Doch als er zum Schauplatz des blutigen Geschehens zurückkam, hatte die Kreatur sich längst aus dem Staub gemacht.

Ein anderer Bewohner aus derselben Gegend war auf der Suche nach ausgebrochenen Rindern; dabei kam er zu einem dichten Gestrüpp am Rande seines Farmlandes. Im Unterholz hörte er verdächtige Geräusche und vermutete, eines der abgängigen Rinder hätte sich darin verirrt. Als er vom Pferd stieg, um der Sache nachzugehen, sah er zwischen den Bäumen eine riesige Echse, deren Länge er auf über neun Meter schätzte. Voller Panik lief er zu seinem Pferd und verließ eiligst den wenig anheimelnden Ort.[142]

Gleichfalls den größten Schreck ihres Lebens dürften jene drei jungen Holzarbeiter bekommen haben, die im Mai des Jahres 1961 in den Wäldern bei Wauchope eine Reihe von zum Fällen bestimmter Bäume markieren mussten.

Nachdem sie ihren Job erledigt hatten, setzten sie sich für ein Picknick am Rande eines bereits abgeholzten Areals nieder, das über und über mit verrottenden Holzabfällen bedeckt war. Wenige hundert Meter von ihnen entfernt stand der Lastwagen, mit dem die drei dorthin gekommen waren. Sie saßen noch nicht lange, als sie plötzlich hörten, wie irgendeine offenbar große Kreatur über die brachliegende Fläche auf sie zukam.

Als einer der Männer sich erhob, um Ausschau nach dem Tier zu halten, wurde er Zeuge, wie eine gigantische Echse schnurgerade auf sie zu gekrochen kam. Das Ungeheuer war bereits auf weniger als Steinwurfweite auf sie zugekommen, denn die Holzabfälle gaben eine hervorragende Tarnung ab. Das blanke Entsetzen packte die drei Arbeiter, die sofort aufsprangen und wie von Furien gehetzt zum Truck rannten. Als sie sich darin einigermaßen sicher fühlten, konnten sie zusehen, wie das Reptil eine Böschung herunterkam, darauf die Schotterpiste überquerte und im angrenzenden Busch verschwand. Hierbei kletterte es mit einer großen Leichtigkeit über die umgestürzten Bäume.

Wahre Schreckenskreaturen

Alle drei Waldarbeiter sagten übereinstimmend aus, dass das Ungeheuer mindestens einen Meter hoch war. Bei einer Länge von geschätzten zehn Metern betrug der Durchmesser seines Körpers einen dreiviertel Meter. Als sie zu ihrer Firma zurückkehrten, wurden sie von den älteren Kollegen darüber aufgeklärt, dass diese die gigantischen Reptilien schon des Öfteren in den Wäldern um Wauchope beobachtet hatten.[142]

Ich habe bereits an vorangegangener Stelle den Forscher Rex Gilroy zitiert, der davon ausgeht, dass es noch eine dritte und noch größere Art dieser urweltlichen Tiere in Australien gibt. Jene wirklich angsterregende Spezies wird von den Menschen, welchen sie begegnete, etwas dunkler in ihrer Färbung beschrieben als die anderen Riesenwarane mit ihrer meist grauen, gelegentlich auch mit hellen Flecken gesprenkelten Haut.

Es müssen wahre Schreckenskreaturen sein: Sie sollen Längen bis zu zwölf Metern erreichen! Ihr auffälligstes Merkmal jedoch sind zahlreiche, bis zu zehn Zentimeter lange fleischige Dornfortsätze, die sich vom Nacken über den ganzen Rücken bis hinunter zum Schwanz erstrecken. Sie verleihen den Ungeheuern ein ebenso bedrohliches wie archaisches Auftreten, das Tier wie Mensch gleichermaßen in Angst und Schrecken versetzt.

Diese Besonderheit erinnert an verschiedene Saurier aus dem Erdmittelalter, wie etwa an das Dimetrodon oder auch den Edaphosaurus. Bei einigen Arten aus der Familie der Pelycosauriden waren die Fortsätze der Wirbel oft bizarr verlängert und verzweigt – das ließ sie beinahe wie die Drachen aus unseren uralten Sagen und Legenden aussehen.[67] Auch diese dritte Art gigantischer Echsen der Urzeit wurde in mehreren Regionen Australiens beobachtet. Zum Beispiel einmal mehr bei Capertee nahe der Blue Mountains, oder in der Umgebung des Städtchens Wauchope, das am Eingang des Werrikimbe National Park liegt.

Dies sind bei Weitem nicht die einzigen Kryptoiden in Australien, welche die Ureinwohner bereits vor Zeiten in namenlose Panik versetzten. Auch das nördlich gelegene Neuguinea beherbergt ganz offenbar noch höchst lebendige, urzeitliche Kreaturen.

10. Vom Dschungel gefressen

Undurchdringliches Neuguinea

Diese mit 771.900 Quadratkilometern Fläche zweitgrößte Insel unserer Welt ist eine Region, die buchstäblich all ihre Eindringlinge verschluckt. Doch bevor ich mich noch eingehender mit dem Eiland beschäftige, auf dem sich Teile der angestammten Bevölkerung kulturell noch heute in der Steinzeit befinden, bleibe ich kurz auf dem australischen Kontinent. Wie ich beiläufig angemerkt habe, sind die in ihren Dimensionen schlichtweg beängstigenden Monsterwarane bei Weitem nicht die einzigen Kreaturen in „Down Under", die das große Sterben zum Ende der Kreidezeit um viele Millionen Jahre überlebten.

Im vorangegangenen Kapitel habe ich auch nur ganz kurz die angestammte Bevölkerung Australiens angesprochen. Sie kannte keinerlei Schrift – ihre deshalb ausschließlich mündlich weitergegebenen Überlieferungen wissen über mysteriöse Ungeheuer zu berichten, von denen einige sich tatsächlich auf Urweltkreaturen beziehen dürften.[141]

Die meisten der dunkelhäutigen Aborigines leben heute in abgelegenen Reservaten Nord- und West-Australiens. In ihren Jahrtausende alten Mythen und Überlieferungen ist von einer weit zurückliegenden „Traumzeit" die Rede, in der ihre Götter als Kulturbringer zur Erde herniederkamen. Einer jener Kulturbringer war „Birramee der Vogelmensch". Auf den meisten Felsmalereien ist er als ein humanoides Geschöpf dargestellt, das mit sonderbaren Gewändern seltsame Assoziationen an die Astronauten unserer Tage wachruft.[143,144] Neuere Forschungen ergaben, dass sich die australischen Ureinwohner schon seit mindestens 50.000 Jahren nicht mehr mit den Angehörigen anderer Völker vermischt haben.[145]

Sie, die bereits seit undenklichen Zeiten in den abgelegenen Regionen des „roten Kontinents" ihr Dasein verbringen, dürften nicht selten mit jenen Kreaturen zusammengetroffen sein, deren Existenz von den Vertretern der „offiziellen" Wissenschaft nur allzu gern ins Reich des Obskuren verbannt wird.

Von Arnhem-Land – dieses liegt an der Nordspitze der Northern Territories – weiter Richtung Osten über den Golf von Carpentaria bis hinein in die Region von Cape York, an der Nordspitze von Queensland, erzählt man seit alters her vom „Burrunjur". Dessen Beschreibungen erinnern an einen Allosaurus – eine kleinere Version des im Erdmittelalter weithin gefürchteten Tyrannosaurus rex.[141] Beide Spezies waren auf ihren kräftigen Hinterbeinen unterwegs, da ihre vorderen Extremitäten stark verkümmert waren.

„Bunyip", Schrecken der Aborigines

Im Jahre 1950 berichteten Rinderzüchter, die an der Grenze zwischen den Northern Territories und Queensland wohnten, dass sich ein „seltsames Tier" über ihre ganzen Lebensmittelvorräte hergemacht hätte. Die Kreatur habe außerdem eine blutige Spur verstümmelter und zur Hälfte aufgefressener Tierkadaver hinter sich hergezogen. Und 1961 machte ein der Urbevölkerung angehörender Spurenleser eine wahrlich unheimliche Bekanntschaft. Unweit des Ortes Lagoon Creek, am Golf von Carpentaria, sei er auf ein zweibeiniges Riesenreptil von sieben bis acht Metern Größe getroffen, welches sich dort krachend durch das Unterholz bewegte.[141]

Ein weiterer Kryptoide in Down Under, der, wie es den Anschein hat, Millionen Jahre überleben konnte, ist der „Geelong Bunyip". Er ist benannt nach der Stadt Geelong, südwestlich von Melbourne im Bundesstaat Victoria gelegen. Früheste Begegnungen aus der Zeit der Besiedelung durch die Europäer datieren in die Mitte des 19. Jahrhunderts zurück. Die in der Stadt ansässige Zeitung „Geelong Advertiser" berichtete im Juli 1845 über den Fund eines nicht versteinerten Knochens, wohl Teil des Kniegelenkes einer gewaltigen, lebenden Kreatur. Der Zeitungsartikel führte aus, dass das Knochenstück einem Ureinwohner vorgelegt worden war, welcher es, ohne zu zögern, als einem „Bunyip“ zugehörend identifizierte. Zudem wurde nach seinen Angaben eine Zeichnung angefertigt, die besagte Kreatur darstellt.

Auch als der Fund weiteren Aborigines in der Region gezeigt wurde, die zuvor keine Gelegenheit hatten, sich mit Stammesangehörigen auszutauschen, ordneten sie alle den Knochen wie auch die Zeichnung dem Bunyip zu.

In einer Reihe von Aborigine-Sprachen ist Bunyip der gebräuchliche Begriff für ein schreckenerregendes Monster. Die Ureinwohner, denen das Knochenstück präsentiert worden war, konnten übereinstimmende Berichte zu Vorfällen geben, bei denen ihnen persönlich bekannte Stammesangehörige von so einem Geschöpf ums Leben gebracht worden waren.

Wie sollen wir uns die Gestalt von diesem Schrecken der Ureinwohner vorstellen? Es wurde berichtet, dass die Kreatur die Seen dieser Region bewohne, also amphibisch lebe. Wie auch bei Reptilen üblich, soll sie Eier legen. Der Bunyip soll typische Merkmale von Vogel und Krokodil in sich vereinen, dabei auf zwei kräftigen Hinterbeinen laufen. Die vorderen Extremitäten indes sollen – wie auch beim Tyrannosaurus rex und beim Allosaurus – deutlich verkümmert, die Schnauze vorne ungewöhnlich verbreitert sein. Im Übrigen findet man Krokodile heute einzig im äußersten Norden von Australien. Es sind die mächtigen Salzwasserkrokodile von beeindruckenden Ausmaßen, wie ich eines davon vor etlichen Jahren im Pekinger Zoo bewundern konnte. Die Region um Geelong liegt hingegen am anderen, südöstlichen Ende des Kontinents, und große Panzerechsen sucht man dort vergeblich.

Die so verblüffend übereinstimmenden Beschreibungen des Bunyip passen sehr gut zu einem Dinosaurier, der sich auf zwei Beinen fortbewegt. Einer der Aborigines, denen das knöcherne Fragment präsentiert wurde, zeigte mehrere tiefe und vernarbte Wunden in seiner Brust, die ihm von diesem mysteriösen Tier zugefügt worden seien.[141]

Verlassen wir nun den „Roten Kontinent“. Denn es ist nun an der Zeit, mich mit dem nördlich von Australien gelegenen Neuguinea zu beschäftigen. Von dort kommende Berichte von Eingeborenen, Missionaren und Forschern stützen nämlich die Vermutung, dass auch dort noch immer urweltliche Kreaturen ihr Unwesen im dichten Dschungel treiben.

Menschen der Steinzeit, Tiere der Urzeit

Nur von der schmalen „Torres Strait“ von der Halbinsel Cape York am Nordende von Australien getrennt, liegt die Hauptinsel Neuguineas, die sich zwei Staaten teilen. Der westliche Teil, Irian Jaya genannt, ist eine Provinz der Republik Indonesien. Der östliche Teil hingegen bildet zusammen mit dem Bismarck-Archipel den seit 1975 souveränen Staat Papua-Neuguinea.[2] Dort leben, wie schon kurz angedeutet, zahlreiche Menschen noch auf einer steinzeitlichen Kulturstufe. Mit allen dazugehörigen Begleiterscheinungen: Erst im Februar 2024 kam es in der Provinz Enga, ungefähr 600 Kilometer nördlich der Hauptstadt Port Moresby, zu einer blutigen Stammesfehde, die 57 Todesopfer forderte.[146] Wenn schon die Bevölkerung zum Teil noch in der Steinzeit lebt, dann befindet sich die Natur in der Urzeit.

Dichter Dschungel breitet sich nicht nur in weiten Regionen der Hauptinsel aus. Mit über zehn Meter hohen Grasstengeln und bis zu 50 Meter hohen Baumriesen, die umschlungen sind von riesigen Lianen, schuf die Natur ein derart undurchdringliches Gebilde, dass selbst vom Blitz getroffene Bäume nicht umfallen können. Es gibt noch immer so gut wie kein Straßennetz und auch keine Eisenbahn. Von einer Erschließung kann also keine Rede sein.

Darum haben bis zum heutigen Tag nur äußerst wenige Weiße die Urwälder Neuguineas betreten. Die Forscher Claud und Ivan Champion hatten kurze Zeit vor Ausbruch des Zweiten Weltkrieges im Auftrag der australischen Regierung, unter deren Mandat Neuguinea bis zum Jahr 1975 stand, einige Expeditionen in das Landesinnere geleitet. Bei diesen Gelegenheiten sollen die beiden Forscher wiederholt auf gewaltige, waranähnliche Reptilien gestoßen sein, wie sie des Öfteren auch in den Wäldern von Australien beobachtet wurden.[142]

Im Verlauf des Zweiten Weltkrieges errichteten die Alliierten eine Reihe von Stützpunkten und provisorischen Flugplätzen, vorwiegend in den küstennahen Gebieten Neuguineas. Aus diesen Tagen kennt man ein seltsames Kulturphänomen, das unter der Bezeichnung „Cargo-Kult" bekannt wurde. Was soll man sich genau darunter vorstellen?

Kurz gesagt, imitierten die Steinzeitler, die zuvor nie mit Weißen Kontakt hatten, deren Technik mit denkbar primitivsten Mitteln: Auf Lichtungen im Regenwald stampften sie barfuß regelrechte „Landebahnen" aus dem Boden. Hohe Bambusstangen sollten Antennen darstellen, und Medizinmänner sprachen pausenlos Beschwörungen in halbierte Kokosnüsse, die – was unschwer zu erkennen war – Mikrofone zum Vorbild hatten. Auf der Insel Wewak entstand sogar ein richtiger „Flughafen" mit aus Stroh und Holz erbauten „Flugzeugen". Und immer wieder exerzierten die Eingeborenen mit geschulterten Bambusrohren als Gewehre, sowie „Stahlhelmen" aus den Panzern von Schildkröten, mit denen sie ihre Köpfe schützten.[147,148]

Aber was war der Sinn und Zweck der Übung? Die sich noch auf Steinzeitlevel befindlichen Leute waren – nachdem sie die „göttergleichen" Fremden eingehend beobachtet hatten – auf die glorreiche Idee gekommen, dass sie sich nur genauso wie die geheimnisvollen Ankömmlinge verhalten müssten. Dann würden auch zu ihnen die „silbernen Himmelsvögel" kommen und sie mit den segensreichen Gütern, welche massenweise aus ihren Bäuchen quollen, beglücken. Doch kehren wir hier zurück zum Thema lebender Urweltkreaturen, die ganz offenbar auch in den noch immer unerforschten Wäldern Neuguineas existieren.

Sichtungswelle in Neubritannien

Sie dürften dort noch immer einigermaßen ungestört leben – denn der Dschungel gibt nicht wieder heraus, was er einmal verschlungen hat. So sind von den mehr als 7000 Flugzeugen der Japaner wie auch der Alliierten, die im Laufe des Zweiten Weltkrieges über Neuguinea abgestürzt waren, gerade einmal 100 wieder gefunden worden. Und im Jahre 1943 verschwand im Inneren der Hauptinsel eine komplett ausgerüstete und bis an die Zähne bewaffnete Division der kaiserlichen japanischen Armee.[149] Von diesem gut organisierten Truppenverband hat man nie wieder etwas gesehen oder gehört.

Politisch zu Papua-Neuguinea zählt auch der Bismarck-Archipel. Benannt wurde er nach dem deutschen Staatsmann Otto Fürst von Bismarck (1815–1898). Denn die Inselgruppe wie auch die Hälfte der Hauptinsel Neuguineas gehörten von 1884 bis 1919 als sogenanntes Schutzgebiet zum Territorium des Deutschen Kaiserreiches.[2]

New Britain – oder Neubritannien, während der deutschen Zeit als „Neu-Pommern" bekannt – ist die größte Insel des Archipels. Auch dieses Eiland, dessen kaum zugängliches Inneres recht gebirgig ist, wird vom dichten, tropischen Urwald bedeckt, den zum überwiegenden Teil noch keines Forschers Fuß betreten hat. Vor wenigen Jahren erlebten ein paar kleine, der Südküste vorgelagerte Inseln eine regelrechte Sichtungswelle mutmaßlich aus dem Mesozoikum stammender Kreaturen.

Das kleine Ambungi Island liegt in etwa drei bis vier Kilometer vor der Südküste des westlichen Teils von Neubritannien. Diese Miniatur-Insel ist tropfenförmig und misst ungefähr 1.000 mal 600 Meter. Die Bevölkerung zählt nicht mehr als 90 Häupter, die vorwiegend in einer einzigen Siedlung im Nordosten der Insel hausen. Ihren Lebensunterhalt bestreiten die Bewohner mit Fischfang und einfacher Landwirtschaft.

Es war 1995, als der Fischer Alphonse Likky im flachen Wasser vor der Küste tauchte, um Fische zu harpunieren. Plötzlich vernahm er, wie irgendetwas hinter ihm ins Wasser sprang und scheinbar gegen ein Korallenriff stieß. Als er sich umdrehte, bemerkte er ebenfalls unter Wasser ein Tier, das Likky später als „Dinosaurier" bezeichnete. Er beschrieb das Tier mit einem langen Hals und Schwanz, kurzen Vorderbeinen sowie muskulösen Hinterbeinen. Es besaß Schwimmhäute an den Füßen. Der Kopf war klein und schlangenartig geformt. Hautkämme zierten den Rücken bis zum Schwanz. Der Fischer schätzte die gesamte Länge dieses Geschöpfes auf etwa vier Meter.

Langsam und mit ruhigen Bewegungen schwamm das mysteriöse Tier unter Wasser davon, bevor es in einer untermeerischen Höhle verschwand. Der Schreck jedoch saß tief: So schnell er nur konnte, begab sich der Mann zu seinem Kanu und paddelte zum Ufer zurück.[150]

Vier Jahre später machte eine Bewohnerin der gleichen Insel die wohl aufwühlendste Erfahrung ihres Lebens. Alice arbeitete gerade in ihrem Garten, als sie unvermittelt ein zweibeiniges Reptil erblickte, das etwa drei Meter in der Länge maß, und dabei einem Tyrannosaurus rex frappierend ähnlich sah.

Die alptraumhafte Kreatur besaß eine rotbraune Färbung, und war im Brustbereich ganz weiß. Die Haut machte einen weichen Eindruck (sofern dies aus einer Entfernung, die bestimmt mehrere Meter betrug, so gut zu erkennen sein kann; HH), und auf dem Schwanz war ein Hautkamm zu erkennen. Das Tier bewegte sich ziemlich langsam und hielt dabei seinen Hals nahezu senkrecht. Alice sah es an einer hartblättrigen Pflanze fressen. Als es kehrt machte, folgte ihm die Frau und konnte beobachten, wie es von einer Klippe aus ins Meer sprang. Das ungewöhnliche Tier bemerkte Alice die ganze Zeit über nicht.

Nachdem die Kreatur schon eine Weile verschwunden war, entdeckte sie eine Menge fünfzehiger Abdrücke auf dem Boden ihres Gartens. Diese zeigte sie auch den anderen Bewohnern der Insel Ambungi.[150]

Hautkämme „wie eine Säge“

Etwa 55 Kilometer östlich der tropfenförmigen Insel Ambungi befindet sich eine winzige Insel namens Dililo. Selbige ist vollkommen unbewohnt und Teil der seeseitigen Begrenzung einer großen Lagune, die von vielen kleinen Inseln wie auch von dichtem Mangrovenwald durchsetzt ist. Im Jahre 2004 tauchte dort eine Gruppe aus drei Erwachsenen und mehreren Kindern, als sie plötzlich das ebenso unbestimmte wie unangenehme Gefühl hatten, am äußeren Rand ihres Gesichtsfeldes von „irgendetwas“ beobachtet und verfolgt zu werden.

Die drei Erwachsenen waren routinierte Taucher, darum nahmen sie dieses Gefühl ernst, und verließen sofort das Wasser. Natürlich wollten sie herausfinden, was ihnen die unangenehme Ahnung bereitet hatte – da entdeckten sie ein etwa 20 Meter langes, mit einem langen Hals versehenes Reptil, das durchs Wasser schwamm. Es besaß einen ovalen Kopf wie eine Eidechse, große Augen, und eine Reihe von Hautkämmen auf dem Rücken, die „wie eine Säge“ wirkten. Mit verhaltener Geschwindigkeit schwamm es dahin, bis es unter die Wasseroberfläche sank und verschwand.[150]

Es ist wohl beinahe überflüssig zu erwähnen, dass es die Taucher an diesem Tag nicht mehr ins nasse Element zog.

Die weiteren Beobachtungen der Serie führen zurück zur „Tropfeninsel“ Ambungi beziehungsweise einem benachbarten Fleckchen Landes im tiefen Bougainville-Graben, wie jenes Meeresgebiet südlich der Insel Neubritannien auch genannt wird.

Nur ein Jahr nach dem unheimlichen Erlebnis der Familie mit den Kindern auf Dililo will ein Zeuge auf Ambungi ein Geschöpf von zehn bis fünfzehn Metern Länge gesehen haben. Er beschrieb es als einem „sehr großen Wallaby“ – dies ist eine Känguruhart im Süden und Südwesten Australiens[2] – vergleichbar, jedoch mit dem Kopf einer Schildkröte. Auch diese Kreatur soll sich eine ganze Zeit lang an Pflanzen gütlich getan haben, ehe es sich wieder ans Wasser begab und davonschwamm.

Zur gleichen Zeit beobachteten zwei Frauen aus dem Dorf ein ähnliches Geschöpf. Die beiden sahen das Tier, als es auf einem Felsen am Fuß eines abgelegenen Kliffs stand. Auf dem winzigen Alage Island, das in etwa 1,6 Kilometer südwestlich von Ambungi liegt, soll dieses seltsame Geschöpf gleichfalls von mehreren Zeugen gesichtet worden sein.

Im Jahr 2007 erblickte die Einheimische Jasinta Pitim ebenfalls auf Ambungi ein Tier mit einem langen Hals und einer unebenen, schuppigen Haut, die der eines Krokodils ähnlich sah. Fast zu Tode erschrocken, lief sie nach Hause und holte ihren Mann, der das Tier ebenfalls beobachten konnte.[150]

Haben wir es tatsächlich mit Überlebenden aus der Ära der Riesensaurier zu tun, mit welchen die Insulaner auf Neubritannien wiederholte Male zusammengetroffen sind? Sicher werden auch diese Fälle manchen Skeptiker auf den Plan rufen, der das Ganze in Zweifel zieht. Was wir aber auf keinen Fall tun dürfen, wäre, diese Begegnungen als Verwechslungen, das Heischen nach Publicity oder gar als ausgemachten Schwindel abzutun. Denn in Anbetracht der einfachen Lebensumstände der dortigen Zeugen dürften sich Medienrummel und Rampenlicht von vornherein ausschließen. Und nicht vergessen: Das ist Papua-Neuguinea und nicht die Internet- und Medien-Community der westlichen Sphäre. Den Bewohnern dieser Region sind wildlebende Tiere geläufiger als den urbanisierten Vertretern unserer Zivilisation, die sich zwar allen anderen Gesellschaften überlegen wähnt, aber zur oberflächlichen Spaßgesellschaft verkommen ist.

Im Wasser bedrohlich

Mit was haben wir es hier also zu tun? Das in dem Fall aus dem Jahre 1995 beschriebene Geschöpf ließe sich noch mit einer großen Portion Wohlwollen als Leistenkrokodil interpretieren. Diese Unterart der allseits gefürchteten Panzerechsen kommt in jener asiatisch-pazifischen Region vor und erreicht sogar Längen bis zu zehn

Metern.[2] Doch sollte ein gewerbsmäßiger Fischer dieser Breiten die dort nicht gerade selten in Erscheinung tretenden Echsen auch zuverlässig als solche erkennen. Denn immerhin stellen diese doch eine nicht gerade unerhebliche Gefahr für Leib und Leben dar. Den verhängnisvollen Fehler, solche Tiere zu verwechseln, macht man garantiert nur einmal.

Bei den anderen Fällen dieser Sichtungsserie aber ist das Ganze nicht mehr so einfach, auch wenn bereits die Erklärung als Leistenkrokodil bei näherem Hinsehen auf reichlich tönernen Füßen steht. Da gibt es, wie bekannt ist, weit und breit keine andere Tierart, die dem entspricht, was die Augenzeugen so genau beschrieben haben. Und die hatten nicht nur einen Typ Dinosaurier beobachtet, sondern deren zwei: Einen mit langem Hals sowie einen, der sich zweibeinig fortbewegte – dem im nahen Nordaustralien gesichteten „Bunyip" nicht unähnlich.

All diese Tiere scheinen ihren Lebensraum hauptsächlich im Wasser zu haben. Denn die Inseln, die sie heimsuchten, besitzen im besten Falle eine Fläche, die einen halben Quadratkilometer nicht übertrifft. Dorthin kommen sie ab und zu, um pflanzliche Nahrung zu sich zu nehmen. Danach suchen sie wieder das „nasse Element" auf.

Die Beobachterin aus dem Fall aus dem Jahre 1999 folgte der dahintrottenden Kreatur bis ans Wasser. Die Zeugin des zuletzt geschilderten Falles war zwar zu Tode erschrocken, lief aber dann nach Hause und holte ihren Mann, welcher das Geschöpf ebenfalls noch sah.

Wie es den Anschein hat, ging bei den Beobachtungen, die an Land erfolgten, keine Gefahr von den Ungeheuern aus. Einzig im Wasser sind sie offenbar bedrohlich, denn die Menschen suchten sofort das Weite. Bei Speerfischern wie den im Fall des Jahres 1995 genannten Alphonse Likky ist dies bemerkenswert. Denn sie haben bei ihrer Arbeit regelmäßig mit riesigen Zackenbarschen und mit Haien zu tun, und hier und da taucht sogar ein Salzwasserkrokodil auf, mit dem wahrlich nicht zu spaßen ist.

Wer weiß zu sagen, welche Überraschungen in diesem Teil der Welt noch ihrer Entdeckung harren? Da wären kleinere Tierarten, wie etwa der Bulmer'sche Flederhund, der, zur Familie der Flughunde gehörend, erst im Jahr 1977 von dem Zoologen J.I. Menzies in einer Höhle in Neuguinea entdeckt wurde.[2,83] Vielleicht aber auch große, die uns ungläubiges Staunen abringen, wenn sie sich endlich aus der Deckung ihrer Refugien wagen. Und wenn wir sie nicht in die Flucht treiben.

Über den Wipfeln ist Ruh'

Ich habe schon an vorangegangener Stelle den berühmten norwegischen Forscher Thor Heyerdahl zitiert, der völlig zutreffend feststellte, dass wir „das Meer mit brüllenden Maschinen und stampfenden Kolben" durchpflügen. Und uns auch noch wundern, dass offenbar auf weiter Flur nichts Ungewöhnliches zu sehen ist. Die tollkühnen Abenteurer, die im zentralafrikanischen Kongobecken die sumpfige Hölle des Likouala zu „erobern" suchten, taten dies mit ihren Einbäumen, an denen ein lärmender Außenbordmotor hing. Und die japanische Expedition, die dort ebenfalls ihr Glück versuchte, kreiste in einem Kleinflugzeug über den Lac Telé. Man war ganz frustriert darüber, dass man nur wenige Meter Filmmaterial drehen konnte, ehe dieses mysteriöse Geschöpf, das man ausgemacht hatte, einfach wegtauchte. Die bestens ausgerüsteten Dinosaurierjäger am Auyan Tepui im Süden Venezuelas waren sogar mit einem Helikopter unterwegs. Einem ebenso praktischen wie Höllenlärm erzeugenden Fluggerät, gegen den selbst ein Panzertrupp im Angriff fast noch als „Marsch des Schweigens" bezeichnet werden kann.

Und dann verlautet es einmal mehr aus den Reihen der unvermeidlichen Skeptiker, dort draußen sei überhaupt nichts zu finden.

Dass es auch anders geht, das bewies schon Mitte der 1980er Jahre der französische Botaniker Francis Hallé. Der war damals Professor für Tropenbotanik an der Universität von Montpellier in

Südfrankreich. Gemeinsam mit seinen Kollegen Gilles Ebersolt und Dany Cleyet-Marrel erforschte er mit einem „Baumfloß" die noch immer nahezu unbekannte Welt in den Baumkronen der Regenwälder rund um den Globus. Wem ist schon bewusst, dass in den Wipfeln der tropischen Baumriesen ungefähr drei Viertel aller Insekten ihren Lebensraum haben? Und noch immer warten in diesen Breiten an die 10.000 Pflanzenarten auf deren wissenschaftliche Klassifizierung.[151]

Das in diesem Zusammenhang genannte „Baumfloß" ist ein aus sechs dreiecksförmigen Pontons bestehendes Sechseck, in dessen Mittelteil sich sechs Luftschläuche von 13,60 Metern Länge und einem knappen Meter Durchmesser treffen. Dazwischen sind schwarze Kunststoffnetze gespannt. Für die Stabilität dieser ganzen Konstruktion sorgen sechs weitere Schläuche an den Außenseiten. Jedes der Dreiecke kommt auf annähernd 100 Quadratmeter Fläche, und dank konsequenter Verwendung leichter Kunststoffe wiegt das komplette „Baumfloß" nicht mehr als 750 Kilogramm. Was bedeutet dass der Druck, der beim Einsatz auf den Baumkronen lastet, nicht größer ist als das Gesamtgewicht aller Vögel auf derselben Fläche.

Transportiert wurde das besagte „Baumfloß" mit einem Luftschiff, an dem es mit kräftigen Trossen befestigt wurde. Der Zeppelin war zur Unterstützung mit einem Motor ausgerüstet. Der konnte aber jederzeit ausgeschaltet werden, um einen völlig lautlosen Schwebeflug über den weiten Waldgebieten zu ermöglichen. Der Heißluftzeppelin erwies sich dabei gleichzeitig als ebenso wendig wie ein Helikopter.[152]

Mit diesen Gerätschaften, deren Stand der Technik im Grunde bereits zu Beginn des 20. Jahrhunderts verfügbar war, läuteten die erfindungsreichen Franzosen gegen Ende desselben eine neue Ära in der Erforschung der Flora und Fauna schwer zugänglicher Gebiete ein. Bewundernswert ist besonders, dass sie ihre einzelnen Forschungsprojekte zum größten Teil ohne öffentliche Fördermittel realisieren konnten.

„Verdientermaßen überlebt"

Die wiederentdeckte Technik bewährte sich unter anderem bei zwei Expeditionen in den Jahren 1989 und 1996 nach Französisch-Guayana, 1991 in Kamerun, 1999 in Gabun sowie im Jahr 2000 auf Madagaskar. In den meisten Fällen wurden die hierfür notwendigen finanziellen Mittel aus kleinen und kleinsten Beträgen zusammengesammelt. Nennenswerte Zuschüsse kamen neben einer einmaligen Unterstützung durch die Europäische Union einzig aus einer Stiftung der Mineralölgesellschaft elf-Aquitaine, und dann ab 1994 von der Organisation „PRO Natura" – einer sogenannten NGO oder Nicht-Regierungsorganisation.[153]

An den Untersuchungen in den Urwäldern hatten Vertreter aus 25 wissenschaftlichen Gebieten teilgenommen. Neben Botanikern waren auch Entomologen (Insektenforscher) und Herpetologen (Reptilienforscher) mit von der Partie. Stets wurden neben bis dahin unbekannten Pflanzenarten auch neue Tiere entdeckt.[152] Der in Erfüllung gegangene Lebenstraum des Professors aus Montpellier hatte die Forschung buchstäblich zu „neuen Ufern" geführt.

Warum sollte man sich also nicht auf solchen leisen Schwingen – ohne die gesamte Fauna in Aufruhr zu stürzen – auch in die „Verlorene Welt" begeben? In jene ökologische Rückzugsgebiete, die den letzten urzeitlichen Kreaturen spärlichen Schutz bieten, wenn es darum geht, einen großen Bogen um die gefährlichste und destruktivste Spezies zu machen, die der Planet in Millionen Jahren hervorgebracht hat: Dem Menschen. Dann müsste auch der Anblick eines Nachfahren des mächtigen Sauriergeschlechts, der auf einer Urwaldlichtung äsend, seinen Kopf solch einem Luftschiff entgegen streckt, nicht auf die phantastischen Szenarien aus Sir Arthur Conan Doyles berühmten Roman „Die Verlorene Welt"[139] beschränkt bleiben.

In den vorangegangenen Kapiteln dieses Buches konnte ich aufzeigen, dass zahlreiche urzeitliche Kreaturen bis zum heutigen Tage zu überleben vermochten. Die „lebenden Fossilien" beweisen dies sehr eindrucksvoll. Getreu dem geflügelten Wort, dass Totgesagten ein umso längeres Leben beschieden sei, kommt es noch immer beinahe täglich zur (Wieder-)Entdeckung neuer oder ausgestorben geglaubter Tierarten. Und zu Sichtungen oft bizarrer „Ungeheuer" zu Land, zu Wasser und in der Luft.

Der amerikanische Geophysiker David M. Raup, der sich lange und intensiv mit der Ursache für den Untergang der Dinosaurier am Ende der Kreidezeit beschäftigt hatte, musste denn in aller Offenheit eingestehen: „Weil man prinzipiell keinen Beweis für deren Nichtexistenz führen kann, kann man auch nicht zwingend die Möglichkeit ausschließen, dass in irgendeinem unerforschten Winkel Afrikas noch Dinosaurier leben."[154]

Nicht nur dort, möchte ich der Vollständigkeit halber zum Abschluss meiner Betrachtungen noch hinzufügen. In seinem Buch, das er zu der Thematik verfasst hat, brachte er die Quintessenz seiner Gedanken auf den Punkt:

„Wenn die Dinosaurier überlebt hätten, dann hätten sie auch verdientermaßen überlebt."

Anhang

Zeittafel zur Erdgeschichte

<table>
<tr><td rowspan="2">Känozoikum (Erdneuzeit)</td><td>Quartär</td><td>2</td><td>Mensch</td><td rowspan="2">Okapi
Megalonia
Gladiator
Borneo-Hai</td></tr>
<tr><td>Tertiär</td><td>60</td><td>Prähominiden</td></tr>
<tr><td rowspan="3">Mesozoikum (Ermittelalter)</td><td>Kreide</td><td>140</td><td>Aussterben der Saurier</td><td>»Mokele M'bembe«</td></tr>
<tr><td>Jurazeit</td><td>200</td><td>Blütezeit der Saurier</td><td>Pterodaktylus
Riesenkalmare
Plesiosaurier in verschiedenen Teilen der Welt</td></tr>
<tr><td>Trias</td><td>240</td><td>Erste primitive Säuger</td><td>Brückenechse (Sphenodon)</td></tr>
<tr><td rowspan="5">Paläozoikum (Erdaltertum)</td><td>Permzeit</td><td>290</td><td>Entfaltung der Reptilien</td><td>Dachschädler und diverse Urlurche</td></tr>
<tr><td>Karbon</td><td>380</td><td>Ausgedehnte Steinkohlenwälder</td><td>Lungenfische</td></tr>
<tr><td>Devon</td><td>420</td><td>Erste Insekten</td><td>Quastenflosser</td></tr>
<tr><td>Silur</td><td>520</td><td>Erste Wirbeltiere</td><td>Weichtier
Neopiliana galathea</td></tr>
<tr><td>Kambrium</td><td>600</td><td>Leben nur im Meer</td><td></td></tr>
<tr><td>Eozoikum (Erdfrühzeit)</td><td>Präkambrium

Entstehung der Erde</td><td>4000</td><td>Einzellige Organismen im Urmeer</td><td></td></tr>
</table>

Eine Reise durch die Erdgeschichte

Auf dieser Zeittafel sind die geologischen Zeitalter aufgelistet, die seit der Entstehung der Erde – nach gültiger Lehrmeinung vor ungefähr vier Milliarden Jahren – vergangen sind. Diese Zeitspanne wird in vier hauptsächliche Abschnitte unterteilt:

- Eozoikum oder Erdfrühzeit
- Paläozoikum oder Erdaltertum
- Mesozoikum oder Erdmittelalter
- Neozoikum oder Erdneuzeit

Diese wiederum werden nochmals in die jeweiligen Formationen, also die Erdzeitalter, unterteilt. Diese sind zwar nochmals in mehrere Unterformationen aufgeteilt, was aber in diesem Zusammenhang ohne Berücksichtigung bleibt.

Die Zahlen neben den genannten Erdzeitaltern entsprechen Millionen Jahre vor unserer Zeitrechnung nach den geologischen Methoden der Datierung. In der durchgehenden Spalte in der Mitte findet man die bedeutendsten Stationen der Entstehung sowie der Entwicklung des Lebens auf unserem Planeten.

Ganz rechts ist ebenfalls chronologisch eine Auswahl an Tierarten aufgeführt, die heute entweder als „Lebende Fossilien“ aufgelistet sind oder mit großer Wahrscheinlichkeit als die letzten Vertreter ihrer Art in verborgenen ökologischen Nischen und Rückzugsgebieten ihr offizielles Aussterben überleben konnten.

Expeditionen in die „Hölle von Likouala“

Eine chronologische Auflistung der Expeditionen nach Zentralafrika, auf der Suche nach Mokele M'bembe und weiteren möglichen Überlebenden aus dem Zeitalter der großen Saurier (ohne Anspruch auf Vollständigkeit!).

Schon seit den 1880er Jahren, als ein großer Teil des Kongo von Belgien als Kolonie beansprucht wurde, zog es immer wieder mutige Forscher und Abenteurer in diese Region. Gezielte Expeditionen begannen jedoch erst zu Anfang des 20. Jahrhunderts und setzen sich bis heute, im 21. Jahrhundert fort. Besondere Erwähnung muss hier der Franzose Michel Ballot finden, der gegenwärtig eine Expedition pro Jahr in diese Region durchführt und zahlreiche weitere Indizien zu sichern vermochte.

Karl Hagenbeck, 1909

Der Hamburger Tierhändler und Jäger Karl Hagenbeck hörte zum ersten Mal Anfang des 20. Jahrhunderts Berichte über ein „gewaltiges Ungeheuer“, das in den Sumpfgebieten des Kongo Angst und Schrecken verbreite. Selbiges sei „halb Elefant, halb Drachen“. Später konkretisierten sich die Berichte, dass dort eine Art Dinosaurier, ähnlich einem Brontosaurus, leben solle. Hagenbeck rüstete mit großem Aufwand eine Expedition aus, um im Kongobecken nach dem Tier zu suchen. Geschwächt von Tropenkrankheiten und attackiert von feindseligen Eingeborenen, mussten die Teilnehmer jedoch ohne greifbare Erfolge zurückkehren.

Deutsche Expedition, 1913

In jenem Jahr wurde der Rittmeister Freiherr Stein zu Lausnitz auf eine Expedition in die damalige deutsche Kolonie Kamerun abgeordnet; sie war der Ausgangspunkt für ein weiteres Vordringen in das Kongobecken. Der Offizier brachte die erste genaue Beschreibung sowie Informationen über die Lebensgewohnheiten von Mokele M'bembe mit, welcher die Gebiete um die Flüsse Ubangi, Sangha und Ikelemba heimsuchen soll. Am Ssombo-Fluss konnte er sogar eine mächtige Schneise in Augenschein nehmen, die solch ein Tier hinterlassen hatte, als es den Dschungel durchquerte. Und er konnte herausfinden, von welchen Pflanzen sich die Urzeitwesen vornehmlich ernähren.

Amerikanische Expedition, 1920

Das Washingtoner „Smithsonian Institute" schickte dann im Jahre 1920 eine 32-köpfige Expedition in den Kongo. Nach sechs Tagen fanden die afrikanischen Fährtenleser große, nicht identifizierte Fußabdrücke entlang einem Flussufer. Kurz darauf vernahm man ein unheimliches Brüllen, das keinerlei Ähnlichkeit mit den Lauten irgendeines bekannten Tieres hatte. Tragischerweise endete die Expedition in einer Katastrophe. Im Laufe einer Zugfahrt durch überschwemmtes Gebiet entgleiste die Lokomotive, kippte um und riss dabei alle Waggons mit sich. In der Folge wurden vier Teilnehmer unter Tonnen von Stahl zu Tode gequetscht, weitere sechs wurden zum Teil lebensgefährlich verletzt.

Percy-Sladen-Expedition, 1932/33

In den Jahren 1932/33 begab sich diese Expedition im Auftrag des Britischen Museums nach Zentral- und Westafrika, um bis dahin unbekannte oder ausgestorben geglaubte Tiere zu suchen. An dieser Forschungsreise nahm auch der bekannte amerikanische Autor Ivan T. Sanderson teil. Wie die deutsche Expedition aus dem Jahre 1913, stießen auch sie auf eine gewaltige Spur, die die Eingeborenen Mokele M'bembe zuschrieben. Zuerst glaubten die Expeditionsteilnehmer, dass die Spur auf Flusspferde zurückzuführen sei. Diese jedoch gibt es in besagter Region nicht mehr, weil sie offenbar von einem unbekannten, deutlich größeren Fressfeind ausgerottet wurden.

Amerikanische Expedition, 1972

Der amerikanische Herpetologe James H. Powell jr. war seit dem Jahre 1960 an den Berichten über afrikanische Vorzeitkreaturen interessiert. Erstmals organisierte er 1972 eine Expedition in den Kongo. Diese drohte jedoch bereits im Vorfeld an den komplizierten Beziehungen zwischen dem Kongo und den USA zu scheitern. Später setzten dann Tropenkrankheiten, Bisse von Giftschlangen und körperliche Strapazen der Gruppe derart zu, dass man nur noch weitere Augenzeugenberichte über die Sichtungen von Mokele M'bembe sammeln konnte. Wie auch über eine eidechsenartige Kreatur, welche von den Einheimischen „N'yamala“ genannt wird.

Amerikanische Expedition, 1976

Vier Jahre später entschied sich James H. Powell jr. zu einer weiteren Expedition, die in den westafrikanischen Staat Gabun führte. Hierzu angeregt wurde er durch die Berichte über ein Ungeheuer mit dem Namen „Jaco-Nini“. Rasch wurde Powell klar, dass jenes Geschöpf mit Mokele M'bembe verwandt oder vielleicht sogar identisch sein musste. Er sammelte auch weitere Berichte über den oben erwähnten „N'yamala“. Man legte Eingeborenen Bilder von einigen Dinosauriern vor, worauf diese übereinstimmend erklärten, dass sie große Ähnlichkeiten mit „N'yamala“ aufwiesen.

Deutsche Expedition, 1980

Der deutsche Ingenieur Hermann Regusters sowie dessen Ehefrau Kia schafften es nach eigenen Angaben im Jahr 1980, den Lac Telé zu erreichen, wo sie das laute Grollen und Röhren eines unbekannten Tieres hören konnten. Hermann Regusters berichtete auch, Mokele M'bembe beobachtet zu haben, als das Tier durch dichtes Unterholz brach. Später will er ein solches Wesen im Lac Telé fotografiert haben. Das Foto ist jedoch leider ziemlich unscharf; nach den Angaben des Ingenieurs soll die darauf abgebildete Kreatur zwischen neun und elf Metern gemessen haben.

Expedition Powell-Mackal, 1980

James H. Powell jr. rüstete in diesem Jahr eine weitere Expedition aus – dieses Mal gemeinsam mit dem mehrfach erwähnten Biologen und Kryptozoologen Roy P. Mackal aus Chicago. Powell und Mackal sammelten etliche neue Augenzeugenberichte der Einwohner am Likouala-aux-Herbes-Fluss, der in der Nähe des Lac Telé fließt. Die meisten Zeugen beschrieben dabei die von ihnen gesichteten Kreaturen als fünf bis neun Meter lang und mit einem schlangenförmigen Hals.

Amerikanische Expedition, 1981

Bereits ein Jahr später begab sich Roy P. Mackal für ein weiteres Mal in die Regenwälder des Kongo. Gemeinsam mit seinen Kollegen Richard Greenwell, Justin Wilkinson und dem kongolesischen Zoologen Marcellin Agnagna fahndeten sie nach Mokele M'bembe. Nur ganz knapp verpassten sie eine Begegnung mit dem Tier, als in ihrer unmittelbaren Nähe eine gewaltige Kreatur ins Wasser sprang und sich in Windeseile entfernte. Wenigstens stießen Mackal und seine Kollegen auf eine Spur aus zerbrochenen Ästen wie auch riesigen Fußabdrücken. Leider schaffte es diese Expedition nicht, den Lac Telé zu erreichen.

Kongolesische Expedition, 1983

Der Zoologe Marcellin Agnagna, welcher im zoologischen Garten von Brazzaville arbeitete – er hatte Roy Mackal auf der zuvor genannten 1981er Expedition begleitet – erreichte schließlich zwei Jahre später unter größten Strapazen den Lac Telé. Der Forscher gab an, die Kreatur aus ungefähr 200 Meter Entfernung beobachtet zu haben. Der Zoologe, der in seinem täglichen Berufsleben sehr viel mit Tieren zu tun hatte, schloss kategorisch eine Verwechslung mit einem Krokodil, einer Pythonschlange oder einer Riesenschildkröte aus.

William-Gibbons-Expedition, 1985/86

Der in Kanada lebende Brite William J. Gibbons konnte zahlreiche Augenzeugen befragen. Gibbons war fest von der Existenz eines immer noch lebenden Dinosauriers in Zentralafrika überzeugt – jedoch bekam er die Kreatur nicht zu Gesicht. Immerhin brachte er die Überreste von anderen Tieren mit, wie zum Beispiel jene eines Affen, den man später als eine bis dahin unbekannte Unterart des „Cerocebus galeritus“ identifizieren konnte.

Japanische Expedition, 1987

Wenige Meter eines unscharfen Videofilmes, aufgenommen von einem japanischen Filmteam aus dem Flugzeug ein paar hundert Meter über dem Lac Tele, heizten 1987 erneut die Diskussion über noch lebende Saurier in Zentralafrika an. Skeptiker argwöhnten, dass es sich um eine Schlange handeln könnte oder um zwei Männer, welche in einem Boot über den See fuhren und dann plötzlich kenterten. Die letztere Annahme ist jedoch so gut wie ausgeschlossen, da die Kreatur auf dem Video gerade 15 Sekunden lang zu sehen ist und dann untertaucht. Letztlich wird dieser Filmstreifen noch immer sehr kontrovers diskutiert.

Britische Expedition, 1990

Der englische Autor und Forscher Redmont O'Hanlon bekam auf seiner Forschungsreise keines der mysteriösen Geschöpfe zu Gesicht. So kehrte er mit der Überzeugung zurück, dass die Augenzeugen nur Elefanten gesehen hatten, die mit hoch erhobenen Rüsseln Gewässer durchqueren, und diese dann fälschlicherweise als Saurier missinterpretierten.

William-Gibbons-Expedition II, 1992

Sechs Jahre nach seiner ersten Expedition ging William Gibbons erneut in die Kongosümpfe; diesmal zusammen mit dem Amerikaner Rory Nugent. Sie suchten zwei Drittel des bis dahin noch nicht erforschten Bai River ab, und suchten auch in zwei kleinen Seen nordwestlich des Lac Telé. Die beiden Gewässer, Lac Fouloukou und Lac Tibeké, sind auf den meisten Landkarten nicht zu finden. Jedoch sollen sie von saurierähnlichen Lebewesen bewohnt sein. Dem Amerikaner Rory Nugent gelangen zwei interessante Fotos am Lac Telé, von denen eines tatsächlich den Kopf eines Dinosauriers zeigen könnte.

Extreme Expeditions, 2001

Für das Jahr 2001 plante die Firma „Extreme Expeditions“ eine weitere Forschungsreise in den Kongo. Der Leiter des Unternehmens, Adam Davies, fasste das Ziel wie folgt zusammen: „Sollten wir Mokele M´bembe finden, so werden wir ihn nicht allzu lange stören. Unser Ziel ist es, eine genaue Beschreibung und auch gute Fotografien zu bekommen, um uns dann für den höchstmöglichen Schutz der gesamten Region einzusetzen.“ Davies verfasste über diese und weitere Suchaktionen nach rätselhaften Tieren ein Buch – aber auf Mokele M´bembe selbst stieß er 2001 ganz offenbar nicht.

Milt-Marcy-Expedition, 2006

Im Juni 2006 erreichte diese Expedition, an der außer dem Leiter Milt Marcy auch dessen Kollegen Peter Beach, Rob Mullin und Pierre Sima teilnahmen, den Dja-Fluss in Kamerun unweit der Grenze zum Kongo. Man sprach mit einer Reihe von Zeugen, die erst zwei Tage zuvor ein Exemplar des Mokele M´bembe beobachtet hatten und noch ganz unter dem traumatischen Eindruck ihres Erlebnisses standen. Die Teilnehmer der Expedition bekamen solch ein Tier zwar nicht zu Gesicht, kehrten aber mit dem Kunstharzabguss eines Fußabdruckes zurück, der dem mysteriösen Wesen zugeschrieben wurde.

Newmac-Expedition, 2012

Im April 2012 starteten Stephen McCullah und Sam Newton ein Fund-Raising-Programm, um Geld für eine Expedition zur Suche nach saurierartigen Geschöpfen im Kongo zu sammeln. Obwohl dafür insgesamt etwa 29.000 US-Dollar zusammenkamen, erlitt das Unternehmen finanziellen Schiffbruch. Die Expedition musste unverrichteter Dinge zurückkehren, kurz nachdem sie im Juli 2012 den Kongo erreicht hatte.

Genesis Park, 2023

Die Organisation Genesis Park plante für das Jahr 2023 eine weitere Expedition nach Zentralafrika auf den Spuren von Mokele M´bembe. Bislang wurden jedoch noch keine Einzelheiten bekannt, ob die Expedition überhaupt stattgefunden hat und – falls ja – ob sie irgendwelche Resultate erbringen konnte.[155]

Ungeachtet von Rückschlägen oder bescheidenen Erfolgen geht die Suche nach Mokele M´bembe unbeirrt weiter, durchgeführt von verschiedenen privaten Organisationen und Gruppen. Die Resultate aller vorstehend genannten – und diese Aufzählung erhebt keinen Anspruch auf Vollständigkeit – Unternehmen zusammen genommen stützen aber ganz massiv die Annahme, dass sich auch in dieser Region saurierartige Überlebende vergangener Zeitalter finden. Neben zahllosen authentischen Sichtungsberichten aus der einheimischen Bevölkerung wie auch von ernst zu nehmenden Forschern sind dies Abgüsse von Trittspuren, wie sie beispielsweise von dem Franzosen Michel Ballot oder der Expedition von Milt

Marcy gesichert werden konnten. Der Schwarze Kontinent wird wohl seine Mysterien noch länger hüten, doch sind Spekulationen über das Überleben solcher Urzeitkreaturen bei dieser Indizienlage mindestens legitim.

Kommt es eines Tages dann wirklich zu deren gesicherter Entdeckung, dann sollte ihr nachhaltiger Schutz unser aller Anliegen sein!

Danksagung

Es gibt eine ganze Reihe Personen, ohne deren Hilfe und Anregungen dies Buch wohl nicht zustande gekommen wäre. Ihnen ganz herzlich zu danken, ist hier mein Anliegen. Mein großes Vorbild und Freund, Dr. h.c. Erich von Däniken: Er weckte die unstillbare Leidenschaft für das Geheimnisvolle auf dieser Welt. Nicht minder mein Freund Rainer Holbe: Merci beaucoup, mon Admiral! Sehr traurig stimmt mich, dass eine liebe Freundin aus „Down Under" nicht mehr unter uns weilt: Julie Byron, die mir sehr Vieles aus dem „Fünften Kontinent" näherbrachte. Auch Rex Gilroy und Paul White, gleichfalls aus Australien, seien in diesem Kontext ganz herzlich bedankt.

Dank geht auch an meine sehr geschätzten Autorenkollegen Johannes von Buttlar und Walter-Jörg Langbein, sowie an Bernd Houda, durch den ich von einer Kryptoidensichtung bei Wien erfuhr. Ebenso an die Kryptozoologie-Forscher Hans-Jörg Vogel und Natale G. Cincinnati.

Nahezu unübersehbar ist mittlerweile die Anzahl der Forscher auf diesem spannenden Gebiet, die nicht wie die Vertreter des sogenannten Mainstream mit Scheuklappen durchs Leben gehen, und auch Undenkbares für möglich halten. Sie folgen dem großen Pionier, welcher als der Begründer der Kryptozoologie gilt: Bernard Heuvelmans, der leider schon im Jahre 2001 verstarb.

Ein großes Dankeschön geht an Eberhard Scholz von der Pressestelle der Universität Bremen, für die gute Zusammenarbeit und die prompte Übersendung der Bilder des lebenden „Gladiators". Ihnen konnte ich nun Fotos von ihren fossilen Verwandten zur Seite stellen, die ich in einem Museum an der Ostsee machte.

Als ein Mensch, dem die per Flugzeug erreichbaren Ziele auf der anderen Seite der Welt „näher" sind als die Feinheiten des digitalen Lebens, bin ich sehr dankbar für die Hilfe und PC-Arbeit durch Andrea Benschig und Renate Dorfner. Wie auch meinem rührigen

Freund und Verleger Werner Betz: Möge er weiterhin große Freude an und mit meinen Büchern haben!

Kurz vor Fertigstellung des Manuskripts reiste ich noch nach Namibia. Ein dort lebender guter Freund, Graf Roland zu Bentheim, führte mich in ein Museum des Ministeriums für Bergbau und Energie. Dort stieß ich auf spektakuläre Exponate, über die ich in diesem Buch berichte. Herzlichen Dank dafür, lieber Roland!

Zu guter Letzt bleibt mir nur noch, Dank an meine Leser in aller Herren Länder zu richten, ohne deren Interesse ich auf verlorenem Posten stünde. Denn was wäre der Autor ohne seine treue, stetig anwachsende Leserschar, die ihm seit mittlerweile drei Jahrzehnten eisern die Treue hält?

Hartwig Hausdorf

Quellenverzeichnis

1 Bringsoe, Henrik: „Tag der Biodiversität. 380 neue Pflanzen- und Tierarten entdeckt“, auf: https://www.geo.de/natur/oekologie/gute-nachrichten

2 dtv-Lexikon in 20 Bänden. Mannheim und München 1997

3 o.V.: „Aussterben“, auf: https://de.wikipedia.org/wiki/Aussterben

4 o.V.: „Spuren von erstem Massensterben. 443 Millionen Jahre alte Hinweise in Gestein entdeckt“, in: „Passauer Neue Presse“ vom 2. August 2023

5 McKerrow, W.S. (Hrsg.): „Paläoökologie.“ Stuttgart 1981

6 Achtnich, T.: „Fremde Welt der Ediacara-Fauna“, in: „Süddeutsche Zeitung“ vom 10. Mai 1984

7 Däniken, Erich von: „Alles Evolution – oder was? Argumente für ein radikales Umdenken.“ Rottenburg 2020

8 Hausdorf, Hartwig: „Götterbotschaft in den Genen. Wie wir wurden, wer wir sind.“ München 2012

9 o.V.: „Scientists produce cloned Embryos of extinct Frog“, auf: https://newsroom.unsw.edu.au/news

10 o.V.: „Wann werden wir Dinosaurier klonen?“, auf: https://www.geo.de/natur/tierwelt

11 Köhler-Kaeß, Holger: „Forscher machen Sensationsfund: Dieser Dinosaurier könnte bald geklont werden!“, auf: https://www.tag24.de/thema/tiere

12 Elven, E. und Steinbacher, G.: „Tiere, die Brehm noch nicht kannte“, in: „Orion“, Nr. 13, Juli 1949

13 Stanley, Henry M. und Mountenay-Jephsen, A.J.: „Emir Pasha and the Rebellion at the Equator.“ London 1890

14 Sonntag, Walter: „Zebrahasen und Baumbeutler. Noch immer werden neue Tierarten entdeckt“, in: „Wiener Zeitung“ vom 6. Oktober 2000

15 Clarke, A.C., Welfare, S. und Fairley, J.: „Geheimnisvolle Welten. An den Grenzen unserer Wirklichkeit.“ Augsburg 1990

16 Schomburgk, Hans: „Wild und Wilde in Afrika. Zwölf Jahre Jagd- und Forschungsreisen.“ Berlin 1926

17 o.V.: „Inselberg“, auf: https://de.wikipedia.org/wiki/Inselberg

18 Vogel, Hans-Jörg: „Kurze Einführung in die Kryptozoologie“ auf:
http://www.mgverlag.de/Plattform/Krypto/Einführung/html

19 o.V.: „Kryptozoologie“, auf:
https//de.wikipedia.org/wiki/Kryptozoologie

20 Joshi, Vijai: „Fliegende Frösche und Flammenschlangen“, in: „Münchner Merkur“ vom 23. April 2010

21 Wulff, Freddy: „Trailing the mysterious Vu Quang“, in: „Focus Magazine“, September 1993

22 Van Dung, Vu et al.: „A new Species of living Bovid in Vietnam“, in: „Nature“, Vol. 363, März 1993

23 Gee, Henry: „Reconstructed from Skin and Bone“, in: „Nature“, Vol. 363, März 1993

24 Hoffmann, Solveig: „163 neue Tier- und Pflanzenarten entdeckt“, auf: https://www.geo.de/geolino/natur-und-umwelt

25 Schneeberger, Karin: „Neu entdeckte Arten 2023“, auf:
https://www.tierweit.ch/artikel/wildtiere-zoo/neu-entdeckte-arten-2023

26 Hausdorf, Hartwig: „Ungelöste Rätsel der letzten 5000 Jahre. Von antiken Sternencomputern bis zum Wettlauf ins All." Marktoberdorf 2013

27 Köhler, Hartmut: „Sensationeller Insektenfund: Bremer Biologe entdeckt lebende Fossilien in Namibia." Pressestelle der Universität Bremen vom 10. Oktober 2002

28 Langbein, Walter-Jörg: „Bevor die Sintflut kam." München 1996

29 Smith, J.L.B.: „Old Fourlegs. The Story of the Coelacanth." London 1956

30 Gerlach, Richard: „Lebende Urfische", in: „Orion", Nr. 18, September 1949

31 o.V.: „Herder Lexikon der Biologie." Heidelberg und Berlin 1994

32 Dahl, Armin: „Aufgetaucht: Quastenflosser jetzt auch in Indonesien", auf: http://www.duc-duesseldorf.de/echo/quastenflosser/html

33 Junker, Reinhard und Scherer, Siegfried: „Evolution – ein kritisches Lehrbuch." Gießen 1998

34 Thenius, Erich: „Lebende Fossilien. Zeugen vergangener Welten." Stuttgart 1965

35 Hausdorf, Hartwig: „Wenn Götter Gott spielen. Unsere Evolution kam aus dem All." München 1997

36 Hausdorf, Hartwig: „Experiment: Erde. Die Zukunft, die schon gestern war." München 2001

37 Bölsche, Wilhelm: „Das Leben der Urzeit." Hannover 1931

38 Storch, Volker und Welsch, Ulrich: „Systematische Zoologie." Stuttgart 1991

39 Kolosimo, Peter: „Viel Dinge zwischen Himmel und Erde." Wiesbaden 1970

40 Byron, Julie: „Persönliche Korrespondenz mit dem Autor" vom 30. Oktober 2002

41 Howitt, William: „History of the Supernatural." London 1863

42 Dinsdale, Tim: „The Leviathans." London 1976

43 Höfling, Helmut: „UFOs, Urwelt, Ungeheuer. Das große Buch der Sensationen." Köln 1990

44 Brookesmith, Peter (Hrsg.): „Creatures of Fear and Fable." London und Sydney 1987

45 Graham, Stuart: „Die Suche nach dem Ungeheuer geht weiter" in: „Passauer Neue Presse" vom 28. August 2023

46 o.V.: „Weltalmanach des Übersinnlichen." München 1987

47 Michalski, P.: „Das Ungeheuer vom Schlangensee", in: „BILD" vom 20. August 2003

48 Langelaan, Georges: „Die unheimlichen Wirklichkeiten." München 1975

49 Hausdorf, Hartwig: „Die weisse Pyramide. Außerirdische Spuren in Ostasien." München 1994

50 Dacqué, Edgar: „Urwelt, Sage und Menschheit." München 1924

51 Weiden, Silvia von der: „Wenn sich der Schrecken im Erbgut festsetzt", auf: http://www.welt-online.de vom 13. Januar 2010

52 Blavatsky, Helena P.: „Die Geheimlehre." Berlin 1932

53 Hausdorf, Hartwig: „Nicht von dieser Welt. Dinge, die es nicht geben dürfte." München 2008

54 o.V.: „The Pterosaur and Giant Human Pictograph in Utah“, auf: http://www.omniology.com/DRAGONS-CAVE.html

55 Berlitz, Charles: „Der 8. Kontinent. Wiege aller Kulturen.“ Augsburg 1991

56 Habeck, Reinhard et al.: „Unsolved Mysteries. Die Welt des Unerklärlichen.“ Begleitband zur gleichnamigen Ausstellung im „Vienna Art Center“, Schottenstift Wien vom 22. Juni bis 31. Oktober 2001

57 Hapgood, Charles H.: „Mystery in Acambaro“, in: O'Neill, Terry (Hrsg.): „Out of Time and Place.“ St. Paul/MN 1999

58 o.V.: „Titanoboa: Die Monsterschlange, die das prähistorische Kolumbien beherrschte“, auf: https://www.ancient-origins.de/unerklaerliches/titanoboa

59 o.V.: „Forscher entdecken neuen Riesen-Dinosaurier“, in: „Münchner Merkur“ vom 17. Oktober 2007

60 o.V.: „Größter Dino aller Zeiten war angeblich 40 Meter lang“, in: „Passauer Neue Presse“ vom 19. Mai 2014

61 o.V.: „Sucuriju gigante - mysteriöse Riesenschlange“, auf: http://www.einsamerschuetze.com/krypto/megasnake.html

62 Hausdorf, Hartwig: „Verschollen.“ Gross-Gerau 2022

63 Fawcett, Percy: „Geheimnisse im brasilianischen Urwald.“ Zürich 1953

64 Homet, Marcel: „Die Sonne der Sonne. Auf den Spuren vorzeitlicher Kulturen in Amazonas.“ Olten und Freiburg i. Br. 1958

65 o.V.: „Brockhaus. Handbuch das Wissens in vier Bänden.“ Leipzig 1923

66 Heuvelmans: Bernard: „Sur la piste des bêtes ignorées.“ Paris 1955

67 Wendt, Herbert: „Ehe die Sintflut kam. Forscher entdecken die Urwelt.“ Oldenburg und Hamburg 1965

68 Schmeil, Otto: „Leitfaden der Tierkunde.“ Heidelberg, o.J.

69 Herbert, Frank: „Der Wüstenplanet.“ München 1978

70 o.V.: „Todeswürmer“, auf: http://lonelygunmen.de/krypto/todeswurm/todeswurm.html

71 o.V.: „Uma historia de pescador. Sucuri assassina engole pescador em Barro do Garcas – MT Brasil“, auf: http://quatrocantos.com

72 o.V.: „Brasiliens neuer Präsident legt Axt an den Regenwald“, in: „Passauer Neue Presse“ vom 3. Januar 2019

73 Michell, J. und Rickard, R.J.M.: „Phenomena. A Book of Wonders.“ London 1977

74 Headon, Deirdre und Whitehorn, Tony (Hrsg.): „Quest for the Unknown. Man and Beast.“ London 1993

75 Melland, Frank H. und Cholmeley, Edward H.: „Through the Heart of Africa.“ Boston 1912

76 Melland, Frank H.: „In witchbound Africa.“ London 1923

77 Coleman, Loren und Clark, Jerome: „Cryptozoology A to Z.“ New York 1999

78 Heuvelmans, Bernard: „Les derniers Dragons d'Afrique.“ Paris 1978

79 Sanderson, Ivan T.: „Investigating the Unexplained. A Compendium of disquieting Mysteries of the Natural World.“ Englewood Cliffs/NJ 1972

80 Mackal, Roy P.: „Searching for Hidden Animals.“ New York 1980

81 Shuker, Karl P.N.: „From flying Toads to Snakes with Wings.“ St. Paul/MN 1997

82 o.V.: „Kongamato“ , auf: http://www.alien.de/iep/konga.htm

83 Bord, Janet und Colin: „Alien Animals.“ London 1985

84 o.V.: „A super-sized Bird“, in: „Anchorage Daily News“ vom 15. Oktober 2002

85 Houda, Bernd: Persönliche Mitteilung an den Autor über eigene Recherchen vom 19. November 2002

86 Piccard, Jacques: „Profondeur 11000 Mètres.“ Geneve 1961

87 o.V.: „Legendäre Meeresungeheuer“, auf: http://www.people.freenet.de/xxl-faktor/meeresungeheuer.htm

88 Gessler, Wolfgang: „Unbekannte Titanen der Tiefsee“, in: „Rheinische Post“ vom 8. August 2002

89 Homer: „Odyssee.“ Übertragen von A. Weiher. München 1955

90 Plinius Secundus d. Ältere, Gaius: „Historia naturalis/Naturgeschichte“ (lat./dt.). Düsseldorf und Zürich 1997

91 Pontoppidan, Erik: The Natural History of Norway.“ London 1755

92 Brehm, Alfred: „Illustrirtes Thierleben.“ (sechs Bände) Hildburghausen 1863 – 1869

93 „Riesenkraken“, auf: https://de.wikipedia.org/wiki/Riesenkraken

94 Aylesworth, Thomas G.: „Science look at mysterious Monsters.“ New York 1982

95 o.V.: „Survivors say Giant Octopus overturned Boat in Philippines“, in: „San Francisco Chronicles“ vom 27. Dezember 1989

96 Bayless, Mark K.: „Eight-armed Terror of the Deep“, in: „FATE“ Magazine, November 2001

97 Ley, Willi: „The Lungfish and the Unicorn. An Excursion into romantic Zoology." New York 1941

98 Roper, Clyde F.E. und Boss, Kenneth J.: „The Giant Squid" in: „Scientific American", April 1982

99 Kolosimo, Peter: „Sie kamen von einem anderen Stern." Wiesbaden 1969

100 Aristoteles: „Naturgeschichte der Thiere." Stuttgart 1866

101 Gould, Rupert T.: „The Case for the Sea-Serpent." London 1930

102 Heuvelmans, Bernard: „In the Wake of the Sea-Serpents." New York 1965

103 o.V.: „A monstrous Sea Serpent. The largest ever seen in America", in: „The Boston Daily Advertiser" vom 23. August 1817

104 M'Quhae, Peter: Leserbrief an die „Times", veröffentlicht am 13. Oktober 1848

105 Edwards, Frank: „Stranger than Science." New York 1959

106 Shuker, Karl P.N.: „Bring me the Head of the Sea-Serpent" in: „Strange Magazine", Nr. 15/1995

107 Versch. Autoren: „Unglaublich aber wahr." Stuttgart 1989

108 o.V.: „The Sea-Serpent at Grimstad", auf: http://www.mjoesormen.no

109 Greenwell, J. Richard (Hrsg.): „Sea-Serpents seen off the Californian Coast." International Society of Cryptozoology (ISC) Newsletter, Ende 1983

110 Heyerdahl, Thor: „Wege übers Meer. Völkerwanderungen in der Frühzeit." München 1978

111 Berlitz, Charles: „Spurlos. Neues aus dem Bermuda-Dreieck." München 1978

112 Saar, John: „Salt-Water Nessie or Plesiosaurus: It's Back in the Briny“, in: „Washington Post“ vom 21. Juli 1977

113 Aldrich, H.R.: „Was it a Plesiosaur?“, in: „Info Journal“ Nr. 6/1977

114 o.V.: Jetzt hat auch die Südsee ein 'Nessie'„, in: „Passauer Neue Presse“ vom 12. September 1977

115 Shuker, Karl P.N.: „Gambo: The beaked Beast of Bungalow Beach“, in: „Fortean Times“, Nr. 67, Februar/März 1993

116 o.V.: „Monster von Aramberri: Forscher entdecken Meeres-Saurier“, in: „Passauer Neue Presse“ vom 30. Dezember 2002

117 Shuker, Karl P.N.: „Freshwater Monsters – The next Generation“, in: „FATE“ Magazine, Februar 1997

118 Keiner, Christine: „Existiert das Monster vom Van-See doch?“ Privater Blog

119 Güttel, Irene: „Forscher: Asteroid gab Dinosauriern den Rest“, in: „Passauer Neue Presse“ vom 8. Februar 2013

120 Hagenbeck, Karl: „Von Tieren und Menschen.“ Hamburg 1909

121 Farson, D. und Hall, A.: „Geheimnisvolle Wesen und Ungeheuer.“ Glarus 1978

122 Institut virtuel de Cryptozoologie: „Le Mokele Mbembe, un brontosaurus africain?“

123 Bord, Janet und Colin: „Unheimliche Phänomene des 20. Jahrhunderts.“ Rastatt 1990

124 Bölsche, Wilhelm: „Drachen, Sage und Naturwissenschaft.“ Stuttgart 1929

125 Wilfarth, Martin: „Leben heute noch Saurier?“, in: „ORION“, Nr. 19, Oktober 1949

126 Millais, J.G.: „Far away up the Nile.“ London 1924

127 Powell, James H. jr.: „On the Trail of Mokele Mbembe“, in: „Explorers Journal“, Vol. 59, Nr. 2 Juni 1981

128 Nugent, Rory: „Drums along the Congo. On the Trail of Mokele Mbembe, the last living Dinosaur.“ Boston und New York 1993

129 Mackal, Roy P.: „The Search of Evidence of Mokele Mbembe in the People's Republic of the Congo“, in: „Cryptozoology“, Band 1/1982

130 Mackal, Roy P.: „A living Dinosaur? In Search of Mokele Mbembe.“ Leiden/NL 1988

131 Greenwell, J. Richard (Hrsg.): International Society of Cryptozoology (ISC) Newsletter: „New Searches, new Claims.“ Herbst 1986

132 Shuker, Karl P.N.: „In Search of prehistoric Survivors. Do giant ‚extinct' Creatures still exist?“ London 1995

133 Hennig, Edwin: „Gewesene Welten.“ Zürich 1957

134 Charroux, Robert: „Das Rätsel der Anden.“ Düsseldorf und Wien 1978

135 Zeuner, Frederick E.: „Dating the Past.“ London 1952

136 Hohl, Rudolf (Hrsg.): Die Entwicklungsgeschichte der Erde.“ Leipzig 1981

137 Arzt, Volker: „Im Labyrinth der Steine. Inseln über dem Regenwald I“ und „Die Suche nach dem Saurier. Inseln über dem Regenwald II“, in: Hillrichs, Hans Helmut (Hrsg.): „TERRA-X. Von den Steppen der Mongolen zu den Inseln über dem Regenwald.“ München 1991

138 George, Uwe: „Inseln in der Zeit.“ Hamburg 1988

139 Doyle, Arthur Conan: „The Lost World.“ London 1912

140 Shuker, Karl P.N.: „Here be Dragons - or Something quite like them“, in: „FATE“ Magazine, Nr. 6/1998

141 Driver, Rebecca (Übers. Markus Blietz): „Australische Ureinwohner - Sahen sie Dinosaurier?“, auf: https://creation.com/australias-aborigines-did-they-see-dinosaurs-german

142 Gilroy, Rex: „Cessnock's fantastic 30 ft. Lizard Monsters“, in: „Psychic Australian“, Vol. 4, Nr. 2, März 1979

143 Strehlow, Carl: „Mythen, Sagen und Märchen des Aranda-Stammes in Zentralaustralien.“ Frankfurt/M. 1904

144 Gilroy, Rex: „Mysteriös Australia.“ Mapleton/Qld. 1995

145 o.V.: „Genetische Spur der Aborigines“, in: „Frankfurter Allgemeine Zeitung“ vom 5.Juni 2007

146 o.V.: „Stammesfehde in Papua-Neuguinea fordert 57 Leben“, in: „Passauer Neue Presse“ vom 20. Februar 2024

147 Steinbauer, Friedrich: „Die Cargo-Kulte – als religionsgeschichtliches Problem.“ Erlangen 1971

148 Guariglia, Guglielmo: „Prophetismus und Heilserwartungsbewegungen als völkerkundliches und religionsgeschichtliches Problem“, in: „Wiener Beiträge zur Kulturgeschichte und Linguistik, Band XIII.“ Wien 1959

149 Pauwels, Louis und Bergier, Jacques: „Aufbruch ins Dritte Jahrtausend. Die Zukunft der phantastischen Vernunft.“ Bern und München 1962

150 o.V.: „Dinosaurier auf einer winzigen Nebeninsel?“, auf: https://netzwerk-kryptozoologie.de/dinos-neubritannien

151 Terborgh, John: „Lebensraum Regenwald - Zentrum biologischer Vielfalt.“ Heidelberg/Berlin/Oxford 1993

152 Hallé, Francis mit Cleyet-Marral, Dany und Ebersolt, Gilles: „Mit dem Luftschiff über den Wipfeln des Regenwaldes." München 2001

153 o.V.: „Pro-Natura – The NGO Specialist of Promoting sustainable Development in Tropical Areas." Kew 1999

154 Raup, David M.: „Der schwarze Stern. Wie die Dinosaurier starben." Hamburg 1990

155 o.V.: „Upcoming Expeditions", auf: https://www.genesispark.com/exhibits/expedition/upcoming

Bildquellen

Archiv Autor: 1, 2, 4, 7, 8, 9, 11, 12, 13, 16, 17, 21

Robert Charroux: 6

Fortean Picture Library: 5

Grupo Criptozoologia Italiana: 19

Peter Kolosimo: 14

René van Lierde: 10

Roy P. Mackal: 20

Hans Schomburgk: 15, 18

Universität Bremen, Pressestelle: 3

Obwohl sich Verlag und Autor bemüht haben, zu sämtlichen Abbildungen dieses Buches die entsprechende Nachdruckerlaubnis einzuholen, ist es nicht in allen Fällen gelungen, die jeweiligen Inhaber der Rechte ausfindig zu machen. Sofern diese uns aber in Kenntnis setzen, sind wir selbstverständlich darum bemüht, die Inhaber der betreffenden Bildrechte in künftigen Ausgaben namentlich zu nennen.

Literatur zu den Rätseln der Geschichte dieser Welt und weiteren faszinierenden Themen finden Sie im Verlagsprogramm des Ancient Mail Verlags:

Hartwig Hausdorf

Unser Planet der Pyramiden

ISBN 978-3-95652-333-5, Din A5, Hardcover, 248 Seiten, 2. Auflage mit 25 s/w-Abbildungen, **€ 21,90**

Pyramiden: Man findet sie auf allen Kontinenten und in den unterschiedlichsten Formen. Es scheint unmöglich, ihre Anzahl auch nur ansatzweise zu bestimmen. Warum setzten die alten Völker unzählige dieser Bauten in die Landschaft - und welche Absichten verfolgten sie damit? Wohnt den Pyramiden eine rätselhafte Kraft inne, die man sich nutzbar machen wollte? Oder hatten nicht von dieser Welt stammende Baumeister ihre Hände im Spiel? Zumindest eins scheint sicher: Sie stehen nicht zufällig dort, wo man sie fand. Und möglicherweise ist unser Planet nicht der einzige Himmelskörper in unserem Sonnensystem, auf dem diese geheimnisumwitterten Bauwerke existieren ...

Hartwig Hausdorf

Verschollen

ISBN 978-3-95652-326-7, Din A5,
Hardcover, 235 Seiten,
18 s/w-Abbildungen, **€ 21,90**

Jahr für Jahr verschwinden unzählige Menschen auf dieser Welt. Die meisten tauchen wieder auf, oder es finden sich „natürliche" Erklärungen. Doch es bleibt ein zutiefst beunruhigender Rest, der sich jeder rationalen Erklärung entzieht. Wie „ausradiert", trifft es Einzelpersonen und Gruppen zu Wasser, zu Land und in der Luft. Eines der spektakulärsten Rätsel betrifft das spurlose Verschwinden eines ganzen Dorfes mit über 1.000 Einwohnern im indischen Rajasthan vor 800 Jahren. Was geschieht mit all diesen Menschen, deren Wege buchstäblich ins Nichts führen? Hartwig Hausdorf geht – mit der gebotenen Skepsis – dieser Frage nach und kommt auch zu ungewöhnlichen Schlussfolgerungen.

Hartwig Hausdorf

Götterkriege

Dramatische Eingriffe einer überlegenen Intelligenz

ISBN 978-3-95652-230-7, Din A5,
Hardcover, 240 Seiten,
21 s/w-Abbildungen, **€ 19,80**

Vor langer Zeit bekriegten sich fremde, aus den Tiefen des Alls gekommene Intelligenzen auf unserem Planeten, beobachtet von unseren frühen Vorfahren, die sie für Götter hielten. Als dann die Zeiten furchbarer Götterschlachten vorüber waren, begannen die Menschen, sich gegenseitig zu bekämpfen. Kriege, an denen die Geschichte der Menschheit so reich ist, dauern bis in unsere Tage fort, ebenso die Eingriffe geheimnisvoller, unbekannter Fremder, die sich mehr oder weniger offen in das Kampfgeschehen einmischten und dies noch immer tun, mit zum Teil spektakulären Auswirkungen ...

Hartwig Hausdorf

Nahtod – Jenseits - Wiedergeburt

ISBN 978-3-95652-313-7, Din A5, Hardcover, 252 Seiten, 20 s/w-Abbildungen, **€ 19,90**

Viel zu lange ignoriert, rücken seltsame Erlebnisse an der Schwelle zum Tod endlich in den Fokus der modernen Medizin. Doch wie geht es weiter, wenn der letzte, unvermeidliche Vorhang gefallen ist? Existiert ein Jenseits, aus dem womöglich ein Weg zurück führt? Der Autor beleuchtet Fragen wie diese aus Sicht der Psychologie und der Medizin, der Religionen und der exakten Naturwissenschaften. Aufschlussreiche Gespräche mit dem einst weltweit führenden Forscher auf diesem Gebiet brachten ihn zu Schlussfolgerungen, die aufwühlend und hoffnungsvoll zugleich sind!

Hartwig Hausdorf

Grenzerfahrungen

Abenteuer am Rande der Realität

ISBN 978-3-95652-274-1, Din A5,
Hardcover, 238 Seiten,
17 s/w-Abbildungen, **€ 19,80**

In einer furchtbar nüchternen Zeit wie der unseren sehnt sich der Mensch mehr denn je nach Abenteuern. Doch manchmal geschieht es, dass diese Abenteuer ihn unerwartet über Grenzen führen, die er nie zuvor erfahren und ausloten durfte. Plötzlich verschwimmen scheinbar fundamentale Gesetze von Raum und Zeit, und man wird konfrontiert mit Dingen, die bis dahin keinen Platz im festgefügten Weltbild hatten. In diesem Buch präsentiert Hartwig Hausdorf mehr als 40 mysteriöse Grenzerfahrungen, welche die Menschen, die sie erlebten, von Grund auf veränderten. Erstmals bricht der Autor auch sein langjähriges Schweigen über ein rätselhaftes Erlebnis, das ihm selbst im Alter von etwa fünf Jahren widerfuhr. Und er stellt uns eine unheimliche Kreatur vor, wie sie die Welt noch nicht gesehen hat ...